21 世纪高等学校规划教材
Textbook Series of 21st Century

工业用电设备

编　著　王鲁杨　王禾兴
主　审　罗廷璇

中国电力出版社
http://jc.cepp.com.cn

内 容 提 要

本书是 21 世纪高等学校规划教材。

本书介绍了用电量大、数量多、应用广泛的几种工业用电设备，包括电动机、泵类、风机、工业电炉、电焊机、制碱和制铝电解槽、电镀槽、照明电器、制冷与空调等。其中主要介绍各种工业用电设备的结构组成、工作原理、特性、用电情况以及节电技术，并针对各种工业用电设备的电源情况介绍了工业电源基础。全书共7 章，每章后面均有复习思考题。

本书可作为高等院校供用电工程专业工业用电设备课程的教材，也可作为电力类专业技术人员的培训教材。

图书在版编目（CIP）数据

工业用电设备/王鲁杨，王禾兴编著. —北京：中国
电力出版社，2006.9（2018.7重印）
21 世纪高等学校规划教材
ISBN 978 - 7 - 5083 - 4629 - 8

Ⅰ.工... Ⅱ.①王... ②王... Ⅲ.工业用电－
电气设备－高等学校－教材 Ⅳ.TM

中国版本图书馆 CIP 数据核字（2006）第 093004 号

中国电力出版社出版、发行
（北京市东城区北京站西街 19 号 100005 http://jc.cepp.com.cn）
航远印刷有限公司印刷
各地新华书店经售
*
2006 年 9 月第一版 2018 年 7 月北京第六次印刷
787 毫米×1092 毫米 16 开本 15.25 印张 373 千字
定价 **39.00** 元

前　言

"工业用电设备"课程是供用电工程专业的专业课,《工业用电设备》教材根据供用电技术专业的培养要求编写,主要介绍用电量大、数量多的电动机、泵类、风机、空气压缩机、工业电炉、电焊机、制铝和制碱电解槽、电镀槽、照明电器等,介绍这些工业用电设备的结构、工作原理、特性、用电情况和节电途径。

近年来,科学技术飞速发展,以电力电子技术为代表的各种新技术大量应用于工业用电设备,使上述各种工业用电设备的情况发生了很大的变化。

1. 电动机

由变频变压技术或调压技术实现的软起动应用于电动机的起动过程,克服了传统的 Y-△换接起动、自耦降压起动等起动方式的各种缺点,是一种全新的起动方式。

变频调速的效率最高,性能最好,成为交流调速系统的主流;绕线转子异步电动机的串级调速替代了转子串接电阻调速;异步电动机的定子调压调速替代了自耦变压器调压、串联分段电抗器降压、串联饱和电抗器降压等调速方法。

2. 工业电炉

电阻炉的温度控制出现了计算机控制系统;交流调压电路广泛用于温度控制的执行器件。出现了新型电阻炉——电热流动粒子炉;出现了直流电弧炉。

3. 电焊机

逆变技术广泛应用于电焊机,逆变电焊机具有更新换代的意义,应用愈来愈广泛。

弧焊电源不仅有机械调节型、电磁控制型,还有电子控制型。电子控制型焊接电源已完全取代了直流弧焊发电机。

激光焊机迅速发展,激光焊接成为当今先进的制造技术之一。

焊接机器人出现——1989 年,我国以国产机器人为主的汽车焊接生产线投入生产。目前主要有弧焊机器人和点焊机器人在线使用。

出现了焊接专机——一种刚性或半刚性的自动化焊接设备。

4. 电解电镀

出现了新一代节能、高性能电解电源——IGBT 大功率逆变电解电源;出现了高频脉冲开关电镀电源用于镀金、银、镉、铜、锌等不同材料的电镀工艺。

阀控式密封铅酸蓄电池 VRLA,又称为"免维护"蓄电池,已被广泛地应用到电力、邮电通信、船舶交通、应急照明等许多领域,逐渐取代了普通铅酸蓄电池。

5. 电气照明

T8 型直管荧光灯替代了 T12 型得到普及应用;电子镇流器于 20 世纪 80 年代引进我国后得到迅速发展,目前大量使用这种环保节能产品;T5、T4 细管径荧光灯、紧凑型荧光灯(电子节能灯)、高压钠灯、金属卤化物灯、高功率节能荧光灯等第三代电光源逐渐发展崛起;20 世纪末发展起来新一代大功率电光源——微波硫灯。

中国自 1996 年开始实施旨在节约能源、保护环境、提高人类照明质量的绿色照明工程。

6. 制冷与空调

变频技术应用于压缩机，出现了变频空调。

热泵技术应用于空调系统，节约了大量电能。

推广应用蓄冷、蓄热技术。在建筑物空调系统中，应用蓄冷技术已成为我国今后进行电力负荷需求侧管理、改善电力供需矛盾最主要的技术措施之一。

鉴于上述情况，在本次《工业用电设备》教材编写过程中，搜集了大量的资料，力图在教材中体现各种工业用电设备的最新状态。

为了更好地了解主要工业用电设备的用电情况、节电原理，以及新技术在工业用电设备中的应用，本教材还设置了一章"工业电源基础"，介绍各种工业电源的工作原理。

在每种工业用电设备中都重点地介绍了节电技术，体现了节约用电工作在建设可持续性发展社会中的重要地位。

本书由王鲁杨担任主编，其中第 1 章、第 3 章、第 5 章、第 7 章由王禾兴编写；第 2 章、第 4 章、第 6 章由王鲁杨编写，并由王鲁杨编制了每一章的复习思考题，王鲁杨负责了全书的统稿工作。

罗廷璇先生任本书的主审。罗廷璇先生在审阅中提出了许多中肯的修改意见，在此谨致衷心的感谢。

在本书的编写过程中得到了上海电力学院有关部门和领导的支持，在此表示感谢。

在本书完稿之际，对书末所列各参考文献的作者也致以衷心的感谢。

由于编者学识有限，编写时间又很仓促，书中一定有很多疏漏和错误，恳请采用本教材的教师和同学批评指正。

作 者
2006 年 6 月 4 日
于上海电力学院

目　　录

第1章 工业电源基础

工业电源，或称特种电源，是位于市电（单相或三相）或电池与负载之间，向负载提供优质电能的供电设备，是工业的基础。其输入多为交流市电，输出有直流、交流或脉冲形式。

当代许多高新技术均与市电的电压、电流、频率、相位和波形等基本参数的变换和控制相关，电源技术能够实现对这些参数的精确控制和高效率的处理，特别是能够实现大功率电能的频率变换，从而为多项高新技术的发展提供有力的支持。

电源技术应用电力电子器件，综合电力变换技术、现代电子技术、自动控制技术，是一门多学科的边缘交叉技术。随着科学技术的发展，电源技术又与现代控制理论、材料科学、电机工程、微电子技术等许多领域密切相关。目前电源技术已逐步发展成为一门多学科互相渗透的综合性技术学科。它为现代通信、电子仪器、计算机、工业自动化、电力工程、国防及某些高新技术提供高质量、高效率、高可靠性的电源。

电源技术的精髓是电力电子技术，即利用电力电子技术，将市电或电池等一次电源变换成适用于各种用电对象的二次电源。

1.1 工业电源的种类

科学技术的发展，对电源技术的要求越来越高，规格品种越来越多。工业电源（或称特种电源）应用的对象具有多样性、新颖性和复杂性，要求特种电源设备不仅要保证内在性能的完美，而且要赋予其各式各样特定的外特性以及和外部的接口方式。工业电源的种类如下。

1. 交流变频调速器

交流变频调速器属于变频电源，该变频电源驱动交流异步电动机实现无级调速，已在电气传动中占据越来越重要的地位，并且已获得巨大的节能效果。应用于产业自动化，风机、水泵流量控制，细纱机、捻纱机程序控制，恒压供水和多泵并联，造纸机械同步控制，等等。最大功率达 500kW。将交流变频调速技术应用于空调器中，具有舒适、节能等优点。

2. 电解、电镀电源

电解、电镀电源要求稳流、稳压。电解生产需要消耗巨大的直流电能，由大功率整流设备供给，采用晶闸管整流，有载调压加饱和电抗器稳流方式，最大输出容量：3～350V，5～150kA。大功率逆变电解、电镀电源采用 IGBT（绝缘栅双极晶体管）及高频谐振逆变控制技术，小型化，轻量化，节能，性能优异，对电网的干扰和谐波污染小，是新一代电解、电镀电源。脉冲电源用于电镀，可使镀层色泽均匀一致，亮度好，耐蚀性强；用于贵金属提纯时，贵金属的纯度更高。脉冲电源优于传统的电镀电源，是电镀电源的发展方向。

3. 高频逆变式整流焊机电源

高频逆变式整流焊机电源是一种高性能、高效率、省材料的新型焊机电源，代表了当今焊机电源的发展方向。由于焊机电源的工作条件恶劣，频繁地处于短路、燃弧、开路交替变化之中，因此高频逆变式整流焊机电源的工作可靠性成为关键问题。额定焊接电流可达500A。多用等离子体切割焊机切割电流达 20～90A，焊接电流为 5～320A。

4. 中频感应加热电源

中频感应加热电源可广泛应用于各行业的金属熔炼、表面淬火处理以及透热弯管等领域。频率为 500Hz～80kHz，功率为 100～3000kW。

5. 电力操作电源

电力操作电源是为发电厂、水电站及 500kV、220kV、110kV、35kV 等各类变电站提供直流的电源设备，包括供给断路器分合闸及二次回路的仪器仪表、继电保护、控制、应急灯光照明等各类低压电器设备用电。最大输出电压 315V，最大输出电流 120A。

6. 正弦波逆变电源

正弦波逆变电源要求精度稳压、稳频，并要求高波形品质。400Hz 中频正弦波逆变电源三相容量 30～90kV·A，稳压精度 2%，稳频精度 0.1%，波形失真小于 3%，能适应各种负载。同时发展了邮电通讯专用逆变电源，电力系统、发电厂及直流电池屏专用逆变电源，车船载逆变电源，太阳能及风力发电系统专用逆变电源等。

7. 大功率高频高压直流电源

大功率高频高压直流电源得到广泛的应用，如工业上用于环保的静电除尘、污水处理、激光器等。医学方面用于 X 光机、CT 机等大型设备。科研上用于高能物理、等离子体物理。军事上用于雷达发射器。最高电压可达 800kV。

8. 电子镇流器

电子镇流器用于为气体放电灯提供高频交流电。

电子镇流器的核心是一个高频电压发生器。当气体放电灯工作在几千赫～几十千赫的较高频率下，将灯和高频电路匹配，能够较大幅度地提高光效而达到节能目的。功率因数可提高到接近 1 的水平。

上述各种电源，可以归纳为四类：工业用直流电源、工业用脉冲电源、工业用变频电源、工业用交流调压电源。本章讨论这四类电源对电压、电流的控制和变换过程，包括主电路的拓扑结构、主电路的工作原理、各电量的工作波形、各电量的数量关系等。在讨论各类电源的主电路之前，先介绍各类电源中所用的电力电子器件及功率模块和功率集成电路。

1.2　工业电源中的电力电子器件

工业用电源，是利用以计算机为代表的控制技术，通过对电力电子器件的通断进行控制，对电能进行处理和变换，从而得到工业用电设备所需的不同频率、不同大小的交流电或直流电。

电力电子器件是电力变换的基础。按照器件能够被控制电路信号所控制的程度，电力电子器件分为三类：不可控器件、半控型器件和全控型器件。

1.2.1　不可控器件

不可控器件即电力二极管（Power Diode）。

电力二极管自 20 世纪 50 年代初期就获得应用。电力二极管的基本结构和工作原理与信息电子电路中的二极管一样，是以半导体 PN 结为基础的。电力二极管由一个面积较大的 PN 结和两端引线以及封装组成，从外形上看，主要有螺栓型和平板型两种封装。电力二极管的外形、结构和电气图形符号如图 1.2.1 所示。

电力二极管具有单向导通特性。

当 PN 结外加正向电压（正向偏置），即外加电压的正端接 P 区、负端接 N 区时，形成自 P 区流入而从 N 区流出的电流，称之为正向电流 I_F，这是 PN 结的正向导通状态，PN 结在正向导通时的压降维持在 1V 左右；当 PN 结外加反向电压时（反向偏置），形成自 N 区流入而从 P 区流出的电流，称之为反向电流 I_R，反向电流一般仅为微安数量级，因此反向偏置的 PN 结表现为高阻态，几乎没有电流流过，被称为反向截止状态。

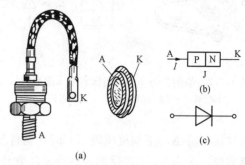

图 1.2.1　电力二极管的外形、结构和电气图形符号
(a) 外形；(b) 结构；(c) 电气图形符号

故电力二极管是一种不可控型的电力电子器件。

电力二极管具有一定的反向耐压能力，但当施加的反向电压过大时，反向电流将会急剧增大，破坏 PN 结反向偏置为截止的工作状态，这就叫反向击穿。反向击穿按照机理不同有雪崩击穿和齐纳击穿两种形式。反向击穿发生时，只要外电路中采取了措施，将反向电流限制在一定范围内，则当反向电压降低后 PN 结仍可恢复原来的状态。但如果反向电流未被限制住，使得反向电流和反向电压的乘积超过了 PN 结容许的耗散功率，就会因热量散发不出去而导致 PN 结温度上升，直至过热而烧毁，这就是热击穿。

电力二极管在许多电力电子电路中都有着广泛的应用。它可以在交流-直流变换电路中作为整流元件，也可以在电感元件的电能需要适当释放的电路中作为续流元件，还可以在各种变流电路中作为电压隔离、箝位或保护元件。在应用时，应根据不同场合的不同要求，选择不同类型的电力二极管。常用的电力二极管有普通二极管（General Purpose Diode）又称整流二极管（Rectifier Diode）、肖特基二极管（Schottky Barrier Diode——SBD）、快恢复二极管（Fast Recovery Diode——FRD）。对此有兴趣的读者可以参考有关专门论述半导体物理和器件的文献。

1.2.2　半控型器件

半控型器件是指晶闸管（Thyristor）及其大部分派生器件。

晶闸管是在 1956 年由美国贝尔实验室（Bell Laboratories）发明的，到 1957 年美国通用电气公司（General Electric Company）开发出了世界上第一只晶闸管产品，并于 1958 年使其商业化，从此开辟了电力电子技术迅速发展和广泛应用的崭新时代。自 20 世纪 80 年代以来，晶闸管的地位开始被各种性能更好的全控型器件所取代，但是由于其能承受的电压和电流容量仍然是目前电力电子器件中最高的，而且工作可靠，因此在大容量的应用场合仍然具有比较重要的地位。

晶闸管的外形、结构和电气图形符号如图 1.2.2 所示。从外形上来看，晶闸管也主要有螺栓型和平板型两种封装结构，均引出阳极 A、阴极 K 和门极（控制端）G 三个连接端。

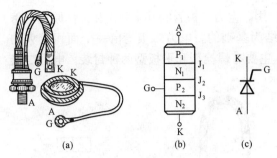

图 1.2.2　晶闸管的外形、结构和电气图形符号

(a) 外形；(b) 结构；(c) 电气图形符号

对于螺栓型封装，通常螺栓是其阳极，做成螺栓状是为了能与散热器紧密联接且安装方便。另一侧较粗的端子为阴极，细的为门极。平板型封装的晶闸管可由两个散热器将其夹在中间，其两个平面分别是阳极和阴极，引出的细长端子为门极。

晶闸管内部有四层半导体，分别称为 P_1、N_1、P_2、N_2 四个区，形成 J_1、J_2、J_3 三个 PN 结。和二极管一样，晶闸管具有单向导通特性，即当晶闸管加反向电压（即外加电压的负端接阳极 A、正端接阴极 K）时，器件处于阻断状态（反向阻断），仅有极小的反向漏电流通过，因为 J_1 和 J_3 反偏。此外晶闸管还具有受控导通特性，当正向电压（即外加电压的正端接阳极 A、负端接阴极 K）加到器件上时，如果不给门极加适当的控制信号，器件 A、K 两端之间依然处于阻断状态（正向阻断），只能流过很小的漏电流，因为 J_2 处于反向偏置状态。

晶闸管导通的条件：阳极加正向电压，门极加正向电压，即 $U_A > 0$，$U_G > 0$。

图 1.2.3 是测试晶闸管导通条件的实验电路。其中阳极和阴极构成主电路，门极和阴极构成控制电路。阳极电压 U_A，阳极电流 I_A，门极电压 U_G 如图 1.2.3 所示。

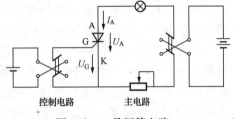

图 1.2.3　晶闸管电路

晶闸管导通后，其阳极电压约为 1V 左右，阳极电流由外电路决定。

晶闸管一旦导通，门极就失去控制作用，不论门极触发电压是否还存在，晶闸管都保持导通。门极信号只能控制晶闸管的导通，不能控制其关断，因而晶闸管被称为半控型电力电子器件。为了减小控制信号的功率，门极控制信号采用脉冲形式。

使已导通的晶闸管关断的条件：只能利用外加电压和外电路的作用使流过晶闸管的阳极电流 I_A 降到接近于零的某一数值 I_H 以下。I_H 称为维持电流，一般为几十到几百毫安。

晶闸管在以下几种情况也可能被触发导通：阳极电压升高至相当高的数值造成雪崩效应；阳极电压上升率 du/dt 过高；结温较高；光直接照射硅片，即光触发。这些情况中只有光触发易于控制，并因其可以保证控制电路与主电路之间的良好绝缘而应用于高压电力设备中，其他都因不易控制而难以应用于实践。只有门极触发是最精确、迅速而可靠的控制手段。光触发的晶闸管称为光控晶闸管（Light Triggered Thyristor-LTT）。

以上特点反映到晶闸管的伏安特性上则如图 1.2.4 所示。位于第 I 象限的是正向特性，位于第 III 象限的是反向特性。当 $I_G = 0$ 时，如果在器件两端施加正向电压，则晶闸管处于正向阻断状态，只有很小的正向漏电流流过。如果正向电压超过临界极限即正向转折电压 U_{bo}，则漏电流急剧增大，器件开通（由高阻区经虚线负阻区到低阻区）。随着门极电流幅值的增大，正向转折电压降低。导通后的晶闸管特性和二极管的正向特性相仿。即使通过较大的阳极电流，晶闸管本身的压降也很小，在 1V 左右。导通期间，如果门极电流为零，并且

阳极电流降至维持电流 I_H 以下，则晶闸管又回
到正向阻断状态。

当在晶闸管上施加反向电压时，其伏安特
性类似二极管的反向特性。晶闸管处于反向阻
断状态时，只有极小的反向漏电流通过。当反
向电压超过一定限度，到反向击穿电压后，外
电路如无限制措施，则反向漏电流急剧增大，
导致晶闸管发热损坏。

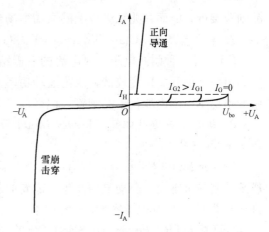

图 1.2.4　晶闸管的伏安特性

晶闸管额定电压、额定电流的选取：晶闸
管在实际应用时应注意参考器件参数和特性曲
线的具体规定。晶闸管的两个重要参数是额定
电压和额定电流。

额定电压 U_{TN}：在门极断路而结温为额定值时，允许重复加在晶闸管上的正向峰值电压
和反向峰值电压中较小的标值规定为晶闸管的额定电压。

选用时，额定电压要留有一定裕量。一般取额定电压为正常工作时晶闸管所承受正向和
反向峰值电压中较大者 U_{AKM} 的 2～3 倍，即

$$U_{TN} = (2 \sim 3)U_{AKM}$$

额定电流 $I_{T(AV)}$：晶闸管的额定电流用通态平均电流 $I_{T(AV)}$ 表示。国标规定通态平均电
流为晶闸管在环境温度为 40℃和规定的冷却状态下，稳定结温不超过额定结温时所允许流
过的最大工频正弦半波电流的平均值。

当流过晶闸管的电流不是工频正弦半波电流时，晶闸管的额定电流按下式取：

$$I_{T(AV)} = (1.5 \sim 2)\frac{I_T}{1.57}$$

式中，I_T 是流过晶闸管的实际电流的有效值。

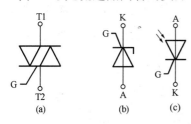

图 1.2.5　部分晶闸管派生器件的
电气图形符号
（a）双向晶闸管；（b）逆导晶闸管；
（c）光控晶闸管

晶闸管的派生器件：晶闸管的派生器件有快速晶闸管
（Fast Switching Thyristor——FST）、双向晶闸管（Triode
AC Switch——TRIAC 或 Bidirectional triode thyristor）、
逆导晶闸管（Reverse Conducting Thyristor——RCT）和
光控晶闸管（Light Triggered Thyristor——LTT）。其中
光控晶闸管又称光触发晶闸管，在高压大功率的场合，如
高压直流输电和高压核聚变装置中，占据重要的地位。部
分晶闸管派生器件的电气图形符号如图 1.2.5 所示。

1. 2. 3　全控型器件

全控型器件，通过控制信号既可控制其导通又可控制
其关断，又称自关断器件。

典型的全控型器件有下述 4 种。

1. 门极可关断晶闸管（Gate-Turn-Off Thyristor—GTO）。

GTO 是晶闸管的一种派生器件，可以通过在门极施加负的脉冲电流使其关断。GTO 的
的许多性能与 IGBT、Power MOSFET 相比要差，但 GTO 的电压、电流容量较大，与普通

晶闸管接近，因而在兆瓦级以上的大功率场合仍有较多的应用。

2. 电力晶体管（Giant Transistor——GTR，直译为巨型晶体管）

GTR 是一种耐高电压、大电流的双极结型晶体管。电流驱动，有电导调制效应，通流能力很强，但开关速度较低，所需驱动功率大，驱动电路复杂。自 20 世纪 80 年代以来，在中、小功率范围内取代了晶闸管，但目前又大多被 IGBT 和 Power MOSFET 取代。

3. 电力场效应晶体管（Power Metal Oxide Semiconductor Field Effect Transistor——Power MOSFET）

Power MOSFET 按导电沟道可分为 P 沟道和 N 沟道两种。Power MOSFET 用栅极电压来控制漏极电流，驱动电路简单，需要的驱动功率小，开关速度快，工作频率高，热稳定性优于 GTR，但其电流容量小，耐压低，一般只适用于功率不超过 10kW 的电力电子装置。

GTO、GTR、Power MOSFET 的电气图形符号如图 1.2.6 所示。其中 C 为集电极，E 为发射极，B 为基极，G 为栅极，D 为漏极，S 为源极。

4. 绝缘栅双极晶体管（Insulated-Gate Bipolar Transistor——IGBT）

GTR 和 Power MOSFET 各具优缺点，IGBT 即是将两类器件取长补短结合而成的复合器件。IGBT 综合了 GTR 和 Power MOSFET 的优点，具有良好的特性，自 1986 年投入市场后，迅速扩展了应用领域，目前已取代了 GTR 和部分 Power MOSFET 的市场，成为中小功率电力电子设备的主导器件，并在继续努力提高电压和电流容量，以期再取代 GTO 的地位。

图 1.2.7 是 IGBT 的简化等效电路和电气图形符号，其中 C 为集电极，E 为发射极，G 为栅极。可以看出 IGBT 相当于一个由 MOSFET 驱动的厚基区 PNP 晶体管。图中电阻为晶体管基区内的调制电阻。因此，IGBT 的驱动原理与电力 MOSFET 基本相同，它是一种场控器件。其开通和关断是由栅极和发射极间的电压 u_{GE} 决定的，当 u_{GE} 为正且大于开启电压 $U_{GE(th)}$ 时，MOSFET 内形成沟道，并为晶体管提供基极电流进而使 IGBT 导通。当栅极与发射极间施加反向电压或不加信号时，MOSFET 内的沟道消失，晶体管的基极电流被切断，使得 IGBT 关断。

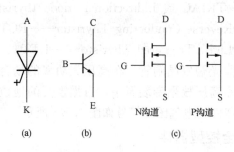

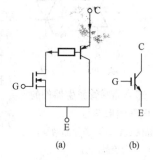

图 1.2.6　GTO、GTR、Power MOSFET 的电气图形符号　图 1.2.7　IGBT 的简化等效电路和电气图形符号
　　(a) GTO；(b) GTR；(c) Power MOSFET　　　　　　(a) 简化等效电路；(b) 电气图形符号

N 沟道 MOSFET 与 PNP 晶体管组合而成的 IGBT 称为 N 沟道 IGBT，记为 N-IGBT，图 1.2.7（b）即为 N-IGBT 的电气图形符号。相应的还有 P 沟道 IGBT，记为 P-IGBT，将图 1.2.7（b）中的箭头反向即为 P-IGBT 的电气图形符号。其中 N 沟道 IGBT 应用较多，后文提及的 IGBT 都是指 N 沟道。

其他新型电力电子器件,诸如 MOS 控制晶闸管 MCT、静电感应晶体管 SIT、静电感应晶闸管 SITH、集成门极换流晶闸管 IGCT 等等,还有待于进一步发展,此处不作介绍。

1.2.4 功率模块与功率集成电路

自 20 世纪 80 年代中后期开始,在电力电子器件研制和开发中的一个共同趋势是模块化。

功率模块(Power Module)是按照典型电力电子电路所需要的拓扑结构,将多个相同的电力电子器件或多个相互配合使用的不同电力电子器件封装在一个模块中。

功率模块可以缩小装置体积,降低成本,提高可靠性,更重要的是,对工作频率较高的电路,这可以大大减小线路电感,从而简化对保护和缓冲电路的要求。有的功率模块按照主要器件的名称命名,如 IGBT 模块(IGBT Module)。

更进一步,如果将电力电子器件与逻辑、控制、保护、传感、检测、自诊断等信息电子电路制作在同一芯片上,则称为功率集成电路(Power Integrated Circuit-PIC)。与功率集成电路类似的还有许多名称,但实际上各自有所侧重。高压集成电路(High Voltage IC-HVIC)一般指横向高压器件与逻辑或模拟控制电路的单片集成。智能功率集成电路(Smart Power IC-SPIC)一般指纵向功率器件与逻辑或模拟控制电路的单片集成。而智能功率模块(Intelligent Power Module-IPM)则一般指 IGBT 及其辅助器件与其保护和驱动电路的封装集成,也称智能 IGBT(Intelligent IGBT)。

高低压电路之间的绝缘问题以及温升和散热的有效处理,一度是功率集成电路的主要技术难点。因此,以前功率集成电路的开发和研究主要在中小功率应用场合,如家用电器、办公设备电源、汽车电器等等。智能功率模块则在一定程度上回避了这两个难点,只将保护和驱动电路与 IGBT 器件封装在一起,因而最近几年获得了迅速发展。目前最新的智能功率模块产品已用于高速子弹列车牵引这样的大功率场合。

功率集成电路实现了电能和信息的集成,成为机电一体化的理想接口,具有广阔的应用前景。

1.3 工业直流电源基础

电解、电镀,直流电焊机,发电厂、水电站及 500kV、220kV、110kV、35kV 等各类变电站,电力机车、无轨电车、地铁,静电除尘、污水处理等都使用直流电。直流电是通过直流电源对市电进行变换得到的。根据对交流电进行变换的过程不同,直流电源有两种类型,一种是整流直流电源,利用整流电路将交流电直接变换成直流电输出;一种是高频逆变直流电源,由整流电路 1、逆变电路、整流电路 2 等构成,逆变电路将整流电路 1 输出的直流电逆变为高频交流电后再经整流输出直流电。

1.3.1 整流直流电源

一、单相桥式整流电路

小容量的直流用电设备,采用单相桥式整流电路。图 1.3.1 所示电路,是由晶闸管构成的单相桥式全控整流电路。

1. 电阻性负载

图 1.3.1 所示单相桥式全控整流电路的等效电路如图 1.3.2 所示。

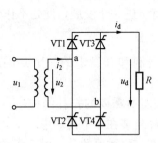

图 1.3.1 单相桥式全
控整流电路（电阻性负载）

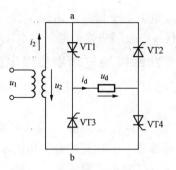

图 1.3.2 图 1.3.1 的等效电路

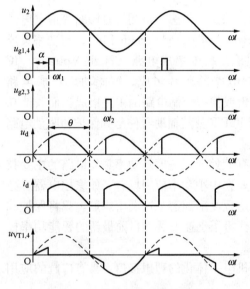

图 1.3.3 单相桥式全控整流电路
（电阻性负载）工作波形

设 u_2 为正弦电压，其有效值为 U_2，$u_2 = \sqrt{2}U_2\sin\omega t$ V，如图 1.3.3 所示。

在 u_2 的正半周，晶闸管 VT1 和 VT4 承受正向阳极电压，在此期间（如 ωt_1 时刻）给 VT1 和 VT4 的门极施加正向电压（触发脉冲 u_{g1}、u_{g4}），VT1 和 VT4 就会导通。忽略晶闸管的导通压降（1V 左右），负载上的输出电压 $u_d = u_2$。由于是电阻性负载，所以输出电流与输出电压成比例，

$$i_d = \frac{u_d}{R}$$

负载电流通过 VT1 和 VT4 与电源形成回路，当 u_2 由正变负过零时，$i_d = 0$，流过 VT1 和 VT4 的电流也为零，故 VT1 和 VT4 关断。

在 u_2 的负半周，晶闸管 VT2 和 VT3 承受正向阳极电压，在此期间（如 ωt_2 时刻）给 VT2 和 VT3 的门极施加正向电压（触发脉冲 u_{g2}、u_{g3}），

VT2 和 VT3 就会导通。忽略晶闸管的导通压降（1V 左右），负载上的输出电压 $u_d = -u_2$。负载电流通过 VT2 和 VT3 与电源形成回路，当 u_2 由负变正过零时，$i_d = 0$，流过 VT2 和 VT3 的电流也为零，故 VT2 和 VT3 关断。

为了确定晶闸管的电压定额，需要确定晶闸管承受的阳极电压情况。以 VT1 为例。VT1 导通时，忽略其导通压降（1V 左右），认为是 0V；VT2 和 VT3 导通时，VT1 承受的阳极电压就是 u_2（忽略 VT2 和 VT3 的导通压降）；所有晶闸管都不导通时，VT1 承受的阳极电压是 $\dfrac{u_2}{2}$。

用数学表达式表示为

$$u_{VT1} = \begin{cases} 0, & VT1 \text{ 和 } VT4 \text{ 导通} \\ u_2, & VT2 \text{ 和 } VT3 \text{ 导通} \\ \dfrac{u_2}{2}, & \text{都不导通} \end{cases} \qquad (1.3.1)$$

VT4 的阳极电压与 VT1 的完全相同。

整流输出电压 u_d、输出电流 i_d、VT1 与 VT4 承受的阳极电压 $u_{VT1,4}$ 的波形如图 1.3.3 所示。

从晶闸管开始承受正向阳极电压到触发脉冲出现，这段时间所对应的电角度称为控制角，用 α 表示；晶闸管在一个周期内导通的电角度称为导通角，用 θ 表示。在电阻性负载单相桥式全控整流电路中，$\theta = \pi - \alpha$。

2. 电感性负载

电感不同于电阻。其不同之处在于：

（1）电阻中的电流与其两端电压成比例，而电感中的电流不与其两端电压成比例，是一种微分关系：$i_L = L \dfrac{du_L}{dt}$；

（2）电阻中的电流可以跃变，而电感中的电流对应着磁场能量：$\dfrac{1}{2}Li_L^2$，由于能量不能跃变，故电感中的电流不能跃变。

因而当感性负载两端电压由正变负过零或由负变正过零时，负载中的电流往往不为 0。

电感性负载的单相桥式全控整流电路如图 1.3.4 所示。

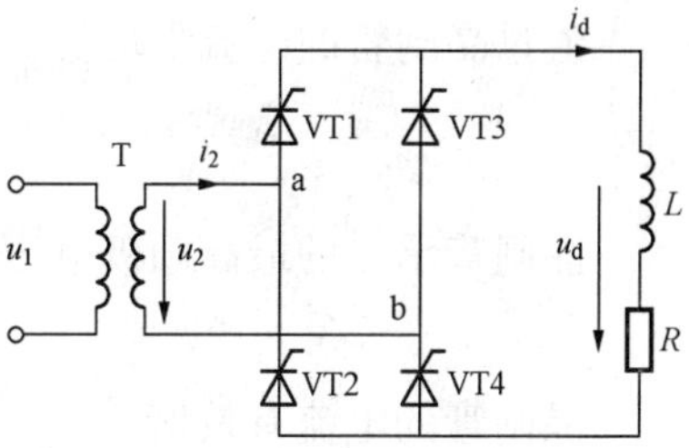

电路的工作状态与电阻性负载相似：在 u_2 的正半周，晶闸管 VT1 和 VT4 工作，负载上的输出电压 $u_d = u_2$；在 u_2 的负半周，晶闸管 VT2 和 VT3 工作，负载上的输出电压 $u_d = -u_2$。

不同之处：u_2 过零变负（或变正）时，$i_d \neq 0$，由于通过晶闸管的电流也是 i_d，故原先导通的晶闸管 VT1 和 VT4（或 VT2 和 VT3）不关断！

图 1.3.4　电感性负载单相桥式全控整流电路

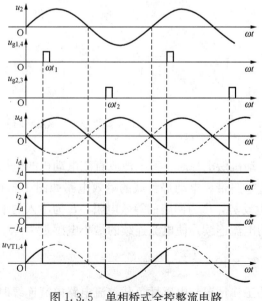

图 1.3.5　单相桥式全控整流电路（电感性负载）工作波形

这就使得输出 u_d 出现负值，如图 1.3.5 所示。

在 ωt_2 时刻，VT2 和 VT3 承受的阳极电压为 $-u_2 > 0$，给 VT2 和 VT3 的门极施加正向电压（触发脉冲 u_{g2}、u_{g3}），VT2 和 VT3 就会导通。VT2 和 VT3 导通后，施加在 VT1 和 VT4 的阳极电压为 $u_2 < 0$，使 VT1 和 VT4 关断。负载电流从 VT1 和 VT4 换到 VT2 和 VT3，这一过程称为换相，亦称换流。

为便于讨论，假设电路已工作于稳态。并假设负载电感很大，负载电流 i_d 连续且波形近似为一水平线。

变压器二次侧电流 i_2 由通过 VT1 和 VT4、VT2 和 VT3 的电流组成，是正负交替的矩形波。在电感性负载单相桥式全控整流电路中，电感很大时，$\theta = \pi$。晶闸管承受的阳极

电压，以 VT1 为例，是

$$u_{\mathrm{VT1}} = \begin{cases} 0, \text{VT1 和 VT4 导通} \\ u_2, \text{VT2 和 VT3 导通} \end{cases} \tag{1.3.2}$$

整流输出属于直流，直流量的大小用平均值表示。输出电压的平均值，对于电阻性负载为

$$U_{\mathrm{d}} = \frac{1}{\pi} \int_{\alpha}^{\pi} \sqrt{2} U_2 \sin\omega t \, \mathrm{d}(\omega t) = \frac{2\sqrt{2} U_2}{\pi} \frac{1+\cos\alpha}{2} = 0.9 U_2 \frac{1+\cos\alpha}{2} \tag{1.3.3}$$

对于电感性负载（$\theta = \pi$）为：

$$U_{\mathrm{d}} = \frac{1}{\pi} \int_{\alpha}^{\pi+\alpha} \sqrt{2} U_2 \sin\omega t \, \mathrm{d}(\omega t) = \frac{2\sqrt{2}}{\pi} U_2 \cos\alpha = 0.9 U_2 \cos\alpha \tag{1.3.4}$$

无论是电阻性负载还是电感性负载，下列电量与有关电量的关系式相同：

输出电流的平均值：

$$I_{\mathrm{d}} = \frac{U_{\mathrm{d}}}{R} \tag{1.3.5}$$

流过晶闸管的电流平均值：

$$I_{\mathrm{dVT}} = \frac{1}{2} I_{\mathrm{d}} \tag{1.3.6}$$

晶闸管承受的最高阳极电压是：

$$U_{\mathrm{AKM}} = \sqrt{2} U_2 \tag{1.3.7}$$

晶闸管的电流有效值：

$$I_{\mathrm{VT}} = \frac{1}{\sqrt{2}} I \tag{1.3.8}$$

其中 I 是输出电流的有效值。

变压器二次电流的有效值：

$$I_2 = I \tag{1.3.9}$$

对于电阻性负载，输出电流的有效值：

$$I = \sqrt{\frac{1}{\pi} \int_{\alpha}^{\pi} \left(\frac{\sqrt{2} U_2}{R} \sin\omega t \right)^2 \mathrm{d}(\omega t)} = \frac{U_2}{R} \sqrt{\frac{1}{2\pi} \sin 2\alpha + \frac{\pi-\alpha}{\pi}} \tag{1.3.10}$$

对于电感性负载，输出电流的有效值：

$$I = I_{\mathrm{d}} \tag{1.3.11}$$

3. 反电动势负载

当整流电路用于为蓄电池充电，或为直流电动机做电源时，蓄电池或直流电动机的电枢是整流电路的反电动势负载。单相桥式全控整流电路带反电动势负载的等效电路如图 1.3.6 所示。图中 E 即为蓄电池或直流电动机电枢的电动势，R 为回路的等效电阻，L 为串入的平波电抗器。串入平波电抗器的目的是使负载中的电流连续，使电流连续的最小电感量为

$$L = \frac{2\sqrt{2} U_2}{\pi \omega I_{\mathrm{dmin}}} = 2.87 \times 10^{-3} \frac{U_2}{I_{\mathrm{dmin}}}$$

负载电流连续时，反电动势负载整流电路的工作情况与电感性负载整流电路电流连续时相同，工作波形也相同，各电量的计算公式也基本相同，只有输出电流的平均值不同。反电

动势负载整流电路的输出电流平均值应按下式计算：

$$I_d = \frac{U_d - E}{R} \tag{1.3.12}$$

二、三相可控整流电路

当用电设备的容量比较大时，要由三相电源对其供电。直流用电设备要由三相整流电路为其提供直流电。广泛应用的三相可控整流电路是三相桥式全控整流电路、以及双反星形可控整流电路、十二脉波可控整流电路等。这些整流电路的共同基础，是三相半波可控整流电路。首先介绍三相半波可控整流电路，然后分析三相桥式全控整流电路、双反星形、十二脉波整流电路等。

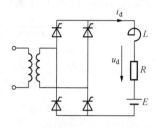

图 1.3.6 反电动势负载
单相桥式全控整流电路

（一）三相半波可控整流电路

1. 电阻负载

三相半波可控整流电路如图 1.3.7 所示。整流变压器的二次侧接成星形，以得到中性线，一次侧接成三角形，防止 0 序（3k 次）谐波流入电网。三个晶闸管 VT1、VT2 和 VT3 分别接入 a、b、c 三相电源，它们的阴极连接在一起，称为共阴极接法。

整流变压器的二次三相电压对称：

$$u_a = \sqrt{2}U_2\sin\omega t\,\text{V}$$
$$u_b = \sqrt{2}U_2\sin(\omega t - 120°)\,\text{V}$$
$$u_c = \sqrt{2}U_2\sin(\omega t + 120°)\,\text{V}$$

三相半波可控整流电路结构对称，因而三个晶闸管的工作情况是对称的。这种对称表现为：在一个电源周期中，三个晶闸管各工作 1/3 周期。

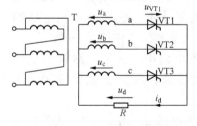

图 1.3.7 三相半波可控整流
电路共阴极接法电阻负载

每个晶闸管各在哪段时间工作呢？首先要讨论一下晶闸管两端电压的情况。

在所有晶闸管都不导通的情况下，负载中电流为 0，输出电压也为 0，则晶闸管两端电压即是其所在相的相电压，参见图 1.3.7，$u_{VT1} = u_a$。当有一个晶闸管导通时，导通晶闸管两端的电压为 0（忽略导通压降），不导通晶闸管两端的电压为本相相电压与导通相相电压的差。图 1.3.8 中，VT3 导通，则 $u_{VT3} = 0$，$u_{VT1} = u_a - u_b$。可以得出结论：

晶闸管两端电压为

$$u_{VT} = \begin{cases} \text{本相相电压} & \text{所有晶闸管都不导通} \\ 0 & \text{晶闸管本身导通} \\ \text{本相相电压-导通相相电压} & \text{其他晶闸管导通} \end{cases}$$

三相相电压的波形图如图 1.3.9 所示。假设将图 1.3.7 电路中的晶闸管换作二极管，并用 VD 表示，该电路就成为三相半波不可控整流电路。假定在 ωt_2 之前，a 相的 VD1 导通。到 ωt_2 时刻，会发生什么现象呢？在 a 相的 VD1 导通的时候，b 相的 VD2 承受阳极电压是 $u_b - u_a$，到 ωt_2 时刻，$u_b = u_a$，并在 ωt_2 时刻后开始 $u_b > u_a$，使得 VD2 承受正向阳极电压而导通，而 VD1 承受阳极电压是 $u_a - u_b < 0$，VD1 因承受反向阳极电压而关断，负载电流由 a 相换到 b 相，自然实现换相。故将 ωt_2 等这种每两相相电压在正半周的交点称为共阴极电路

的自然换相点，ωt_1、ωt_3、ωt_4 等都是自然换相点。

可见，对于共阴极三相半波不可控整流电路，每个二极管是在本相相电压的值最大的时间段工作。在一个周期中，器件工作情况如下：

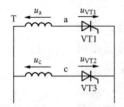

图 1.3.8　　VT3 导通

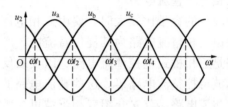

图 1.3.9　　三相相电压的波形图

在 $\omega t_1 \sim \omega t_2$ 期间，a 相电压最高，VD1 导通；在 $\omega t_2 \sim \omega t_3$ 期间，b 相电压最高，VD2 导通；在 $\omega t_3 \sim \omega t_4$ 期间，c 相电压最高，VD3 导通。ωt_4 之后重复前一周期的工作情况。如此，一周期中 VD1、VD2、VD3 轮流导通，每管各导通 $120°$。

由图 1.3.7 可知，整流输出电压是导通相相电压，即 $u_d = u_{导通相}$。三相半波不可控整流电路（共阴极接法）的输出电压波形如图 1.3.10 所示，u_d 波形为三个相电压在正半周期的包络线。

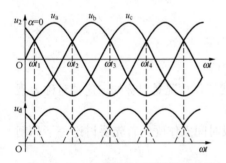

图 1.3.10　　三相半波不可控整流电路（共阴极接法）的输出电压波形

对三相半波可控整流电路而言，自然换相点是各相晶闸管能触发导通的最早时刻，从该时刻起，晶闸管开始承受正向阳极电压，这时给晶闸管门极施加触发脉冲，晶闸管才能导通。因此，将自然换相点作为计算各晶闸管控制角 α 的起点，即 $\alpha = 0°$，要改变控制角只能是在此基础上增大，即沿时间坐标轴向右移。若在自然换相点处触发相应的晶闸管导通，即 $\alpha = 0°$，则电路的工作情况与以上分析的二极管整流工作情况一样。

在三相半波可控整流电路中，三个晶闸管各工作 1/3 周期。晶闸管受触发导通，电路受触发换相。图 1.3.11 是控制角 $\alpha = 30°$ 时三相半波可控整流电路的工作波形。

假设电路工作在稳定状态，在 ωt_1 之前，VT3 导通，输出电压 $u_d = u_c$，VT1 承受阳极电压 $u_{VT1} = u_a - u_c$。ωt_1 时刻，$u_{VT1} > 0$，当触发脉冲施加给 VT1 时，VT1 导通。VT1 导通后，输出电压 $u_d = u_a$，VT3 承受阳极电压 $u_{VT3} = u_c - u_a < 0$，VT3 因承受反向阳极电压而关断，完成换相。$120°$ 之后 VT2 与 VT1 换相，换相过程相同，VT2 导通时输出电压 $u_d = u_b$，再过 $120°$ VT3 与 VT2 换相，VT3 导通时输出电压 $u_d = u_c$。

在电阻负载情况下，输出电流与输出电压成比例，$i_d = \dfrac{u_d}{R}$，因而 i_d 波形与 u_d 波形相同。每个晶闸管都工作 1/3 周期，因而晶闸管中只在 1/3 周期的时间内通过电流 i_d。晶闸管两端电压，以 VT1 为例，

$$u_{VT1} = \begin{cases} 0 & VT1\ 导通 \\ u_a - u_b = u_{ab} & VT2\ 导通 \\ u_a - u_c = u_{ac} & VT3\ 导通 \end{cases}$$

当控制角 $\alpha > 30°$ 时，负载电流断续，图 1.3.12 是控制角 $\alpha = 60°$ 时三相半波可控整流电

路电阻负载的工作波形。

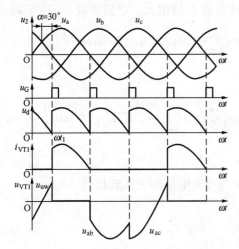 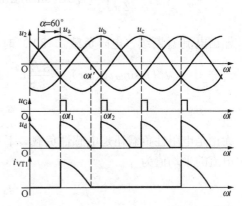

图 1.3.11 $\alpha=30°$ 时三相半波可控整流
电路电阻负载的工作波形

图 1.3.12 $\alpha=60°$ 时三相半波可控整流
电路电阻负载的工作波形

在 $\omega t_1 \sim \omega t_2$ 期间，应该是 VT1 工作，输出电压 $u_d = u_a$。但在 $\omega t'$ 时刻，u_a 由正变负过零，$u_a = 0$，则 $u_d = 0$，$i_d = 0$。负载电流同时通过晶闸管 VT1 的阳极，VT1 因阳极电流降为 0 而关断。VT1 关断后，在 ωt_2 之前，VT2 因无触发脉冲而不能导通。在 $\omega t' \sim \omega t_2$ 期间，所有的晶闸管都不导通，$u_d = 0$。

2. 电感性负载

对于电感性负载，$\alpha < 30°$ 时三相半波可控整流电路的工作情况与电阻负载完全相同。$\alpha > 30°$ 时，当 u_a 由正变负过零时，由于和单相桥式整流电路电感性负载中相同的原因，原先导通的晶闸管 VT1 不关断，输出 u_d 出现负值，图 1.3.13 是三相半波可控整流电路阻感负载在 $\alpha = 60°$ 时的工作波形。

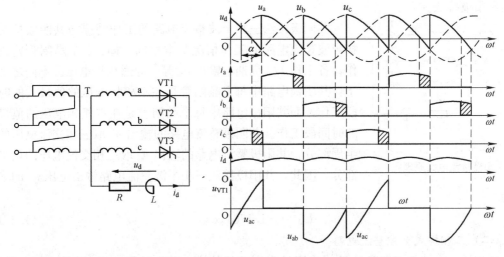

图 1.3.13 三相半波可控整流阻感负载时的电路及 $\alpha=60°$ 时的工作波形

当 L 值很大时，整流输出电流 i_d 连续且脉动很小，其波形基本是平直的。流过晶闸管的电流接近矩形波。

数量计算:

输出电压的平均值:输出电流 i_d 连续(电感性负载 L 值很大,电阻负载 $\alpha \leqslant 30°$)时:

$$U_d = \frac{1}{\frac{2\pi}{3}} \int_{\frac{\pi}{6}+\alpha}^{\frac{5\pi}{6}+\alpha} \sqrt{2} U_2 \sin\omega t \, d(\omega t) = \frac{3\sqrt{6}}{2\pi} U_2 \cos\alpha = 1.17 U_2 \cos\alpha \qquad (1.3.13)$$

输出电流 i_d 断续(电阻负载 $\alpha > 30°$)时:

$$U_d = \frac{1}{\frac{2\pi}{3}} \int_{\frac{\pi}{6}+\alpha}^{\pi} \sqrt{2} U_2 \sin\omega t \, d(\omega t) = \frac{3\sqrt{2}}{2\pi} U_2 \left[1 + \cos\left(\frac{\pi}{6}+\alpha\right)\right] = 0.675 U_2 \left[1 + \cos\left(\frac{\pi}{6}+\alpha\right)\right]$$

$$(1.3.14)$$

无论是电阻性负载还是电感性负载,下列电量与有关电量的关系式相同:
输出电流的平均值为

$$I_d = \frac{U_d}{R} \qquad (1.3.15)$$

流过晶闸管的电流平均值为

$$I_{dVT} = \frac{1}{3} I_d \qquad (1.3.16)$$

晶闸管承受的最高阳极电压是

$$U_{AKM} = \sqrt{6} U_2 \qquad (1.3.17)$$

晶闸管的电流有效值为

$$I_{VT} = \frac{1}{\sqrt{3}} I \qquad (1.3.18)$$

其中 I 是输出电流的有效值。

3. 共阳极整流电路

三相半波晶闸管共阳极整流电路如图 1.3.14 所示。3 个晶闸管的阳极连接在一起,故称为共阳极接法。

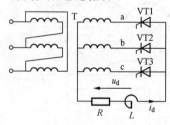

图 1.3.14 三相半波共阳极整流电路原理图

共阳极接法三相半波整流电路的工作情况与共阴极接法三相半波整流电路的工作情况基本相同,即:3 个晶闸管轮流工作,各工作 1/3 周期,输出 u_d 等于导通相相电压。不同之处在于:共阴极电路中每个晶闸管是在本相相电压的值最大的时间段工作,而共阳极电路中每个晶闸管是在本相相电压的值最小的时间段工作。共阴极整流电路的输出 u_d 取三相交流电压的正半周部分,共阳极整流电路的输出 u_d 取三相交流电压的负半周部分,因此,共阳极接法三相半波整流电路输出电压 u_d 的平均值为

$$U_d = -1.17 U_2 \cos\alpha \qquad (1.3.19)$$

(二)三相桥式全控整流电路

三相桥式全控整流电路是目前应用最为广泛的整流电路,其原理图如图 1.3.15 所示。三相桥式全控整流电路是由共阴极接法三相半波整流电路与共阳极接法三相半波整流电路串联组成的。

三相桥式全控整流电路是如何工作的呢？必须有共阴极组和共阳极组各 1 个器件同时导通，才能形成供电回路。共阴极组和共阳极组的 6 个晶闸管是如何两两组合的呢？

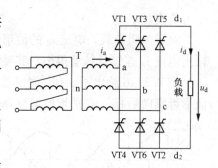

图 1.3.15 三相桥式全控整流电路原理图

在三相桥式全控整流电路中，共阴极组的 VT1、VT3、VT5 工作过程与三相半波整流电路中相同：每周期 3 个晶闸管轮流工作，各工作 1/3 周期；i_d 连续时，受触发导通的晶闸管给原先导通的晶闸管施加反压，使其被迫关断，实现换相；触发脉冲总是施加给自然换相点后相电压最大相的晶闸管。

共阳极组的 VT4、VT6、VT2 工作过程与共阴极组基本相同，不同之处：触发脉冲总是施加给自然换相点（负半周的）后相电压最低相的晶闸管。

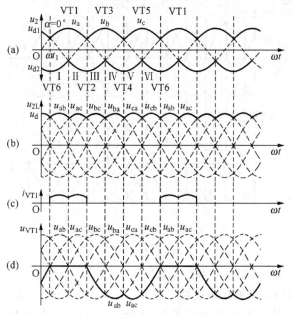

图 1.3.16 三相桥式全控整流电路 $\alpha=0°$ 时的波形

6 个晶闸管各自工作的时间段标在图 1.3.16（a）中。由图 1.3.16（a）可见，任意时刻共阳极组和共阴极组中各有 1 个晶闸管处于导通状态，图 1.3.16（a）同时显示出 6 个晶闸管两两组合的情况。

当忽略晶闸管的导通压降时，施加于负载上的电压为两导通相之间的线电压，输出电压 u_d 一周期包含六段，分别是六相线电压（u_{ab}、u_{ac}、u_{bc}、u_{ba}、u_{ca}、u_{cb}）的一部分，如图 1.3.16（b）所示。

晶闸管流过的电流、晶闸管两端电压与三相半波可控整流电路中相同：晶闸管只在 1/3 周期的时间内通过电流 i_d，控制角 $\alpha=0°$ 时晶闸管 VT1 中电流的波形如图 1.3.16（c）所示。

晶闸管两端电压，以 VT1 为例，

$$u_{VT1} = \begin{cases} 0 & \text{VT1 导通} \\ u_a - u_b = u_{ab} & \text{VT2 导通} \\ u_a - u_c = u_{ac} & \text{VT3 导通} \end{cases}$$

控制角 $\alpha=0°$ 时晶闸管 VT1 两端电压的波形如图 1.3.16（d）所示。

$\alpha=0°$ 时，输出电压 u_d 是六相线电压的包络线。当控制角改变时，电路的工作规律基本不变，各电量的表达式基本不变，只是起始点改变。图 1.3.17 给出了 $\alpha=30°$ 时的工作波形。从 ωt_1 开始把一个周期等分为 6 段，每段为 60°。

与 $\alpha=0°$ 时的情况相比，一周期中 u_d 波形仍由 6 段线电压构成。区别在于，晶闸管起始导通时刻推迟了 30°，组成 u_d 的每一段线电压因此推迟 30°，u_d 平均值降低，晶闸管电压波形也相应发生变化，如图 1.3.17 所示。图中同时给出了变压器二次侧 a 相电流 i_a 的波形，该波形的特点是，在 VT1 处于通态的 120° 期间，i_a 为正值，在 VT4 处于通态的 120° 期间，

i_a 为负值。

对于电阻负载，电流 i_d 的波形与 u_d 波形相同。对于电感性负载，当 L 值很大时，整流输出电流 i_d 连续且脉动很小，其波形基本是平直的。

图 1.3.18 给出了 $\alpha=60°$ 时的波形，电路的工作规律依然相同，u_d 波形中每段线电压的波形继续向后移，u_d 平均值继续降低。$\alpha=60°$ 时 u_d 出现了为零的点。

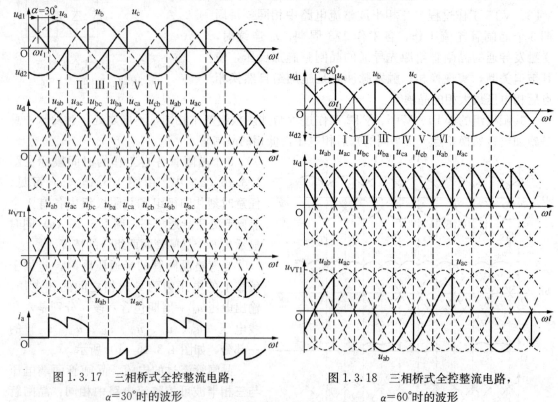

图 1.3.17　三相桥式全控整流电路，
$\alpha=30°$ 时的波形

图 1.3.18　三相桥式全控整流电路，
$\alpha=60°$ 时的波形

由以上分析可见，当 $\alpha\leq60°$ 时，u_d 波形是连续的，i_d 波形也连续。

当 $\alpha>60°$ 时，电阻负载情况下 u_d 波形断续，i_d 波形也断续。

$\alpha=90°$ 时电阻负载三相桥式全控整流电路的工作波形如图 1.3.19 所示，此时 u_d 波形每 60° 中有 30° 为零。而对于电感性负载，当 L 值足够大时，u_d 波形是连续的，i_d 波形也连续，当 L 值很大时，整流输出电流 i_d 连续且脉动很小，其波形基本是平直的。图 1.3.20 所示是 $\alpha=90°$ 时电感性负载三相桥式全控整流电路的工作波形，由图 1.3.20 可见，$\alpha>60°$ 时，电感性负载的 u_d 波形中出现负值。

三相桥式全控整流电路，对于电感性负载，$\alpha=90°$ 时，输出电压 u_d 的正负面积基本相等，u_d 的平均值近似为零，因而 α 的可取值范围是 $0°\sim90°$。对于电阻负载，$\alpha=120°$ 时，u_d 波形将全为零，其平均值也为零，故电阻负载时 α 的可取值范围是 $0°\sim120°$。

数量计算：输出电压 u_d 连续（电感性负载 L 值很大，电阻负载 $\alpha\leq60°$）时，输出电压平均值为：

$$U_d = \frac{1}{\frac{\pi}{3}}\int_{\frac{\pi}{3}+\alpha}^{\frac{2\pi}{3}+\alpha}\sqrt{6}U_2\sin\omega t\,d(\omega t) = 2.34U_2\cos\alpha \qquad (1.3.20)$$

三相桥式全控整流电路，输出电压 u_d 连续时其平均值是两个三相半波整流电路输出电压平均值的代数和，这正是由于三相桥式全控整流电路是由两个三相半波整流电路串联组成的。

输出电压 u_d 断续（电阻负载 $\alpha > 60°$）时，输出电压平均值为：

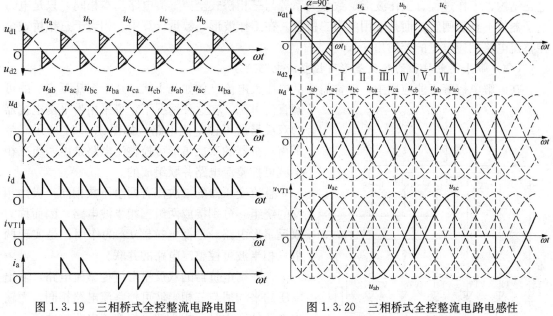

图 1.3.19　三相桥式全控整流电路电阻　　　　　图 1.3.20　三相桥式全控整流电路电感性
负载，$\alpha = 90°$ 时的波形　　　　　　　　　　负载，$\alpha = 90°$ 时的波形

$$U_d = \frac{3}{\pi} \int_{\frac{\pi}{3}+\alpha}^{\pi} \sqrt{6} U_2 \sin\omega t \, \mathrm{d}(\omega t) = 2.34 U_2 \left[1 + \cos\left(\frac{\pi}{3} + \alpha\right) \right] \tag{1.3.21}$$

无论是电阻性负载还是电感性负载，下列电量与有关电量的关系式相同：
输出电流的平均值为

$$I_d = \frac{U_d}{R}$$

流过晶闸管的电流平均值为

$$I_{dVT} = \frac{1}{3} I_d$$

晶闸管承受的最高阳极电压是

$$U_{AKM} = \sqrt{6} U_2$$

晶闸管的电流有效值为

$$I_{VT} = \frac{1}{\sqrt{3}} I$$

其中 I 是输出电流的有效值，对于电感性负载，$I = I_d$。

变压器二次电流有效值为

$$I_2 = \sqrt{\frac{2}{3}} I_d \tag{1.3.22}$$

三相桥式全控整流电路中，晶闸管电流有效值、晶闸管承受的最高阳极电压都与三相半波可控整流电路中相同。在晶闸管的电压、电流定额相同的情况下，采用三相桥式全控整流电路，可以取得两倍于半波可控整流电路的输出电压平均值。

（三）三相桥式不可控整流电路

有些工业用电设备的电源中采用三相桥式不可控整流电路。三相桥式不可控整流电路的电路结构、工作过程、工作波形、数量关系等与三相桥式全控整流电路基本相同，只是电力电子器件不是晶闸管，而是采用电力二极管。在工作波形、数量计算中，相当于三相桥式全控整流电路相应电量的控制角 $\alpha=0°$。

（四）带平衡电抗器的双反星形可控整流电路

在电解电镀等工业应用中，经常需要低电压大电流（例如几十伏，几千至几万安）的可

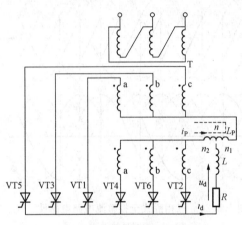

图 1.3.21　带平衡电抗器的
双反星形可控整流电路

调直流电源。在这种情况下，可采用带平衡电抗器的双反星形可控整流电路，如图 1.3.21 所示。带平衡电抗器的双反星形可控整流电路是由两组三相半波可控整流电路并联组成的。

整流变压器的二次侧有两组匝数相同，极性相反的绕组，分别接成两组三相半波电路，因而称为双反星形电路。平衡电抗器 L_P 的作用，是实现两组三相半波可控整流电路的并联。

带平衡电抗器的双反星形可控整流电路，输出电压的平均值与三相半波可控整流电路相同，而输出电流的能力是三相半波可控整流电路的两倍。

（五）多重化整流电路

电力电子装置是非线性负载，工作时会产生谐波电流，对电网产生谐波污染，且消耗大量的无功功率。整流装置所产生的谐波电流次数与整流输出脉波数有关，脉波数越多，最低次高次谐波电流的次数越高。由于谐波电流的含有率与谐波电流的次数成反比，在整流装置容量一定的情况下，脉波数越多，总谐波电流的含量越小。

整流装置功率进一步加大时，所产生的谐波、无功功率等对电网的干扰也随之加大，为减轻干扰，多采用增加整流输出脉波数的方法。增加整流输出脉波数的途径之一，是采用多重化整流电路。多重化整流电路，是将两个或两个以上相同结构的整流电路按一定的规律组合而得。有并联多重联结和串联多重联结两种方式，对于交流输入电流来说，二者效果相同。通常采用脉动宽度为 60° 的 6 脉波三相桥式整流电路作为基本单元，使 m 组 6 脉波整流电路的交流侧电压依次移相 $\dfrac{60°}{m}$，可组成脉波数为 $6m$ 的多脉波整流电路。

图 1.3.22 是由两个三相桥串联而成的串联多重联结 12 脉波整流电路。整流变压器的两个二次绕组分别采用星形和三角形联结，一次和两个二次绕组的匝数比为 $1:1:\sqrt{3}$，可得到两组大小相同相位相差 30° 的对称电压。由此得到的整流输出，每周期脉动 12 次。

串联多重联结 12 脉波整流电路的电流波形如图 1.3.23 所示。其中 i_{a2} 滞后 i_{a1} 30°；i'_{ab2} 是 i_{ab2} 折算到变压器一次侧 A 相的电流，$i_A=i_{a1}+i'_{ab2}$。对 i_A 作傅立叶分解，结果是含有基波和 $12k\pm1$ 次（$k=1，2，3\cdots$）谐波，最低次高次谐波电流的次数为 11 次。而三相桥式可控整流电路所产生的谐波电流次数为 $6k\pm1$ 次（$k=1，2，3\cdots$），最低次高次谐波电流的次数为 5 次。因此，将两个三相桥串联多重联结后，谐波电流的含量减小。谐波电流大幅减小可以在

一定程度上提高功率因数。

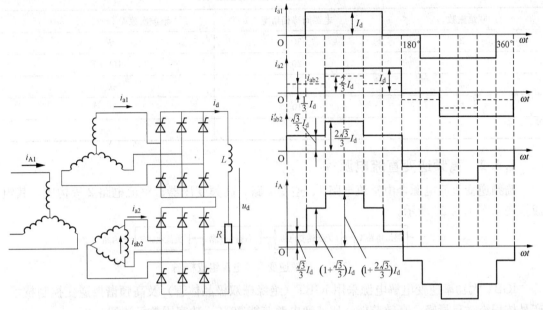

图 1.3.22 串联多重联结的 12 脉波整流电路 图 1.3.23 串联多重联结 12 脉波整流电路电流波形

图 1.3.24 是由两个三相桥并联而成的并联多重联结 12 脉波整流电路，平衡电抗器 L_p 的作用，是实现两个三相桥式可控整流电路的并联。其交流侧谐波电流的情况与串联多重联结的 12 脉波整流电路相同。

12 脉波整流电路，是采用整流变压器为常规接线的 Yy0 和 Yd11，得到互相移相 30° 的两组二次电压。两组 6 脉波整流电路，交流侧二次电压互相移相 30°，直流侧并联（或串联）后组成 12 脉波整流。利用整流变压器一次绕组采用曲折接线（Z 接线），可实现二次电压依次移相 $\dfrac{60°}{m}$（$m=2$，3，4，……）。m 组 6 脉波整流单元，交流侧二次电压互相移相 $\dfrac{60°}{m}$，直流侧并联（或串联）后组成 $6m$ 脉波整流共同向直流负载供电。并联多重联结 $6m$ 脉波整流系统结构原理图如图 1.3.25 所示。多重化整流电路的联结重数 m、移相角 $\dfrac{60°}{m}$ 及对应的电流谐波次数 h 之间的关系如表 1.3.1 所示。

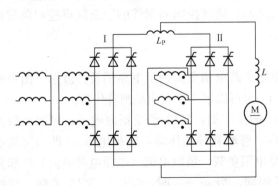

图 1.3.24 并联多重联结的 12 脉波整流电路

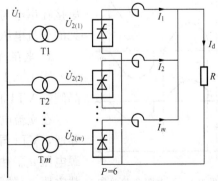

图 1.3.25 并联多重联结 $6m$ 脉波
整流系统结构原理图

表 1.3.1　　　　　　　　　　**几种多重化整流电路的性能指标**

联结重数 m	电源间移相角度	谐波次数 h ($k=1$, 2, 3…)
2	30	$12k\pm1$
3	20	$18k\pm1$
4	15	$24k\pm1$
6	10	$36k\pm1$
8	7.5	$48k\pm1$

1.3.2　高频逆变直流电源

　　高频逆变直流电源，由整流电路 1、逆变电路、高频变压器、整流电路 2 等构成，其组成框图如图 1.3.26 所示。

市电 → 整流电路 1 → 无源逆变电路 → 高频变压器 → 整流电路 2 → 直流

图 1.3.26　高频逆变直流电源组成框图

　　IGBT 大功率逆变电解电源采用 IGBT（绝缘栅双极晶体管）及高频谐振逆变控制技术，产品体积小、重量轻、高效节能，比普通电源节能 30%，功率因数可达到 0.95。

　　高频谐振逆变控制技术是消除电力电子器件在导通和关断过程中产生的损耗和电磁干扰的技术，有关其详细内容请参见电力电子技术方面的书籍。

1.4　工业交流调压电源基础

　　工业电炉的温度控制、三相异步电动机的软起动及调压调速、供用电系统对无功功率的连续调节、在高压小电流或低压大电流直流电源中调节变压器一次电压等，都需要交流调压电源。

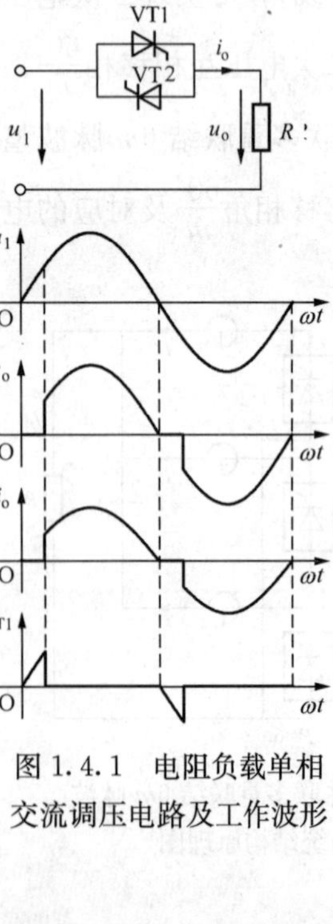

　　工业用电设备多为三相用电设备，相应地需要三相交流调压电源。三相交流调压电源的基础是单相交流调压电路。

　　一、单相交流调压电路

　　单相交流调压电路由两个反向并联的晶闸管构成主电路，它串接在市电与负载之间，通过控制晶闸管的通断就可控制负载得到的交流电压大小。

　　1. 电阻负载

　　图 1.4.1 为电阻负载单相交流调压电路图及其波形。图中的晶闸管 VT1 和 VT2 也可以用一个双向晶闸管代替。

　　在交流电源 u_1 的正半周，VT1 承受正向电压，可以受触发导通，VT1 导通后，忽略其导通压降，输出电压 u_o 即为交流电源电压 u_1。由于是电阻负载，负载电流（也即电源电流）i_o 和负载电压 u_o 的波形相同。当 $u_1=0$ 时，$i_o=0$，VT1 关断。忽略 VT1 的漏电流，VT1 关断后 $u_o=0$。

图 1.4.1　电阻负载单相交流调压电路及工作波形

在交流电源 u_1 的负半周，VT2 承受正向电压，可以受触发导通。和 u_1 正半周一样，VT2 导通后 $u_o = u_1$，i_o 和 u_o 的波形相同，当 $u_1 = 0$ 时，$i_o = 0$，VT2 关断，VT2 关断后 $u_o = 0$。

可以看出，负载电压波形是电源电压波形的一部分。在正负半周的控制角都为 α 时，负载电压有效值 U_o、负载电流有效值 I_o、晶闸管电流有效值 I_{VT} 和电路的功率因数 λ 分别为

$$U_o = \sqrt{\frac{1}{\pi}\int_\alpha^\pi (\sqrt{2}U_1\sin\omega t)^2 \mathrm{d}\omega t} = U_1\sqrt{\frac{\sin 2\alpha}{2\pi} + \frac{\pi - \alpha}{\pi}} \qquad (1.4.1)$$

$$I_o = \frac{U_o}{R} \qquad (1.4.2)$$

$$I_{VT} = \sqrt{\frac{1}{2\pi}\int_\alpha^\pi \left(\frac{\sqrt{2}U_1\sin\omega t}{R}\right)^2 \mathrm{d}\omega t} = \frac{U_1}{R}\sqrt{\frac{\sin 2\alpha}{4\pi} + \frac{\pi - \alpha}{2\pi}} \qquad (1.4.3)$$

$$\lambda = \frac{P}{S} = \frac{U_o I_o}{U_1 I_o} = \frac{U_o}{U_1} = \sqrt{\frac{\sin 2\alpha}{2\pi} + \frac{\pi - \alpha}{\pi}} \qquad (1.4.4)$$

从图 1.4.1 及以上各式可以看出，α 的移相范围为 $0 < \alpha < \pi$，导通角 $\theta = \pi - \alpha$。$\alpha = 0$ 时，相当于晶闸管一直导通，输出电压为最大值，$U_o = U_1$。随着 α 的增大，U_o 逐渐降低。直到 $\alpha = \pi$ 时，$U_o = 0$。在 $\alpha = 0$ 时，功率因数 $\lambda = 1$；随着 α 的增大，输入电流发生畸变，产生畸变功率，负载得到的有功功率减小，λ 也逐渐降低。

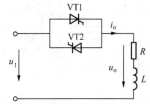

2. 阻感负载

单相交流调压电路阻感负载时的电路图及其波形如图 1.4.2 所示。

电路阻感负载时的工作过程与电阻负载时基本相同：在交流电源 u_1 的正半周和负半周，分别对 VT1 和 VT2 的导通角进行控制，负载电压波形是电源电压波形的一部分，改变控制角 α 就可以调节输出电压。不同之处在于：阻感负载时负载电流 i_o 和负载电压 u_o 的波形不同，导通角 $\theta > \pi - \alpha$。

由于电感中的电流不能跃变，每次有晶闸管导通时负载电流都从 0 开始逐渐增加，且待其电流降为 0 后晶闸管才会关断。导通角的大小不仅与控制角 α 有关，还与负载阻抗角 φ 有关，$\varphi = \mathrm{arctg}\dfrac{\omega L}{R}$

$$\alpha < \varphi \text{ 时}, \theta > \pi$$
$$\alpha = \varphi \text{ 时}, \theta = \pi$$
$$\alpha > \varphi \text{ 时}, \theta < \pi$$

为了得到不同于交流电源的电压，导通角 θ 应小于 π，即单相交流调压电路阻感负载时控制角 α 的移相范围为 $\varphi \leqslant \alpha \leqslant \pi$。

$\theta < \pi$ 时，阻感负载单相交流调压电路负载电压有效值

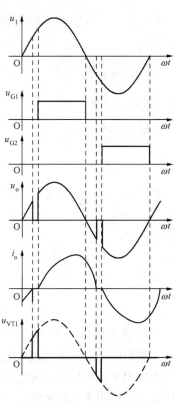

图 1.4.2 阻感负载单相交流调压电路及工作波形

$U_。$ 为

$$U_。 = \sqrt{\frac{1}{\pi}\int_{\alpha}^{\alpha+\theta}\left(\sqrt{2}U_1\sin\omega t\right)^2 \mathrm{d}\omega t} = U_1\sqrt{\frac{\sin 2\alpha - \sin(2\alpha + 2\theta)}{2\pi} + \frac{\theta}{\pi}} \quad (1.4.5)$$

3. 斩控式交流调压电路

斩控式交流调压电路是一种新的交流调压电路结构，其原理图如图 1.4.3 所示，一般采用全控型器件作为开关器件。

图 1.4.4 给出了电阻负载时负载电压 $u_。$ 和电源电流 i_1（也就是负载电流）的波形。可以看出，电源电流的基波分量是和电源电压同相位的，通过傅里叶分析可知，电源电流中不含低次谐波，只含和开关周期 T 有关的高次谐波。这些高次谐波用很小的滤波器即可滤除。这时电路的功率因数接近 1。

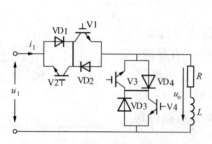

图 1.4.3　斩控式交流调压电路

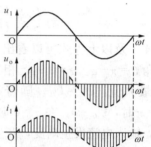

图 1.4.4　电阻负载斩控式
交流调压电路波形

二、三相交流调压电路

三相交流调压电路由 3 个单相交流调压电路按一定的方式联结而成。根据三相联结形式的不同，三相交流调压电路具有多种形式，如图 1.4.5 所示。图 1.4.5 (a) 是星形联结，(b) 是线路控制三角形联结，(c) 是支路控制三角形联结，(d) 是中点控制三角形联结。其中 (a) 和 (c) 两种电路最常用，下面分别简单介绍这两种电路的基本工作原理和特性。

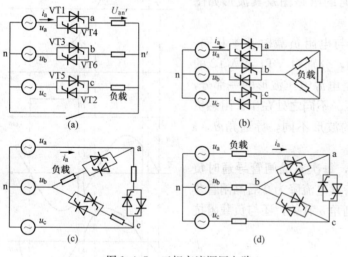

图 1.4.5　三相交流调压电路

1. 星形联结电路

星形联结三相交流调压电路可分为三相三线和三相四线两种情况。三相四线时，相当于三个单相交流调压电路的组合，三相互相错开 120°工作，单相交流调压电路的工作原理和分析方法均适用于这种电路。三相三线时，任一相在导通时必须和另一相构成回路，因此和三相桥式全控整流电路一样，电流流通路径中有两个晶闸管，所以应采用双脉冲或宽脉冲触发。三相的触发脉冲应依次相差 120°，同一相的两个反并联晶闸管触发脉冲应相差 180°。因此，和三相桥式全控整流电路一样，触发脉冲顺序也是 VT1～VT6，依次相差 60°。

2. 支路控制三角形联结电路

支路控制三角形联结三相交流调压电路由三个单相交流调压电路组成,三个单相电路分别在不同的线电压的作用下单独工作。因此,单相交流调压电路的分析方法和结论完全适用于支路控制三角形联结三相交流调压电路。

支路控制三角形联结方式的一个典型用例是晶闸管控制电抗器(Thyristor Controlled Reactor-TCR),其电路如图 1.4.6 所示。图中的电抗器所含电阻很小,可以近似看成纯电感负载,因此 α 的移相范围为 $90°\sim180°$。通过对 α 角的控制,可以连续调节流过电抗器的电流,从而调节电路从电网中吸收的无功功率。如配以固定电容器,就可以在从容性到感性的范围内连续调节无功功率,被称为静止无功补偿装置(Static Var Campensator——SVC)。这种装置在电力系统中广泛用来对无功功率进行动态补偿,以补偿电压波动或闪变。

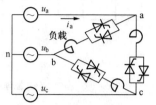

图 1.4.6　晶闸管控制电抗器电路

三、交流调功电路和交流电力电子开关

在上述的交流调压电路中,在交流输入电压的每半个周波内都对反向并联的晶闸管进行控制导通,通过对晶闸管开通相位的控制,调节输出电压的有效值。

1. 交流调功电路

像电炉温度这样的控制对象,其时间常数往往很大,没有必要对交流电源的每个周期进行频繁的控制,只要以周波数为单位进行控制就足够了,这种电路称为交流调功电路。

交流调功电路和交流调压电路的电路形式完全相同,只是控制方式不同。交流调功电路不是在每个交流电源周期都对输出电压波形进行控制,而是将负载与交流电源接通几个整周波,再断开几个整周波,通过改变接通周波数与断开周波数的比值来调节负载所消耗的平均功率。这种电路常用于电炉的温度控制,因其直接调节对象是电路的平均输出功率,所以被称为交流调功电路。

通常控制晶闸管导通的时刻都是在电源电压过零的时刻,这样,在交流电源接通期间,负载电压电流都是正弦波,不对电网电压电流造成通常意义的谐波污染。

2. 交流电力电子开关

把晶闸管反并联后串入交流电路中,代替电路中的机械开关,起接通和断开电路的作用,这就是交流电力电子开关。和机械开关相比,这种开关响应速度快,没有触点,寿命长,可以频繁控制通断。电力电子开关通常没有明确的控制周期,只是根据需要控制电路的接通和断开。

1.5　工业脉冲电源基础

脉冲电源用于电镀、脉冲弧焊、静电除尘等。

市电 → 整流电路 → 滤波电路 → 斩波电路 → 脉冲输出

图 1.5.1　脉冲电源组成框图

脉冲电源实质上是一种通断直流电源,一般由三相桥式全控整流电路、滤波电路以及斩波电路构成,其组成框图如图 1.5.1 所示。

整流电路输出大小可调的直流电压,滤波电路把它变成更平滑的直流电压供给后面的斩

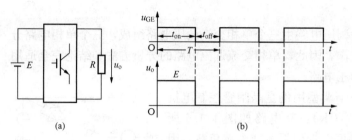

图 1.5.2　斩波电路的原理图
（a）原理结构；（b）工作波形

波电路。斩波电路的原理图及工作波形图如图 1.5.2 所示。图中 E 是整流滤波电路输出的直流电压，R 为负载电阻，方框内为一电力电子开关。

斩波电路采用绝缘栅双极晶体管 IGBT 作为开关元件，控制信号 u_{GE} 加在 IGBT 的栅极和发射极之间。u_{GE} 为高电平时，IGBT 导通，输出 u_o 等于 E；u_{GE} 为低电平时，IGBT 关断，输出 u_o 等于 0。u_o 为矩形脉冲，脉冲取高电平的时间 t_{on} 与周期 T 之比，称为脉冲电源的占空比，用 α 表示，即

$$\alpha = \frac{t_{on}}{T}$$

脉冲电源的工作电压 E 和占空比 α 均可独立调节。脉冲电源可工作于高电压、小占空比方式，也可工作于低电压、大占空比方式，以满足不同的工艺要求。

1.6　工业变频电源基础

工业用变频电源的基础是变频电路。变频电路有两类，一类是直接变频电路，一类是间接变频电路。

一、直接变频电路

单相直接变频的原理电路如图 1.6.1 所示，由两个相同结构的换流装置反向并联组成。当两个换流装置交替工作时，在负载上得到不同于电网频率的交流电。输出交流的频率即是两个换流装置交替工作的频率。当换流装置采用 6 脉波三相桥式电路时，输出上限频率不高于电网频率的 1/3～1/2。电网频率为 50Hz 时，直接变频电路的输出上限频率约为 20Hz。

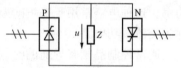

图 1.6.1　单相直接变频电路原理图

直接变频电路广泛用于大功率交流电动机调速传动系统，实际使用的主要是三相直接变频电路。三相直接变频电路由三个单相直接变频电路构成。图 1.6.2 是为大功率交流电动机提供变频交流电的直接变频电源的原理电路。三组单相直接变频电路的输出端是星形联结，电动机的三个绕组也是星形联结，电动机中性点不和变频器中性点接在一起，电

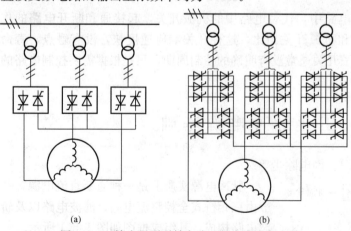

图 1.6.2　输出星形联结方式三相交交变频电路
（a）简图；（b）详图

动机只引出三根线即可。因为三组单相交交变频电路的输出连接在一起，其电源进线就必须隔离，因此三组单相交交变频器分别用三个变压器供电。

二、间接变频电路

间接变频电路的原理框图如图 1.6.3 所示，它主要由整流电路和无源逆变电路两个基本变流电路组成。整流电路已在 1.3 节作了介绍，下面介绍无源逆变电路。

无源逆变电路将直流电变换为交流电提供给负载。单相全桥电压型无源逆变电路的原理图如图 1.6.4 所示，U_d 是直流电源的电压，S1~S4 是电力电子器件及其辅助电路组成的 4 个电力电子开关，分别接在电桥的 4 个桥臂上。4 个开关分组交替工作，负载上就得到了交流电。输出电压 u_o 的波形如图 1.6.5 所示。

图 1.6.3 间接变频原理框图

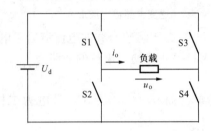

图 1.6.4 单相全桥无源逆变原理图

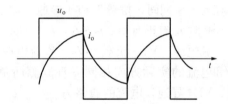

图 1.6.5 单相电压型无源逆变输出波形

当开关 S1、S4 闭合，S2、S3 断开时，输出电压为正，$u_o = U_d$；当开关 S1、S4 断开，S2、S3 闭合时，输出电压为负，$u_o = -U_d$。电流的波形与负载性质有关，负载为电阻时，电流的波形与电压相同，相位也相同；负载为阻感时，电流的波形与电压不同，相位也不同，图 1.6.5 中的电流 i_o 即是阻感负载的电流波形，电流滞后于电压。

输出交流电的频率取决于两组开关切换的频率，输出交流电的大小取决于直流电源电压或电流的大小。

无源逆变电路根据直流侧电源性质的不同分为两种：电压型逆变电路和电流型逆变电路。

1. 电压型逆变电路

单相全桥电压型无源逆变电路的一个例子如图 1.6.6 所示，它是图 1.6.3 所示原理框图的具体实现。电路中的 V1~V4 是全控型电力电子器件 IGBT，VD1~VD4 是电力二极管。电压型逆变电路有以下特点：

（1）直流侧为电压源，或并联大电容相当于电压源，直流侧电压基本无脉动，直流回路呈现低阻抗。

（2）由于直流电压源的箝位作用，无论负载阻抗角如何，交流侧输出电压为矩形波。而交流侧输出电流波形和相位因负载阻抗情况不同而不同。

（3）交流侧为阻感负载时需要提供无功功率。为了给交流侧向直流侧反馈的无功能量提供通道，逆变桥各臂并联有反馈二极管。

图 1.6.6 所示单相全桥电压型无源逆变电路有 4 个桥臂，桥臂 1 和 4 作为一对，桥臂 2 和 3 作为另一对，成对的桥臂同时导通，两对交替各导通 180°，称为 180°导通型无源逆变电路。该电路的输出电压电流波形如图 1.6.7 所示。

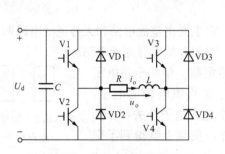

图 1.6.6　单相全桥电压型无源
逆变电路实例

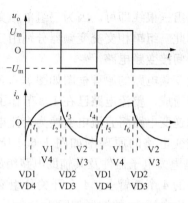

图 1.6.7　单相全桥电压型无源
逆变电路输出波形

在 $t_0 \sim t_2$ 期间，桥臂 1 和 4 导通，输出电压 $u_o = U_d$。由于阻感负载的电流滞后于电压，在 $u_o > 0$ 时 i_o 有正有负。$t_1 \sim t_2$，$i_o > 0$ 时，是 IGBT V1、V4 导通，电流的通路为

　　　直流电源—V1—负载—V4—直流电源

电压和电流的实际方向相同，直流侧向负载提供能量。而 $0 \sim t_1$，$i_o < 0$，是电力二极管 VD1、VD4 导通，电流的通路为

　　　直流电源—VD4—负载—VD1—直流电源

在 $t_2 \sim t_4$ 期间，桥臂 2 和 3 导通，输出电压 $u_o = -u_d$。t_2 时刻电压极性改变，由于电感中的电流不能跃变，i_o 依然为正，V2、V3 不能立刻导通，而是电力二极管 VD2、VD3 导通，电流的通路为：直流电源—VD2—负载—VD3—直流电源。

负载向直流侧反馈能量，故称二极管为反馈二极管。待电流降为 0 后反向，$i_o < 0$，这时 IGBT V2、V3 导通，电流的通路为：直流电源—V3—负载—V2—直流电源。

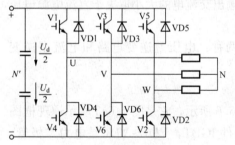

图 1.6.8　三相电压型桥式逆变电路

用三个单相逆变电路可以组合成一个三相逆变电路。但在三相逆变电路中，应用最广的还是三相桥式逆变电路。采用 IGBT 作为开关器件的电压型三相桥式逆变电路如图 1.6.8 所示，和单相全桥逆变电路相同，电压型三相桥式逆变电路的基本工作方式也是 180°导电方式，即每个桥臂的导电角度为 180°，同一相上下两个臂交替导电，各相开始导电的角度依次相差 120°。这样，在任一瞬间，将有三个桥臂同时导

通。可能是上面一个臂下面两个臂，也可能是上面两个臂下面一个臂同时导通。各电压、电流的工作波形如图 1.6.9 所示。

单相全桥电压型无源逆变电路输出电压的幅值为 U_d，三相电压型桥式逆变电路输出线电压的幅值为 U_d，相电压的幅值为 $2U_d/3$。对于 180°导通型的无源逆变电路，若要改变交流侧电压的大小，应通过改变 U_d 的大小来实现，这就要求直流侧的电压由可控整流电路提供。为了简化控制电路，整流电路往往采用不控型，交流侧输出大小、频率的调整依靠无源逆变控制电路的控制来实现，目前多采用 PWM 控制技术。

PWM（Pulse Width Modulation）控制的含义是脉冲宽度调制技术。PWM 控制方式就是通过对逆变电路开关器件的通断进行控制，使输出端得到一系列幅值相等而宽度不

等的脉冲，用这些脉冲来代替正弦波或所需要的波形。按一定的规则对各脉冲的宽度进行调制，既可改变逆变电路输出电压的大小，也可改变逆变输出频率。

有关 PWM 控制的详细内容请参阅电力电子技术方面的书籍。

2. 电流型逆变电路

单相桥式电流型无源逆变电路的一个例子如图 1.6.10 所示，图 1.6.11 是其工作波形。

目前电压型逆变电路都采用全控型器件，采用半控型器件的电压型逆变电路已很少应用。而电流型逆变电路中，采用半控型器件晶闸管的电路仍应用较多。图 1.6.10 所示电路中的阻感负载，一般是感应加热设备中的感应线圈，并联电容器用于无功补偿。

单相桥式电流型逆变电路由 4 个桥臂构成，每个桥臂的晶闸管各串联一个电抗器 L_T，L_T 用来限制晶闸管开通时的电流上升率以保护晶闸管，各桥臂的 L_T 之间不存在互感。使桥臂 1、4 和桥臂 2、3 以一定的中频轮流导通，就可以在负载上得到中频交流电。

电流型逆变电路有以下主要特点：

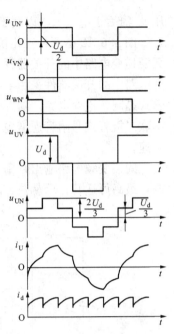

图 1.6.9 三相电压型桥式逆变电路工作波形

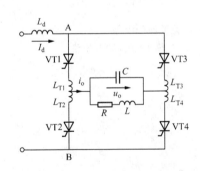

图 1.6.10 单相桥式电流型无源逆变电路

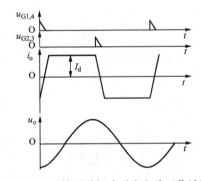

图 1.6.11 并联谐振式逆变电路工作波形

1）直流侧串联有大电感，相当于电流源。直流侧电流基本无脉动，直流回路呈现高阻抗。

2）电路中开关器件的作用仅是改变直流电流的流通路径，因此交流侧输出电流为矩形波，与负载阻抗角无关。而交流侧输出电压波形和相位则因负载阻抗情况的不同而不同。

3）交流侧为阻感负载时需要提供无功功率。直流侧电感起缓冲无功能量的作用。因为反馈无功能量时直流电流并不反向，因此不必像电压型逆变电路那样要给开关器件反并联二极管。

图 1.6.10 所示单相桥式电流型无源逆变电路，交流侧输出电流 i_o 为矩形波，但由于电抗器 L_T 的作用，i_o 并非理想的矩形波，电流的变化率被控制在一定范围内以保护晶闸管。图 1.6.10 电路中的 R、L、C 工作在接近并联谐振状态，故这种逆变电路也被称为并联谐振式逆变电路。从而一方面使输出电压 u_o 近似为正弦波，另一方面使等效负载呈现容性，电

压 u_o 滞后于电流 i_o，以利于晶闸管的关断。

图 1.6.12 是两种三相桥式电流型无源逆变电路。图 1.6.12（a）所示三相桥式电流型无源逆变电路中的开关器件采用全控型 GTO，图 1.6.12（b）所示三相桥式电流型无源逆变电路中的开关器件采用半控型晶闸管，每个桥臂的晶闸管都串联二极管，故称为串联二极管式晶闸管逆变电路。随着全控型器件的不断进步，晶闸管逆变电路的应用已越来越少，但串联二极管式晶闸管逆变电路仍应用较多，这种电路主要用于中大功率交流电动机的变频调速。

间接变频电路输出频率范围较直接变频电路输出频率范围大得多，最低可为零点几赫兹，最高可达几百千赫兹。

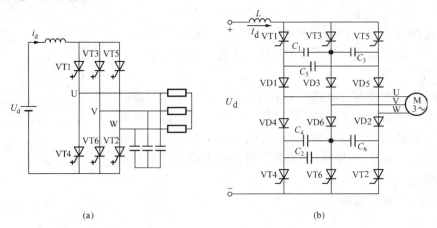

(a)　　　　　　　　　　　　　　　(b)

图 1.6.12　两种三相桥式电流型无源逆变电路

（a）采用全控型 GTO 的逆变电路；（b）串联二极管式晶闸管逆变电路

复 习 思 考 题

1.1.1　什么是工业电源？工业电源有哪些种类？

1.1.2　电源技术的精髓是什么？

1.1.3　各种用途的工业电源可以归纳为哪四类？

1.2.1　按照器件能够被控制电路信号所控制的程度，电力电子器件分为哪几类？

1.2.2　使晶闸管导通的条件是什么？关断的条件是什么？

1.2.3　晶闸管的额定电压、额定电流应如何选取？

1.2.4　晶闸管的派生器件有哪些？

1.2.5　本章介绍了哪 4 种典型的全控型电力电子器件？

1.2.6　什么是功率模块？什么是功率集成电路？

1.3.1　根据对交流电进行变换的过程不同，直流电源有哪几种类型？

1.3.2　高频逆变直流电源是由哪几部分组成的？

1.3.3　画出由晶闸管构成的单相桥式全控整流电路，简述其工作原理。

1.3.4　单相桥式全控整流电路电阻性负载，$\alpha = 30°$ 则 $\theta = ?$。画出 u_d、i_d、i_2、u_{VT1} 的波形。

1.3.5　单相桥式全控整流电路电感性负载，$\alpha = 45°$，$U_2 = 220V$，$R = 2\Omega$，$L = 0.5H$，求 U_d、I_d、I_{dVT}、I_{VT}、I_2 晶闸管承受的最高阳极电压 U_{AKM}。

1.3.6　三相半波可控整流电路，在所有晶闸管都不导通、晶闸管本身导通、其他晶闸管导通几种情况下，晶闸管两端电压分别等于多少?

1.3.7　三相半波可控整流电路电感性负载，$\alpha=30°$，L 值极大，则 $\theta=?$ 画出 u_d、i_d、i_2、u_{VT1} 的波形。

1.3.8　三相半波可控整流电路电感性负载，$\alpha=60°$，$U_2=220V$，$R=1\Omega$，$L=0.5H$，求 U_d、I_d、I_{dVT}、I_{VT}、I_2 晶闸管承受的最高阳极电压 U_{AKM}。

1.3.9　画出三相桥式全控整流电路。为什么说三相桥式全控整流电路中晶闸管的工作过程与三相半波整流电路中相同?

1.3.10　三相桥式不控整流电路电阻性负载，$U_2=220V$，$R=3\Omega$，求 U_d、I_d、I_{dVT}、I_{VT}、I_2 晶闸管承受的最高阳极电压 U_{AKM}。

1.3.11　三相桥式全控整流电路电阻性负载，$\alpha=30°$则 $\theta=?$ 画出 u_d、i_d、i_2、i_{VT1}、u_{VT1} 的波形。

1.3.12　三相桥式全控整流电路电感性负载，$\alpha=45°$，$U_2=220V$，$R=3\Omega$，$L=1H$，求 U_d、I_d、I_{dVT}、I_{VT}、I_2 晶闸管承受的最高阳极电压 U_{AKM}。

1.3.13　带平衡电抗器的双反星形可控整流电路中，平衡电抗器 L_p 的作用是什么?

1.3.14　由两个三相桥串联而成的并联多重整流电路，输出电压每周期脉动多少次? 所产生的谐波电流次数为多少? 最低次高次谐波电流的次数为多少?

1.4.1　交流调压电源有哪些应用?

1.4.2　画出单相交流调压电路的主电路，简述其调节电压的过程。

1.4.3　单相交流调压电路带有电阻性负载时，电路的功率因数是否为 1? 为什么?

1.4.4　三相交流调压电路有哪几种形式?

1.4.5　比较交流调功电路与交流调压电路的异同。

1.5.1　脉冲电源是由哪几部分电路组成的? 画出其组成框图。

1.5.2　画出斩波电路的工作波形。什么是脉冲电源的占空比?

1.6.1　变频电路作为工业用变频电源的基础，有哪两类?

1.6.2　画出直接变频的原理电路，简述其工作原理。

1.6.3　间接变频电路是由哪两个基本变流电路组成的? 间接变频电路输出频率范围如何?

1.6.4　画出无源逆变电路的原理图，简述其工作原理。

1.6.5　无源逆变电路根据直流侧电源性质的不同分为哪两种?

1.6.6　电压型逆变电路的特点是什么? 电流型逆变电路的特点是什么?

1.6.7　PWM 控制的含义是什么?

第2章　电力机械设备

电力机械设备是指以电动机为原动机拖动的生产机械设备，诸如以电动机拖动的泵、风机、卷扬机……电动机的种类很多，而由电动机作原动机拖动的生产机械更是不胜枚举。

电动机（motor）是一种将电能转换为机械能的旋转电气设备。在工农业生产及人们的日常生活中，使用着大量的电动机，全国用电量的 60%～70% 是通过电动机消耗的。

电动机一般可分为直流电动机和交流电动机。直流电动机使用直流电源，交流电动机使用交流电源。交流电动机又分为同步电动机和异步电动机。同步电动机的转子旋转速度与定子磁场的旋转速度相同；异步电动机的转子旋转速度与定子磁场的旋转速度相异。异步电动机根据其转子结构的不同再分为笼型异步电动机和绕线转子异步电动机。

在电力拖动中，三相异步电动机（three-phase induction motor）是所有电动机中应用最广泛的一种，这是由于它具有结构简单、制造容易、坚固耐用、运行可靠、维护方便和成本较低等优点。异步电动机的调速性能较差，并从电网吸取无功功率而使电网的功率因数降低。尽管如此，仍不失它在电力拖动中的重要地位。目前在工农业生产中，各种车床、吊车、搅拌机、破碎机、皮带运输机等都是用异步电动机来拖动的。

泵和风机在国民经济各部门的数量众多，分布面极广，耗电量巨大。据有关部门统计，泵和风机的耗电量占全国电力消耗总量的 30% 以上，目前，泵和风机的耗电量中还有很大的节能潜力。

本章介绍在国民经济各部门中应用最广、耗电量最大的三相异步电动机、泵和风机。

三相异步电动机的内容已在本专业的电机学课程中作过系统的介绍，本课程则在简单地复习它的基本工作原理、电路方程、功率、转矩、机械特性、起动、反转和制动的基础上，着重介绍它的各种调速原理和方法、调速装置、调速的性能和特点，以及三相异步电动机的节电途径和措施。

介绍泵与风机的主要参数、基本结构和工作原理、特性及其节电技术。

2.1　三相异步电动机的构造和转动原理

2.1.1　三相异步电动机的构造

三相异步电动机的两个基本组成部分是定子（stator）和转子（rotor），此外还有支撑转子的端盖等。图 2.1.1 是笼型异步电动机的结构，定子和转子之间有一个很窄的空气隙。

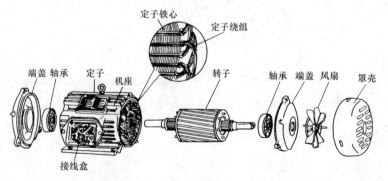

定子铁心　定子绕组
端盖　轴承　定子　机座　转子　轴承　端盖　风扇　罩壳
接线盒

图 2.1.1　三相笼型异步电动机的结构

一、定子

定子是电动机的不动部分，它主要由定子铁心、定子绕组和机座（外壳）组成。机座是电机的支撑部分，通常由铸铁或铸钢制成。定子铁心一般由表面涂有绝缘漆、厚0.5mm的硅钢片叠压而成，以减少铁损。定子铁心叠成圆筒状置入机座内。定子铁心的硅钢片如图2.1.2（a）所示，其内圆周表面冲有槽孔，用来嵌放三相定子绕组。三相定子绕组对称，共有六个线端引出机壳外，每相绕组的

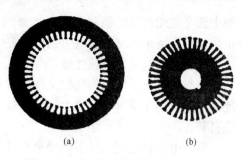

图2.1.2 定子和转子铁心的硅钢片
（a）定子；（b）转子

首端用符号U1、V1、W1标记，尾端用符号U2、V2、W2标记，通常将它们接在机座的接线盒中。接线盒的布置如图2.1.3所示。根据电源电压和电动机的额定电压情况，三相定子绕组可接成星形或三角形，如图2.1.4所示。

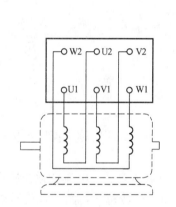

图2.1.3 接线盒中接线柱的布置

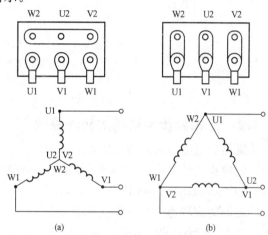

图2.1.4 三相定子绕组的接法
（a）星形联结；（b）三角形联结

二、转子

转子是电动机的旋转部分，主要由转子铁心、转子绕组、转轴和风扇等组成。转子铁心是一个圆柱体，也由厚0.5mm的硅钢片叠压而成，置于转轴上。转子铁心的硅钢片如图2.1.2（b）所示，其外圆周表面冲有槽孔，以便嵌置转子绕组。转子绕组根据其构造分为两种形式：笼型和绕线转子。

1. 笼型

笼型转子（squirrel-cage rotor）是在转子铁心的槽内压进铜条，铜条的两端分别焊接在两个铜环上，如图2.1.5（a）。因其形状如同鼠笼，故得名。

现在中、小型电动机更多地采用铸铝转子，即把熔化的铝浇铸在转子铁心槽内，两端的圆环及风扇也一并铸成，如图2.1.5（b）所示。用铸铝转子可节省铜材，简化了制造工艺，降低了电机的成本。

2. 绕线转子

绕线转子（wound rotor）的铁心与笼型的相同，绕线转子的绕组与定子绕组相似，三相绕组对称，嵌置在转子铁芯槽内。三相绕组接成星形，其尾端接在一起，首端分别接在转

轴上三个彼此绝缘的铜制滑环上，如图 2.1.5（c）所示。滑环对轴也是绝缘的，滑环通过电刷将转子绕组的三个首端引到机座上的接线盒里，以便在转子电路中串入附加电路，用来改善电动机的起动和调速性能。

　　绕线转子电动机结构比较复杂，成本比笼型电动机高，但它有较好的起动性能和调速性能，一般只用于要求具有较大起动转矩以及有一定调速范围的场合，如大型立式车床和起重设备等。

　　笼型电动机与绕线转子电动机只是在转子的结构上不同，它们的工作原理是一样的。

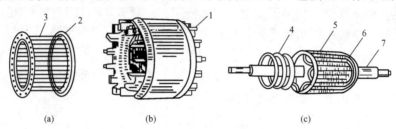

图 2.1.5　三相异步电动机的转子

(a) 笼型转子；(b) 铸铝的笼型转子；(c) 绕线转子

1—风扇叶片；2—端环；3—导条；4—滑环；

5—转子铁心；6—转子绕组；7—轴

2.1.2　三相异步电动机的转动原理

电动机是利用电与磁的相互作用工作的。

　　在三相异步电动机中，三相定子绕组在空间对称放置，通入三相对称电流后产生一旋转磁场（rotating magnetic field）。

　　旋转磁场的旋转速度与电流变化快慢有关，还与磁极对数 p 有关。电流变化快慢用频率 f_1 表示，单位为 Hz，即周每秒；旋转速度的单位为 r/min，即转每分，因此，旋转磁场的转速为

$$n_0 = \frac{60 f_1}{p} \tag{2.1.1}$$

n_0 又被称为同步转速（synchronous speed）。对某一三相异步电动机，其磁极对数 p 通常是确定的，当电源频率 f_1 一定时，n_0 是一常数。

　　我国的标准工业频率为 $f_1 = 50$Hz，对应不同磁极对数的旋转磁场的转速如表 2.1.1 所示。

表 2.1.1　　　　　　　　　　三相异步电动机的同步转速

p	1	2	3	4	5	6
n_0 (r/min)	3000	1500	1000	750	600	500

　　旋转磁场的旋转方向与通入定子绕组的电流相序有关。任意对调两根电源线，就会改变旋转磁场的旋转方向。旋转磁场的旋转方向与通入定子绕组的电流相序有如图 2.1.6 所示的对应关系。

　　旋转磁场在转子绕组中产生感应电流，感应电流与旋转磁场相互作用产生一转矩，如图 2.1.7 所示。图中磁场以同步转速 n_0 顺时针方向旋转，切割转子绕组，在转子绕组中产生上半部分垂直于纸面向外（⊙），下半部分垂直于纸面向内（⊗）的感应电动势（右手定则）。

由于转子电路是闭合回路，故在感应电动势的作用下将产生电流。如果略去转子的感抗，则转子电流与感应电动势同相，即图中所标电动势的方向也就是电流的方向。具有感应电流的转子绕组在磁场中受到的电磁力方向如图 2.1.7 所示（左手定则）。于是，对于转轴来说，将产生与旋转磁场同方向的力矩，使转子以 n 的转速与旋转磁场同方向旋转起来。

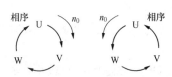

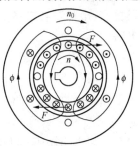

图 2.1.6　旋转磁场的旋转方向　　　　图 2.1.7　三相异步电

　　与定子绕组电流相序的对应关系　　　　　动机的工作原理

异步电动机转子的旋转方向虽然与磁场旋转方向一致，但转子的转速，在电动机正常运行时小于同步转速 n_0，这就是异步电动机名称的由来。又由于转子电动势与转子电流是通过电磁感应产生的（转子并不接电源），所以异步电动机也叫感应电动机。

通常，把同步转速 n_0 与转子转速 n 的差值和同步转速 n_0 的比值称为异步电动机的转差率（slip），用 s 表示，即

$$s = \frac{n_0 - n}{n_0} \tag{2.1.2}$$

转差率 s 是描述异步电动机运行情况的一个重要物理量。在下一节中将会看到，转子电路的所有电量都与转差率 s 有关。

在电动机起动瞬间 $n = 0$，$s = 1$。理论上，若转子以同步转速旋转，即 $n = n_0$，则 $s = 0$。电动机在额定运行时，一般转差率 $s = 0.01 \sim 0.06$，用百分数表示则为 $s = 1\% \sim 6\%$。

2.2　三相异步电动机的机械特性

三相异步电动机的机械特性（torque-speed characteristic），是指在电源电压 U_1 和转子电阻 R_2 一定的情况下，转子转速 n 与转矩 T 的关系 $n = f(T)$。三相异步电动机的转矩（torque）是一个重要的物理量，机械特性是其主要特性。

转矩是由转子中的感应电流与旋转磁场的磁通相互作用产生的。在讨论电动机的转矩之前，必须先搞清楚转子电路中的各个物理量——转子电动势 e_2、转子电流 i_2、转子电流频率 f_2、转子电路的功率因数 $\cos\psi_2$、转子绕组的感抗 X_2 以及它们之间的相互关系。

2.2.1　三相异步电动机的定子电路与转子电路

三相异步电动机是靠磁场传递能量的，这与变压器相同。三相异步电动机中的电磁关系同变压器类似，定子绕组相当于变压器的一次绕组，转子绕组（一般是短接的）相当于二次绕组。三相异步电动机的每相电路图如图 2.2.1 所示。

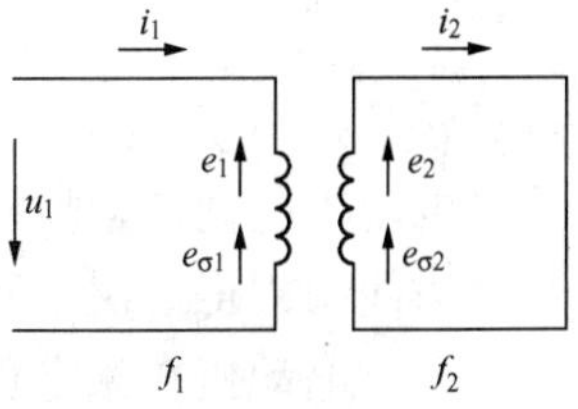

图 2.2.1　三相异步电动机
　的每相电路图

当定子绕组接上三相电源电压 u_1 时，则有三相电流 i_1 通过。定子三相电流产生旋转磁场，其磁力线通过定子和转子铁心而闭合。这磁场不仅在转子每相绕组中要感应出电动势 e_2 ，而且在定子每相绕组中也要感应出电动势 e_1 。转子的电动势 e_2 在转子电路中产生电流 i_2 ，i_2 除与 i_1 共同产生旋转磁场外，也产生漏磁通，从而在转子每相绕组中还要产生漏磁电动势 $e_{\sigma 2}$ 。下面讨论各电量及各电量之间的关系。

一、定子电路

根据变压器中的分析结果，定子每相绕组中由旋转磁场产生的感应电动势有效值为

$$E_1 = 4.44 K_1 f_1 N_1 \Phi \tag{2.2.1}$$

式中，f_1 是定子电路各电量的频率，即电源的频率；N_1 是定子每相绕组的匝数；Φ 是旋转磁场每极磁通；K_1 是定子绕组系数，$K_1 \approx 0.9$ 。

由于定子每相绕组的电阻 R_1 和漏滋感抗 X_1（由漏磁通产生）较小，其上电压降与电动势 E_1 比较起来，常可忽略，于是

$$U_1 \approx E_1 = 4.44 K_1 f_1 N_1 \Phi \tag{2.2.2}$$

二、转子电路

1. 转子电动势 e_2

旋转磁场在转子每相绕组中感应出的电动势为

$$e_2 = - N_2 \frac{\mathrm{d}\phi}{\mathrm{d}t}$$

其有效值为

$$E_2 = 4.44 K_2 f_2 N_2 \Phi \tag{2.2.3}$$

式中，K_2 是转子绕组系数；f_2 是转子电路的频率。

2. 转子电路频率 f_2

由于三相异步电动机的转子是旋转的，转子电路的频率 f_2 不同于定子电路的频率 f_1 ，这是异步电动机区别于变压器的地方。

由式（2.1.1），得到

$$f_1 = \frac{p n_0}{60}$$

其中 n_0 是同步转速，也即是定子相对于旋转磁场的转速。

转子以转速 n 与旋转磁场同向转动时，转子相对于旋转磁场的转速为 $n_0 - n$ ，因而转子电路的频率为

$$f_2 = \frac{p(n_0 - n)}{60}$$

上式也可写成

$$f_2 = \frac{n_0 - n}{n_0} \cdot \frac{p n_0}{60} = s f_1 \tag{2.2.4}$$

可见转子频率 f_2 与转差率 s 有关，也就是与转速 n 有关。

电动机起动初始瞬间，$n=0$ ，$s=1$ ，转子与旋转磁场间的相对转速最大，转子导体被旋转磁力线切割得最快。所以这时 f_2 最高，即 $f_2 = f_1$ 。

异步电动机在额定负载时，$s = 1\% \sim 6\%$ ，则 $f_2 = 0.5 \sim 3.0 \mathrm{Hz}$（$f_1 = 50 \mathrm{Hz}$）。

将式（2.2.4）代入式（2.2.3），则得

$$E_2 = 4.44 K_2 s f_1 N_2 \Phi \tag{2.2.5}$$

令
$$E_{20} = 4.44 K_2 f_1 N_2 \Phi$$

则
$$E_2 = s E_{20} \qquad (2.2.6)$$

其中 E_{20} 是电动机起动初始瞬间（$s=1$）的转子电动势有效值，值最大。

由式（2.2.6），转子电动势 E_2 与转差率 s 有关。

3. 转子绕组的漏磁电动势和感抗 X_2

和定子电流一样，转子电流也会产生漏磁通 $\Phi_{\sigma 2}$，从而在转子每相绕组中产生漏磁电动势为

$$e_{\sigma 2} = -L_{\sigma 2}\frac{\mathrm{d}i_2}{\mathrm{d}t}$$

用相量表示为
$$\dot{E}_{\sigma 2} = -\mathrm{j}\dot{I}_2 X_2$$

其中 X_2 为每相转子的感抗（漏磁感抗）

$$X_2 = 2\pi f_2 L_{\sigma 2} = 2\pi s f_1 L_{\sigma 2} \qquad (2.2.7)$$

令
$$X_{20} = 2\pi f_1 L_{\sigma 2}$$

则
$$X_2 = s X_{20} \qquad (2.2.8)$$

其中 X_{20} 是电动机起动初始瞬间（$s=1$）的转子感抗，值最大。

由式（2.2.8），转子感抗 X_2 与转差率 s 有关。

4. 转子电流 I_2 及转子电路的功率因数 $\cos\psi_2$

与变压器二次绕组相类似，每相转子绕组的电压方程为

$$e_2 = i_2 R_2 + (-e_{\sigma 2})$$

用相量表示为

$$\dot{E}_2 = \dot{I}_2 R_2 + \mathrm{j}\dot{I}_2 X_2 \qquad (2.2.9)$$

其中 R_2 是转子每相绕组的电阻。

由式（2.2.9），每相转子绕组可等效为 R_2 与 X_2 的串联电路，如图 2.2.2 所示。

由此得到每相转子绕组的电流为

$$I_2 = \frac{E_2}{\sqrt{R_2^2 + X_2^2}} = \frac{sE_{20}}{\sqrt{R_2^2 + (sX_{20})^2}} \qquad (2.2.10)$$

功率因数为

$$\cos\psi_2 = \frac{R_2}{\sqrt{R_2^2 + X_2^2}} = \frac{R_2}{\sqrt{R_2^2 + (sX_{20})^2}} \qquad (2.2.11)$$

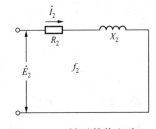

图 2.2.2　转子等值电路

其中 ψ_2 就是转子电流 i_2 滞后于转子电动势 e_2 的电角度。

转子电流 I_2 及转子电路的功率因数 $\cos\psi_2$ 都与转差率 s 有关。它们随 s 变化的关系如图 2.2.3 所示。

由图 2.2.3 可直观地看出，在转差率 s 由 0 至 1 变化的过程中，电流 I_2 随 s 的增加而增加。在电动机的起动初始瞬间（$s=1$）I_2 最大；功率因数 $\cos\psi_2$ 随 s 的增加而减小，电动机的起动初始瞬间（$s=1$）$\cos\psi_2$ 最小。

通过上述可知，转子电路中的各个物理量，如电动势、电流、频率、感抗、功率因数等都与转差率有关，亦即与

图 2.2.3　I_2 及 $\cos\psi_2$ 与转差率 s 的关系

转速有关。

2.2.2 三相异步电动机的功率、转矩与机械特性

一、电磁功率、转换功率及功率方程

由三相异步电动机的每相电路图可知，电动机从电源输入的电功率 P_1，其中的一小部分将消耗于定子绕组的电阻而变成铜耗 p_{Cu1}，一小部分将消耗于定子铁心变为铁芯损耗 p_{Fe}，余下的大部分功率将借助于气隙旋转磁场的作用，从定子通过气隙传送到转子，这部分功率称为电磁功率，用 P_e 表示。写成方程时有

$$P_1 = p_{Cu1} + p_{Fe} + P_e \qquad (2.2.12)$$

式中，

$$P_1 = m_1 U_1 I_1 \cos\varphi_1, p_{Cu1} = m_1 I_1^2 R_1, p_{Fe} = m_1 I_m^2 R_m$$

式中，U_1 和 I_1 为定子绕组的相电压和相电流；I_m 是定子空载相电流；R_1 是每相定子绕阻；R_m 代表定子铁损相对应的每相等值电阻；$\cos\varphi_1$ 为定子的功率因数；m_1 是定子相数。

电磁功率 P_e 分为两部分：转子铜耗 p_{Cu2}，转换功率 P_Ω（转换为机械能的总机械功率），

$$P_e = p_{Cu2} + P_\Omega \qquad (2.2.13)$$

式中，

$$P_\Omega = (1-s)P_e \qquad (2.2.14)$$

$$p_{Cu2} = sP_e$$

式（2.2.14）说明：在感应电动机中，转换功率和电磁功率是不同的；传送到转子的电磁功率 P_e 中，s 部分变为转子铜耗，$(1-s)$ 部分转换为机械功率。转子铜耗又称为转差功率。

扣除转子的机械损耗 p_Ω 和杂散损耗 p_Δ，可得转子轴上输出的机械功率 P_2：

$$P_2 = P_\Omega - (p_\Omega + p_\Delta) \qquad (2.2.15)$$

图 2.2.4 表示与式（2.2.12）、式（2.2.13）和式（2.2.15）相应的功率图。

定子铜耗 p_{Cu1}、转子铜耗 p_{Cu2} 及电刷电阻损耗是随负荷变化的，称为可变损耗；铁心损耗 p_{Fe} 和机械损耗 p_Ω 与负荷无关，称为固定损耗。

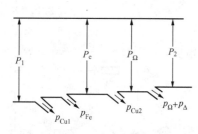

图 2.2.4 三相异步电动机的功率图

二、转矩公式

从异步电动机的工作原理知道，转子受到的电磁转矩 T 是由具有感应电流的转子绕组在磁场中受力而产生的，亦即转矩是转子电流和旋转磁场相互作用的结果，$T \propto I_2\Phi$，I_2 是转子电流，Φ 是旋转磁场的每极磁通。T 除与 I_2、Φ 有关外，还与转子电路的功率因数 $\cos\psi_2$ 有关。

电动机的电磁转矩对外做机械功，输出有功功率。而转子电流由于转子绕组漏磁感抗 X_2 的存在滞后于转子电动势，即 $\cos\psi_2 < 1$，I_2 可分解为有功分量 $I_2\cos\psi_2$ 和无功分量 $I_2\sin\psi_2$，产生电磁转矩的是转子电流的有功分量 $I_2\cos\psi_2$，所以

$$T \propto I_2\cos\psi_2\Phi \qquad (2.2.16)$$

代入式（2.2.2）、式（2.2.10）、式（2.2.11）及式（2.2.5）并化简，得到转矩公式

$$T = K \frac{sR_2 U_1^2}{R_2^2 + (sX_{20})^2} \qquad (2.2.17)$$

其中 K 是一常数，与电动机的结构有关。

式 (2.2.17) 反映了电磁转矩和一些外部条件之间的关系：转矩与电源电压 U_1 的平方成正比，与转子电路电阻有关，与转子转速有关。

三、机械特性曲线

三相异步电动机的机械特性曲线，是指在电源电压 U_1 和转子电阻 R_2 一定的情况下，转速与转矩的关系曲线 $n = f(T)$。由于异步电动机的转差率与转速有着固定的关系，所以常常把电磁转矩与转差率的关系曲线 $T = f(s)$ 也称为机械特性曲线。

1. 自然特性曲线

在转子绕组直接短接，电源电压和频率均为额定值的条件下，$n = f(T)$ 或 $T = f(s)$ 的关系曲线称为异步电动机的自然特性曲线。如图 2.2.5 和图 2.2.6 所示。

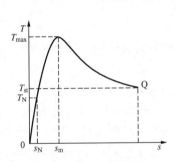

图 2.2.5　三相异步电动机
的 $T = f(s)$ 曲线

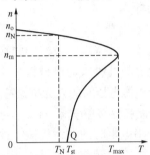

图 2.2.6　三相异步电动机
的机械特性曲线

机械特性曲线上的几个特定点：

(1) 起动点。当电动机刚接通电源时，其转速 $n = 0$，转差率 $s = 1$，它产生的转矩为 T_{st}，称为起动转矩，如图 2.2.5 和图 2.2.6 中 Q 点所示。起动点的起动电流很大，如图 2.2.3 所示，一般为额定电流的 4～7 倍。但由于起动时的功率因数 $\cos\varphi_2$ 很低（见图 2.2.3），起动转矩却并不大。

(2) 额定工作点。三相异步电动机在额定负载时轴上输出的转矩称为额定转矩 T_N。T_N 对应的转差率和转速称为额定转差率 s_N，额定转速 n_N。额定转矩 T_N 对应着电动机输出的额定功率（机械功率）P_{2N}。T_N 可以由电动机铭牌上所标出的额定功率 P_{2N} 和额定转速 n_N 求得，在忽略电动机空载损耗时，其间的关系为

$$T_N = 9550 \frac{P_{2N}}{n_N} \tag{2.2.18}$$

式中，转矩的单位为 N·m（牛·米），功率的单位为 kW（千瓦），转速的单位为r/min（转/分）。

(3) 最大转矩点。从机械特性曲线上看，转矩有一个最大值 T_{max}，称为最大转矩或临界转矩。T_{max} 所对应的转差率和转速称为临界转差率 s_m 和临界转速 n_m。T_{max} 和 s_m 可由式 (2.2.17) 通过令 $\dfrac{dT}{ds} = 0$ 求得

$$s_m = \frac{R_2}{X_{20}}$$

$$T_{max} = K \frac{U_1^2}{2X_{20}}$$

在转子感抗 X_{20} 一定的情况下，临界转差率 s_m 与转子电阻 R_2 有关，最大转矩 T_{max} 与电

源电压 U_1 有关。当改变转子回路的电阻时,临界转差率改变,最大转矩不变;当改变电源电压时,临界转差率不变,最大转矩改变。

最大转矩 T_{max} 是电动机能输出转矩的最大值,当负载转矩 T_2 大于 T_{max} 时,电动机就带不动负载,发生停转(闷车,或称堵转)现象。发生闷车时,$n=0$,$s=1$,相当于电动机的起动初始瞬间,电流最大,使电动机严重过热,以至烧毁。

最大转矩 T_{max} 与额定转矩 T_N 的比值称为电动机的过载系数

$$\lambda = \frac{T_{max}}{T_N}$$

用以表示电动机的过载能力,一般电动机的过载系数 $\lambda = 1.8 \sim 2.2$,λ 是反映电动机短时过载性能的重要指标。

2. 人为机械特性

当人为地改变式(2.2.17)中的某一参数时,得到的机械特性称为异步电动机的人为机械特性。这里介绍几种人为机械特性。

(1)降低电源电压时的人为机械特性。当电源电压降低时,电磁转矩与电源电压的平方成正比地降低,而临界转差率 s_m 的大小与电源电压无关。于是有图2.2.7所示的人为机械特性。

(2)转子串电阻时的人为机械特性。对于绕线转子异步电动机,转子串电阻后,转子回路总电阻增加,临界转差率 s_m 与之成正比,而 T_{max} 却与之无关。由此得到一组人为机械特性如图2.2.8所示。

(3)电源频率改变时的人为机械特性。电源频率改变时异步电动机的人为机械特性如图2.2.9所示。

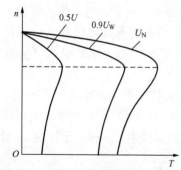

图 2.2.7　降低电源电压时的人为机械特性

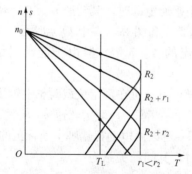

图 2.2.8　绕线式异步电动机转子串电阻时的人为机械特性

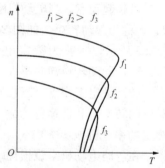

图 2.2.9　电源频率改变时异步电动机的人为机械特性

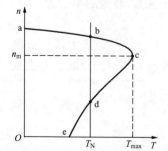

图 2.2.10　三相异步电动机运行的稳定性分析

四、三相异步电动机的机械特性

1. 稳定区与不稳定区

在图2.2.10所示的机械特性曲线中,以最大转矩点为界,将曲线分为 ac 和 ce 两部分。

若电动机运行在 ac 段的某点 b:如有某种原因引起负载转矩增加了一些,转速 n 将下降。在 b 点,转速下降后异步电动机的转矩将增加,可自动适应负载转矩的增加,最后稳定在较原来稍低的转速,使之达到新的平衡。因此可以说,运行在 ac 段时,电动机的工作是稳定的,它具有适应负载变化的能力。

若运行在 ce 段的某点 d：当负载转矩略有增加时，则

$T_2 \uparrow \rightarrow n \downarrow \rightarrow T \downarrow \rightarrow n \downarrow \downarrow \rightarrow T \downarrow \downarrow \rightarrow n \downarrow \downarrow \downarrow \cdots\cdots$ 最终使 $n = 0$，电动机停转。

反之，当负载转矩偶尔减小时，则

$T_2 \downarrow \rightarrow n \uparrow \rightarrow T \uparrow \rightarrow n \uparrow \uparrow \rightarrow T \uparrow \uparrow \rightarrow n \uparrow \uparrow \uparrow \cdots\cdots$ 最终将绕过 c 点，稳定在 ac 段的某一点上。

故 ce 部分是不能稳定运行的区域。

2. 硬特性及软特性

电磁转矩从 0 到 T_{max} 变化时，转速 n 的变化较小，这种机械特性叫做硬特性；若转速 n 的变化大。这种机械特性叫做软特性。

笼型电动机的机械特性属于硬特性。绕线转子电动机的转子电路中串入电阻后所得到的机械特性属于软特性。

2.3 三相异步电动机的起动、反转和制动

2.3.1 起动

电动机接通电源后，转速由 0 达到稳定的过程称为起动（starting）。在生产过程中，电动机经常要起动、停车，其起动性能的优劣对生产有很大的影响。所以对于使用者来说，要考虑电动机的起动性能，选择合适的起动方法。

一、起动性能

异步电动机的起动性能，包括起动电流（starting current）、起动转矩（starting torque）、起动时间、起动的可靠性等等，其中最主要的是起动电流和起动转矩。

1. 起动电流大

三相异步电动机的起动电流约为额定电流的 4~7 倍。

对于起动不频繁的电动机，由于起动时间很短（1~3s），电机本身不致过热，因而对电动机本身的影响不大。对于起动频繁的电动机，由于热量的积累，会使电动机过热。因此，在实际操作时尽量不让电动机频繁起动。

起动电流大，会造成很大的线路电压降落，引起电网电压的降低，影响其他用电设备的正常工作。由式（2.2.17），电动机的转矩 T 与电源电压 U_1 的平方成正比，对某一运行中的电动机，电源电压的降低使其转矩下降，在负载转矩 T_2 不变的情况下，引起转速下降，电流上升。严重时使最大转矩 $T_{max} < T_2$，电动机停转。

2. 起动转矩小

尽管电动机的起动电流大，但由图 2.2.3 可知，在电动机的起动初始瞬间，$n = 0$，$s = 1$，功率因数 $\cos\varphi_2$ 最小，由式（2.2.16），起动转矩 T_{st} 并不大。

为了减小起动电流，得到合适的起动转矩，必须采用合适的起动方法。

二、起动方法

1. 笼型三相异步电动机的起动方法

笼型三相异步电动机的起动方法有直接起动和降压起动两种。

（1）直接起动。直接起动也称全压起动，就是将笼型电动机的定子绕组直接接到具有额定电压的电源上。这种起动方法所用的起动设备简单，起动操作简便，但起动电流大，如上

所述，将使线路电压下降，影响其他负载的正常工作。

一台电动机可否直接起动，有一定的规定，各地的规定不尽相同，但总的原则是小容量（ $P_\mathrm{N} \leqslant 7.5\mathrm{kW}$ ）的三相异步电动机可以直接起动，对于容量较大的三相异步电动机，若能满足下式要求，也可允许直接起动：

$$\frac{I_\mathrm{st}}{I_\mathrm{N}} \leqslant \frac{1}{4}\left[3 + \frac{电源总容量(\mathrm{kW})}{起动电动机容量(\mathrm{kW})}\right] \qquad (2.3.1)$$

式（2.3.1）是在工程实践中应用的经验公式， $I_\mathrm{st}/I_\mathrm{N}$ 之值可根据电动机的型号和规格从有关手册中查得。如不满足上式的要求，则可考虑采用降压起动。

（2）降压起动。降压起动是通过起动设备将低于额定电压的某一电压加到定子绕组上，待电动机转速达到某一数值时，再使定子绕组承受额定电压，在额定电压下稳定工作。通过降低起动电压来降低起动电流。

笼型异步电动机经常采用的降压起动方法有下述几种。

1）Y－△换接起动。

电动机正常运行采用三角形联结，在起动时先接成星形联结，待转速接近稳定后再接成三角形联结。这种起动方法叫做 Y－△换接起动。

Y－△换接起动时定子每相绕组上的电压降到正常工作电压的 $1/\sqrt{3}$ 。若笼型异步电动机接成星形起动时的起动电流为 I_stY ，接成三角形起动时的起动电流为 $I_\mathrm{st\triangle}$ ，则

$$\frac{I_\mathrm{stY}}{I_\mathrm{st\triangle}} = \frac{1}{3} \qquad (2.3.2)$$

即星形联结的起动电流为三角形联结起动电流的 $1/3$ ，这就大大减小了起动电流。

因转矩和电压的平方成正比，起动转矩也减小到直接起动时的 $1/3$ ，即

$$\frac{T_\mathrm{stY}}{T_\mathrm{st\triangle}} = \frac{1}{3} \qquad (2.3.3)$$

Y－△换接起动可采用星三角起动器来实现。图 2.3.1 是一种星三角起动器的接线简图。在起动时将手柄向右扳，使右边一排动触点与静触点相联，电动机就接成星形。等电动机接近额定转速时，将手柄往左扳，则使左边一排动触点与静触点相联，电动机换接成三角形。

星三角起动器的体积小，成本低，寿命长，动作可靠。目前 4～100kW 的异步电动机都已设计为 380V 三角形联结，因此星三角起动器得到了广泛的应用。

如果笼型电动机正常运行时接成星形，则不能采用 Y－△换接起动，可采用自耦降压起动。

2）自耦降压起动。

自耦降压起动是利用三相自耦变压器将电源电压降低后起动。自耦降压起动原理接线图如图 2.3.2 所示。起动时，先把开关 Q_2 扳到"起动"位置，当转速接近额定值时，再将 Q_2 扳向"工作"位置，切除自耦变压器，电动机直接与电网相连。

自耦变压器的二次绕组通常有三个抽头可供选择：其输出电压分别为电源电压的40%、60%和80%（或55%、64%和73%），可以根据起动转矩的要求来选用。

自耦降压起动可以减小起动电流。设自耦变压器二次电压与一次电压之比为 K_U ，即

$$U_2 = K_\mathrm{U}U_1$$

自耦降压起动的起动电流 I'_{st} 降低为直接起动时的 K^2 倍，即

$$I'_{st} = K^2 I_{st} \tag{2.3.4}$$

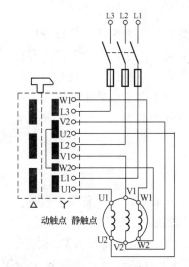

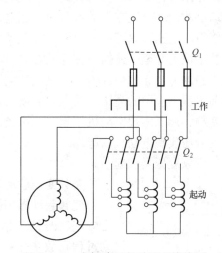

图 2.3.1　星三角起动器接线简图　　　　图 2.3.2　自耦降压起动原理接线图

起动转矩 T'_{st} 也减小到直接起动时的 K^2 倍，即

$$T'_{st} = K^2 T_{st} \tag{2.3.5}$$

笼型异步电动机在不能采用直接起动而采用降压起动时，虽减小了起动电流，但起动转矩也减小，它的起动性能不理想，仅适用于空载或轻载起动的场合。对于必须要重载起动（如起重用电动机）即要求起动电流小、起动转矩大的场合，可采用绕线转子电动机。

2. 绕线转子三相异步电动机的起动方法

由图 2.2.8 可知，绕线转子异步电动机转子串电阻时的人为机械特性，在绕线转子电动机的转子电路中串入电阻后，可在一定范围内提高起动转矩。同时由式（2.2.10）可知，可降低转子电流，从而降低起动电流。所以绕线转子异步电动机一般都采用转子回路串电阻起动。

转子串电阻起动的原理接线图如图 2.3.3 所示。起动时，先将转子电路起动变阻器的电阻 R_{st} 调到最大值，然后合上电源开关，三相定子绕组加入额定电压 U_1，转子便开始转动。随着转速的上升逐步减小 R_{st}，当电动机转速接近额定转速值时，外接变阻器的电阻应全部从转子电路中切除，使转子绕组被短接，电动机投入正常运行。

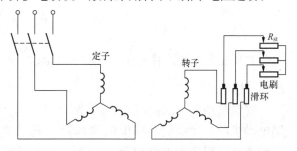

图 2.3.3　绕线转子异步电动机转子串电阻起动的
原理接线图

由上述可知，绕线转子电动机的起动性能优于笼型电动机，在起动频繁及要求起动转矩较大的生产机械上，诸如起重机、卷扬机、锻压机、转炉等，常选用绕线转子电动机。

3. 软起动

前述的两种降压起动方式——Y-△换接起动、自耦降压起动等，在起动瞬时存在电流尖峰冲击；起动转矩不可调；在切换电压时产生二次冲击电流，对负载产生冲击转矩；当电

网电压下降，可能造成电动机堵转；起动过程接触器带载切换，易造成触点的拉弧、损坏等方面的问题。

下面介绍一种全新的起动方式——软起动。

电动机软起动，是在起动过程中，在电动机主回路串接变频变压器件或分压器件，使加到定子绕组的电压频率可连续改变，或电动机端电压从某一设定值自动无级上升至全压，电动机转速平稳上升至全速的一种起动方式。软起动的两个基本特点：一是在整个起动过程中电动机平稳加速，无机械冲击；二是起动电流低，切换时没有电流冲击。

目前工程上应用的高压大功率软起动设备基本上可分为两大类：一类是利用电力电子技术中的变频、调压实现电动机软起动；一类是利用阻抗（电阻或电抗）值可以平滑调节的变阻器件的分压实现电动机软起动。

（1）变频变压类软起动。

图 2.3.4　变频起动

变频变压软起动。变频变压软起动，又称变频起动。

变频起动器串接在电源与被控电动机之间，如图 2.3.4 所示。变频起动器是三相变频电路，它的工作受单片机的控制，整个起动过程在数字化程序软件控制下自动进行，加到定子绕组的电压频率可连续改变，同时加到定子绕组的三相电压也可连续改变。

由式（2.2.5）、式（2.2.7）、式（2.2.10）、式（2.2.11），得到转子电流 I_2、功率因数 $\cos\psi_2$ 与定子电路频率 f_1 的关系如下：

$$I_2 = \frac{4.44 K_2 s N_2 \Phi}{\sqrt{\left(\dfrac{R_2}{f_1}\right)^2 + (2\pi s L_{\sigma 2})^2}}$$

$$\cos\psi_2 = \frac{R_2}{\sqrt{R_2^2 + (2\pi s f_1 L_{\sigma 2})^2}}$$

在较低的频率下起动，使起动时的转子电流 I_2 减小，功率因数 $\cos\psi_2$ 提高。

由式（2.2.2）、式（2.2.16），得到

$$T \propto \Phi \propto \frac{U_1}{f_1}$$

如果在变频的同时改变加到定子绕组的三相电压大小，维持 $\dfrac{U_1}{f_1}$ 恒定，可以实现电动机的恒转矩起动。

变频起动器可以使电动机的端电压从零无级上升到全压，因此变频器可最大限度地限制电动机的起动电流，减少电网压降。起动电流甚至可以控制在额定电流以下。同时，变频器还可以实现电动机节能调速。在各种软起动方式中，变频器起动的技术性能是最优秀的，适用于各种异步电机。变频起动常用于较大起动转矩的负载，例如往复式空压机、离心分离机、带负载的输送机、破碎机、螺旋式或振动式给料机、活塞式泵、带飞轮冲压机等等。

采用变频器起动的投资费用高，比下面要介绍的智能软起动高两倍甚至三倍。

（2）调压起动。调压起动，又称智能软起动，固态软起动。这种软起动也是一种降压起动。

调压起动器串接在电源与被控电动机之间,如图 2.3.5 所示。调压起动器是三相交流调压电路,它的工作受单片机的控制,整个起动过程在数字化程序软件控制下自动进行,加到定子绕组的三相电压由小到大连续改变。

图 2.3.5 调压起动

电动机的电流和定子电压成正比,通过改变加到定子绕组的三相电压,使起动电流以恒定的斜率平稳上升,对电网无冲击电流,不会造成大的电压降落,保证了电网电压的稳定。通过调压起动器的电流反馈,也可采用恒流起动,即在起动过程中保持起动电流不变,直到电动机接近同步转速。电动机的起动电流和起动转矩的最大值可根据负载情况设定。

由于转矩与加到定子绕组的电压的平方成正比,在减小起动电流的同时也减小了起动转矩。智能软起动适用于较小转矩的负载,例如旋转式空压机、离心式风机、离心泵、空载起动的输送机、各种空载起动的设备等。

软起动器性能优良、体积小、重量轻,并具有智能控制及多种保护功能,而且各项起动参数可根据不同负载进行调整,其负载适应能力很强。因此其逐步取代落后的 Y-△换接起动、自耦降压起动及磁控式等传统的降压起动设备将成为必然。

(3) 阻抗分压类软起动。阻抗分压类软起动有磁控软起动和液体电阻软起动两种。

磁控软起动将磁控电抗器串接在高压笼型电动机的定子回路中,磁控电抗器的阻抗值通过闭环控制系统的控制,在预定的时间内由大到小自动无级减小,电动机端电压逐渐上升至全压,实现电动机的软起动。

特殊设计的磁控电抗器的调整范围是很大的,最小阻抗可以调整到初始阻抗的 5% 以下,用其作为高压电动机软起动的分压器件,在起动结束时,电动机的端电压已接近额定电压,可以达到十分理想的起动效果。

液体电阻软起动是在电动机主回路串接可以线性改变的液体电阻,液体电阻的阻值从大到小变化,电动机端电压逐步上升至全压,实现电动机软起动。

2.3.2 反转

三相异步电动机转子旋转的方向取决于定子三相旋转磁场的转向,而旋转磁场的转向则取决于三相电源的相序。所以要使电动机反转(即从正转变成反转或从反转变成正转),只要改变一下接到定子绕组上的三相电源的相序就可实现。具体的操作是:把定子绕组与电源相连的三条连接线中的任何两条对换一下即可。

2.3.3 制动

三相异步电动机除了运行于电动状态外,还时常运行于制动状态。运行于电动状态时,T 与 n 同方向,T 是驱动转矩,电动机从电网吸收电能并转换成机械能从轴上输出,其机械特性位于第一或第三象限。运行于制动状态时,T 与 n 反方向,T 是制动转矩,电动机从轴上吸收机械能并转换成电能,该电能或消耗在电机内部,或反馈回电网,其机械特性位于第二或第四象限。

异步电动机制动的目的是使电力拖动系统快速停车或者使拖动系统尽快减速,对于位能性负载,制动运行可获得稳定的下降速度。

异步电动机制动的方法有能耗制动、反接制动和回馈制动三种。

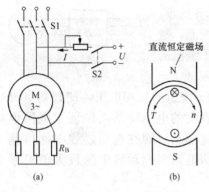

图 2.3.6　三相异步电动机的能耗制动
(a) 接线图；(b) 制动原理图

一、能耗制动

异步电动机的能耗制动接线图如图 2.3.6（a）所示。制动时，接触器触点 S1 断开，电动机脱离电网，同时触点 S2 闭合，在定子绕组中通入直流电流（称为直流励磁电流），于是定子绕组便产生一个恒定的磁场。转子因惯性而继续旋转并切割该恒定磁场，转子导体中便产生感应电动势及感应电流。由图 2.3.6（b）可以判定，转子感应电流与恒定磁场作用产生的电磁转矩为制动转矩，因此转速迅速下降，当转速下降至零时，转子感应电动势和感应电流均为零，制动过程结束。

能耗制动广泛应用于要求平稳准确停车的场合，也可应用于起重机一类带位能性负载的机械上，用来限制重物下降的速度，使重物保持匀速下降。

二、反接制动

当异步电动机转子的旋转方向与定子磁场的旋转方向相反时，电动机便处于反接制动状态。

1. 电源两相反接的反接制动

电动状态下突然将电源两相反接，由于改变了定子电压的相序，所以定子旋转磁场方向改变了，由原来的逆时针方向变为顺时针方向，电磁转矩方向也随之改变，变为制动性质，这种情况下的制动称为定子两相反接的反接制动。

如果制动的目的只是为了快速停车，则在转速接近零时，应立即切断电源。

2. 倒拉反转的反接制动

保持定子磁场的转向不变，而转子在位能负载作用下进入倒拉反转，这种情况下的制动称为倒拉反转的反接制动。这种反接制动适用于绕线转子异步电动机拖动位能性负载的情况，它能够使重物获得稳定的下放速度，如起重机。

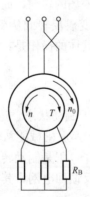

图 2.3.7　三相异步电动机
电源两相反接的反接制动

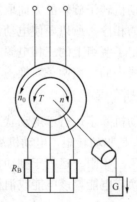

图 2.3.8　三相异步电动机倒拉
反转的反接制动

以上介绍的电源两相反接的反接制动和倒拉反转的反接制动具有一个相同特点，就是定子磁场的转向和转子的转向相反，轴上输入的机械功率转变成电功率后，连同定子传递给转子的电磁功率一起全部消耗在转子回路电阻上，所以反接制动时的能量损耗较大。

三、回馈制动

当感应电动机拖动电气机车下坡时，在电动机的电磁转矩和机车重力产生的转矩双重作用下，如果仍按电动机状态运行，即转子转向和定子旋转磁场转向相同，则机车将以越来越快的速度下坡，当转子转速超过同步转速，即 $n > n_0$ 时，电机就进入发电机制动状态运行，电磁转矩方向开始改变，一直到电磁转矩与重力转矩平衡时，转子转速才稳定不变，使机车恒速下坡。这时机车下坡时失去的位能转换为电能通过电机送入电网，故又称为反馈制动。

此外，当感应电动机进行变极调速，由少极数变为多极数时，由于同步转速突然下降很多，使转子转速变为高于同步转速。可见在从少极数过渡到多极数时，感应电机运行于发电机制动状态。起重机下放重物时的现象也与此类似。

2.4 三相异步电动机的调速

调速是电动机运行过程中一项常见的操作。调速的目的是使电动机的转速满足生产机械的工况需求。异步电动机具有结构简单、运行可靠、维护方便等一系列优点，但是异步电动机的调速比直流电动机的调速要困难，特别是要获得较理想的调速特性。近年来，随着电力电子技术和计算机技术的不断进步，使得交流调速方案得以简化和提高，从而扩展了其在生产实践中的应用前景。

从异步电动机的转速公式

$$n = (1-s)n_0 = \frac{60f_1}{p}(1-s) \tag{2.4.1}$$

可知，三相异步电动机有下列三种基本调速方法：

（1）变频调速，改变量是电源频率 f_1；

（2）变极调速，改变量是电机的极对数 p；

（3）变转差率调速，改变量是电机的转差率 s。变转差率调速包括调压调速、电磁转差离合器调速、绕线转子转子回路串电阻调速、串级调速、定子回路串电抗调速几种。

2.4.1 变频调速

三相异步电动机变频调速时，其转差率 s 变化很小，转差功率基本不变，在异步电动机的各种调速系统中（变极调速构不成无级调速系统，不计在内）它的效率最高，同时性能也最好，是交流调速系统的主流。

变频调速是通过改变电动机定子电源的频率来改变其同步转速的调速方法。变频调速系统主要设备是提供变频电源的变频器，变频器可以分成交-直-交变频器和交-交变频器两大类，它们的主电路及变频原理见第1章（工业电源基础）。目前国内大都使用交-直-交变频器。变频装置工作时，随着输出频率的变化，输出电压也要配合改变，因此，变频调速系统常被称为变压变频（VVVF）调速系统。

为什么变频的同时要变压呢？

由式（2.4.1），在转差率 s 基本不变，电机极对数 p 不变这两个前提下，只要改变 f_1 就能改变转速，似乎与电源电压 U_1 无关，但事实上，变频调速性能的好坏往往取决于电压配合得是否恰到好处。异步电动机是一个机、电、磁综合于一体的整体，它实现机电能量转换的耦合场是磁场，所以在一些其他物理量参数改变的时候，必须同时关心电机的工作基础——磁场的变化情况，否则不但达不到所希望的效果，甚至会损坏装置或电机。

以电动机的额定频率 f_{1N} 为基准频率，简称基频。由式（2.2.2）

$$U_1 \approx E_1 \approx 4.44K_1f_1N_1\Phi$$

若端电压 U_1 不变，当频率 f_1 由基频开始减小时，主磁通 Φ 将增加，这将导致磁路过分饱和，励磁电流增大，由于铁磁材料特性的非线性，Φ 的增加与励磁电流的增加是不成比例的，若 Φ 增加 1 倍，则励磁电流会增大几十倍，功率因数降低，铁心损耗增大；而当 f_1 由基频开始增大时，Φ 将减少，电磁转矩及最大转矩下降，过载能力降低，电动机的容量也得不到充分利用。

因此，为了使电动机能保持较好的运行性能，要求在调节 f_1 的同时，必须改变定子电压 U_1，以维持 Φ 基本不变。

变频调速的特点：

（1）效率高，调速过程中没有附加损耗；

（2）应用范围广，可用于笼型异步电动机；

（3）调速范围大，特性硬，精度高；

（4）技术复杂，造价高，维护检修困难。

本方法适用于要求精度高、调速性能较好的场合。

2.4.2　变极调速

在电源频率 f_1 不变的条件下，改变电动机的极对数 p，电动机的同步转速 n_0 就会变化，极对数增加一倍，同步转速就降低一半，电动机的转速也几乎下降一半，从而实现转速的调节。

作变极调速用的电动机称多速电动机，例如双速电动机、四速电动机等等。变极调速是通过改变定子三相绕组的连接方式来改变旋转磁场极对数 p 的。定子绕组变极的方法主要有两种：一种是在定子槽内嵌放两套绕组，各有不同的极对数，每次只用其中的一套，称为双绕组变极；另一种是在定子槽内只嵌放一套绕组，通过改变绕组的接线来获得两种或多种极对数，称为单绕组变极。单绕组变极的绕组利用率高，用得较广泛。

由电机学原理可知，只有定子和转子具有相同的极数时，电动机才具有恒定的电磁转矩，才能实现机电能量的转换。因此，在改变定子极数的同时，必须改变转子的极数，因笼型电动机的转子极数能自动地跟随定子极数的变化，所以以变极调速只用于笼型电动机。

单绕组变极的方法有 Y－YY 接线方式和 D－YY 接线方式等，它们所对应的变极调速时的机械特性如图 2.4.1 所示。

变极调速电动机，有倍极比（如 2/4 极，4/8 极等）双速电动机、非倍极比（如 4/6 极，6/8 极等）双速电动机，还有单绕组三速电动机，这种电动机的绕组结构复杂一些。

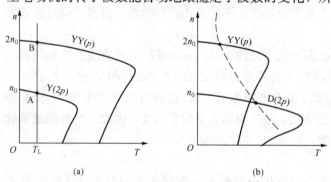

图 2.4.1　变极调速时的机械特性
（a）Y－YY 变换；（b）D－YY 变换

变极调速适用于不需要无级调速的生产机械，如金属切削机床、升降机、起重设备、风机、水泵等。其特点是：

（1）具有较硬的机械特性，稳定性良好。

（2）无转差损耗，效率高。

（3）接线简单、控制方便、价格低。

（4）有级调速，级差较大，不能获得平滑调速。例如当 $p=1$ 变为 $p=2$ 时，n_0 将从 3000r/min 变为 1500r/min。

（5）可以与调压调速、电磁转差离合器配合使用，获得较高效率的平滑调速特性。

2.4.3 变转差率调速

异步电动机的变转差率调速包括绕线转子异步电动机的转子串接电阻调速、串级调速及异步电动机的定子调压调速等。

一、绕线转子电动机的转子串接电阻调速

绕线转子电动机的转子回路串接对称电阻时的机械特性如图 2.4.2 所示。

从机械特性上看，转子串入附加电阻时，n_0、T_{max} 不变，但 s_m 增大，特性斜率增大。当负载转矩一定时，工作点的转差率随转子串联电阻的增大而增大，电动机的转速随转子串联电阻的增大而减小。

这种调速方法的优点是：设备简单、易于实现。缺点是：调速是有级的，不平滑；低速时转差率较大，造成转子铜损耗增大，运行效率降低，机械特性变软，当负载转矩波动时将引起较大的转速变化。

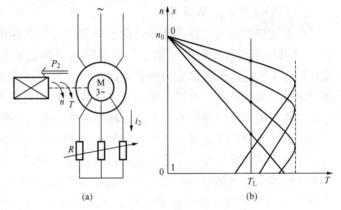

图 2.4.2 绕线转子异步电动机的转子串电阻调速
(a) 原理图；(b) 机械特性

这种调速方法多应用在起重机一类对调速性能要求不高的恒转矩负载上。

二、绕线转子电动机的串级调速

转子串接电阻调速时，转速调得越低，转差功率越大、输出功率越小、效率就越低，所以转子串接电阻调速很不经济。

1. 串级调速原理

转子回路串电阻调速的物理本质是改变转子回路的电流来改变转矩，从而达到调速的目的。改变转子回路的电流不是只有改变转子回路的电阻这一种方法，假如能在转子回路中串入一个附加电势 $\dot{E}_{add}$，则可以达到同样的效果，这就是串级调速。串级调速的电路原理图如图 2.4.3（a）所示，转子回路一相的等效电路如图 2.4.3（b）所示。

转子电流的表达式可写为

$$\dot{I}_2 = \frac{\dot{E}_2 + \dot{E}_{add}}{R_2 + jsX_{20}}$$

设 $\dot{E}_{add}$ 与 $\dot{E}_2$ 频率相同。当 $\dot{E}_{add}$ 与 $\dot{E}_2$ 相位相反时，附加电势 $\dot{E}_{add}$ 的串入使 I_2 减小，所起作用与串入电阻时完全一样，电动机将减速，转差率 s 增大。随着 s 的增大，I_2 回到原值

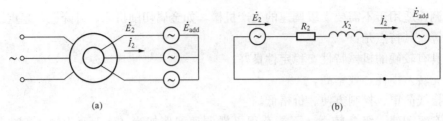

图 2.4.3　绕线式异步电动机转子回路串入附加电动势

(a) 电路图；(b) 转子一相等效电路

（$E_2 = SE_{20}$），降速过程结束。$\dot{E}_{add}$ 的幅值越大，电机新的稳定转速就越低。这时的附加电势 $\dot{E}_{add}$ 是吸收有功功率的。

当 $\dot{E}_{add}$ 与 $\dot{E}_2$ 相位相同时，I_2 增大，T 增大，电机开始升速。升速的结果是使 s 减小，E_2 减小，则 I_2 回落，升速过程结束。这时的附加电势 $\dot{E}_{add}$ 是输出有功功率的。

为区别上述两种不同的情况，把前面的使电机降速的串级调速系统称为次同步速串级调速系统，把后面的称为超同步速串级调速系统。

2. 附加电势 $\dot{E}_{add}$ 的获得

在次同步速串级调速系统中，附加电势 $\dot{E}_{add}$ 总是在吸收异步电动机转子送来的转差功率 P_s，这部分能量若消耗在电阻上，无异于转子回路串电阻调速，这显然不是原先的初衷。最好的办法是把这部分能量再送回电网去。这可以通过有源逆变实现。因此，对次同步速串级调速系统的主电路，可以采用如图 2.4.4 所示的电路形式。图 2.4.4 中，转子电势 $\dot{E}_2$ 经过不控整流桥 VR 整流成直流 U_{do}，再经过逆变桥 VI 把能量通过逆变变压器 TI 送回电网。在超同步速串级调速系统中，$\dot{E}_{add}$ 是输出有功功率给异步电机转子回路的。因此，可以把次同步速串级调速系统中的不控整流桥改为可控整流桥，使这一个交-直-交变频系统的能量反过来传输即成，具体电路原理图如图 2.4.5 所示。超同步速系统工作时 2VR 作为可控整流，1VR 作为有源逆变，以保证 $\dot{E}_{add}$ 与 $\dot{E}_2$ 频率相同、相位相同。

可见，串级调速系统中，是通过整流电路加有源逆变电路即交-直-交变频系统，在转子回路中获得等效的附加电势 $\dot{E}_{add}$。串级调速的实质，是通过改变交-直-交变频系统直流侧的电流 I_d 来改变转子 I_2，从而实现调速的。

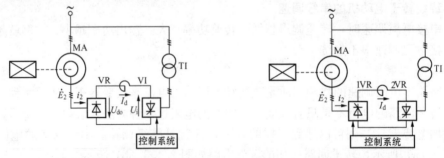

图 2.4.4　次同步速串级调速系统主电路　　　图 2.4.5　超同步速串级调速系统主电路

串级调速时的机械特性如图 2.4.6 所示。由图可见，当 $\dot{E}_{add}$ 与 $\dot{E}_2$ 同相位时，机械特性基本上是向右上方移动；当 $\dot{E}_{add}$ 与 $\dot{E}_2$ 反相位时，机械特性基本上是向左下方移动。

3. 串级调速的特点

串级调速的特点如下：

（1）机械特性的硬度基本不变，但低速时的最大转矩和过载能力降低，起动转矩也减小；

（2）调速性能比较好，但获得附加电动势 $\dot{E}_{add}$ 的装置比较复杂，成本较高；

（3）可将调速过程中的转差损耗回馈到电网或生产机械上，效率较高；

（4）装置容量与调速范围成正比，投资省，适用于调速范围在额定转速 70%～90% 的生产机械；

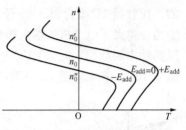

图 2.4.6　串级调速时的机械特性

（5）调速装置故障时可以切换至全速运行，避免停产；

（6）晶闸管串级调速功率因数偏低，谐波影响较大。

本方法适用于风机、水泵及轧钢机、矿井提升机、挤压机等。

三、调压调速

异步电动机调压调速系统常称之为交流调压调速系统，又有简称之为交调系统，该系统使用的电动机一般是笼型异步电动机。

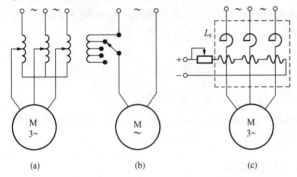

图 2.4.7　早期的异步电动机调压调速原理电路图
（a）自耦变压器降压；（b）分段电抗器降压；
（c）饱和电抗器降压

1. 早期的交调系统

异步电动机调压调速很早就被采用，早期的调压调速主要采用自耦变压器调压、串联分段电抗器降压、串联饱和电抗器降压等方法。原理性主电路图如图 2.4.7 所示。串联分段电抗器降压方式目前仍广泛应用于家用吊扇的风速调节中。串联饱和电抗器调压方式中，饱和电抗器 L_s 是带有直流励磁绕组的交流电抗器，改变直流励磁电流可以改变铁心中磁密的饱和程度，从而改变电抗器的交流电抗值。直流励磁电流很大时，电抗器铁心饱和，其交流电抗值很小，电动机定子绕组端的电压值接近于电源电压；当直流励磁电流减小时，铁心的饱和程度降低，电抗器的交流电抗值增加，电抗器所分担的电压值增大，电动机的电压降低，从而实现了降压调速。这几种降压调速方式的共同缺点是需要体积庞大且笨重的设备，自电力电子技术发展起来后已经很少采用。

2. 现代交调系统

现代交调系统，一般都采用由晶闸管构成的负载 Y 联结的晶闸管相控交流调压器，其主电路原理图如图 2.4.8 所示。图中 VVC 是相控交流调压器，由三只双向晶闸管或三对反并联晶闸管构成，其原理见第 1 章（工业电源基础）。电动机定子绕组接成 Y 形联结。图中整流桥 VR 是为电动机进入能耗制动提供直流电而设置

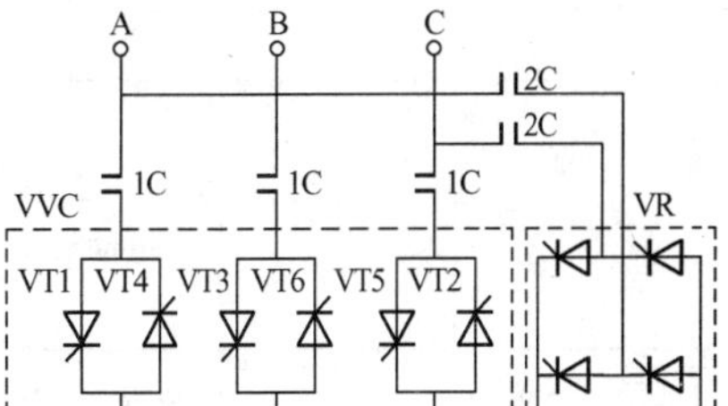

图 2.4.8　异步电动机采用交流调压器调压调速主电路

的。接触器 1C 吸合、2C 断开，VVC 工作时，电动机进入调压调速电动工作，晶闸管的控制角 α 越大，电动机的端电压越低；控制角 α 越小，端电压越高；当控制角 α 小于等于电动机的功率因数角 φ 时，VVC 相当于直通，电源电压全部加到电动机上。在电机旋转时使接触器 1C 断开、2C 吸合，VR 工作，则电动机进入能耗制动状态工作。

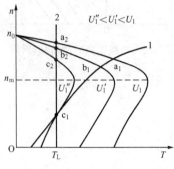

图 2.4.9 改变定子电压时的机械特性

改变异步电动机定子电压时的机械特性如图 2.4.9 所示。当定子电压降低时，电动机的同步转速 n_0 和临界转差率 s_m 均不变，但电动机的最大电磁转矩和起动转矩均随着电压平方关系减小。对于通风机负载（图 2.4.9 中特性 1），电动机在全段机械特性上都能稳定运行，在不同电压下的稳定工作点分别为 a_1、b_1、c_1，所以，改变定子电压可以获得较低的稳定运行速度。对于恒转矩负载（图 2.4.9 中特性 2），电动机只能在机械特性的线性段（$0 < s < s_m$）稳定运行，在不同电压时的稳定工作点分别为 a_2、b_2、c_2，显然电动机的调速范围很窄。

调压调速最适用于转矩随转速降低而减小的负载（如通风机负载），也可用于恒转矩负载，最不适用于恒功率负载。调压调速适用的功率范围一般在 100kW 以下。

调压调速的特点：

（1）调压调速线路简单，易实现自动控制；

（2）调压过程中转差功率以发热形式消耗在转子电阻中，效率较低。

上面介绍的各种调速方法，各有特点，其间的比较如表 2.4.1 所示。用户可根据使用场合、技术要求和经济要求选择合适的调速方式。

表 2.4.1　　　　　　　　　　　　　　各种调速方法特性比较

电动机型式	三相异步电动机						
转速公式	$n = (1-s)n_0 = \dfrac{60f_1}{p}(1-s)$						
调速方法	变频	变极	改变转差率 s（有转差损耗调速）				
			串极调速	转子串电阻	电磁调速电动机 *	调压调速	液力耦合器 *
电动机类型	异步电动机	多速电动机	绕线转子异步电动机	绕线转子异步电动机	电磁调速电动机	绕线转子异步电动机、高阻抗笼型电动机	笼型电动机
功率（kW）	数千	0.45～100	30～2000	3.7～数千	0.4～200	≤100	30～数千
调速范围	5∶1～10∶1	2∶1～4∶1	2∶1～4∶1	2∶1	5∶1～10∶1	3∶1～10∶1	5∶1
调速变化率	小	较小	较小	大	较小	大	大
平滑性能	好	有级	好	有级	好	好	好
转矩特性	恒转矩	恒功率或恒转矩	恒转矩	恒转矩	恒转矩	恒转矩	恒转矩

续表

电动机型式	三相异步电动机						
效率	0.8~0.9	0.7~0.9	0.8~0.9	$1-s$	$1-s$	$1-s$	$1-s$
功率因数	0.3~0.9	0.6~0.9	0.35~0.75	0.8~0.9	0.55~0.9	0.6~0.8	0.65~0.9
投资费用	高	低	较高	低	较低	较低	一般
适用场合	高速传动电动机、风机、水泵	机床、化工搅拌、起重机械、风机、水泵	风机、水泵	频繁起动、短时低速运行如起重机、冶金辅助机械、风机、水泵等	中小功率要求平滑起动机械如纺织、造纸、印染、化工等、风机、水泵	起重机、风机、水泵、电弧炉电极提升机械	风机、水泵等

* 电磁调速电动机调速和液力耦合器调速，电动机的转速不变，通过装在电动机与生产机械间的中间耦合设备来调节所拖动的生产机械的转速。有关电磁调速电动机和液力耦合器的内容请见第5节。

2.5 电动机的节电技术

电动机作为将电能转换为机械能的一种转换装置，广泛地应用于各个生产领域。目前，在一些企业中，多数电动机处于轻载、低效、高能耗的运行状态，电能浪费十分严重。为此，应搞好电动机的节电工作。电动机节电应以节约电能和提高电动机的综合效益为原则，合理选择电动机，使其处于经济运行状态。同时对在用电动机进行节能改造，降低电动机的能量损耗，提高电动机的运行效率。

2.5.1 合理选用电动机

一、电动机类型的选择

选择电动机种类的基本依据是在满足生产机械对拖动系统的静态和动态特性的前提下，优先选用结构简单、价格便宜、运行可靠、维修方便的电动机。在这方面，交流电动机优于直流电动机；笼型异步电动机优于绕线转子异步电动机。

（1）生产机械对起动、制动及调速无特殊要求时，应采用笼型异步电动机。可根据生产机械起动静态阻转矩的大小，选择适当的型式。例如起动转矩小的离心式水泵、通风机及一般机床上，可选用 Y 或 Y2 系列异步电动机。对于需要较大起动转矩和起动次数较多的生产机械，如空压机、往复式水泵等，可选用 YQS2 系列双笼式异步电动机。YD 系列笼型多速异步电动机可与机械调速配合，适用于有级调速的生产机械上，如某些机床及电梯等。

（2）绕线转子异步电动机广泛用于起动、制动比较频繁，起、制动转矩较大，而且有调速要求的生产机械上，如桥式起重机、矿井提升机及压缩机等，常用的有 YZR，YZR2 系列。

（3）容量在 200~355kW 之间宜选用高压异步电动机；容量在 355kW 以上必需选用高压异步电动机。在我国，一般容量在 200kW 以下的选用低压异步电动机，容量在 200~

355kW 之间的，高、低压异步电动机并存，选用时应进行综合分析（初投资费用与运行维修费用），再决定采用高压还是低压电动机。通常认为高压电动机价格高，控制设备昂贵，但效率和功率因数较高；低压电动机损耗大，电能利用率差，如果电压许可，宜采用高压异步电动机。当电动机功率大于 355kW 时，国内只生产高压异步电动机，因此它实际上是惟一的选择。

（4）对于年运行时间大于 3000h，负载率大于 50％的场合，应选用 YX 系列高效率三相异步电动机。该系列电动机与 Y 系列对应规格相比，效率平均提高 3％，功率因数平均提高 0.04，总损耗平均下降 28.8％，可大幅度地节约电能。

二、电动机功率的选择

电动机的功率不可选择得过大，也不可过小。功率选得过大，不能充分利用和发挥电动机的效用，不但增加了设备的投资和运行费用，同时也浪费了电力，使电网电压下降，而且电动机在空载或者轻载时，效率变得很低，异步电动机的功率因数也会变得很差。功率选得太小，会使电动机超负载工作，长期运行，会使电动机发热，缩短电动机的寿命，甚至将其烧毁。

2.5.2 三相异步电动机的经济运行

电动机经济运行是指电动机在满足生产机械运行要求时，改善电动机运行时的外部环境，使电动机在效率高、损耗低、经济效益最佳的状态下运行。

目前解决异步电动机负载变化经济运行的有效措施是采用异步电动机轻载节电器、装设无功补偿装置、异步电动机同步化、△—Y 自动切换等。

一、电动机的经济负载率和临界负载率

电动机的实际输出功率 P_2 与额定输出功率 P_N 之比值称为负载率，表示为

$$\beta = \frac{P_2}{P_N}$$

当电动机的固定损耗等于可变损耗时，电动机效率最大，此时对应的负载率称为经济负载率 β_e。

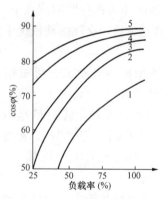

图 2.5.1 三相四极异步电动
机功率因数曲线
1—0.75kW；2—5.5kW；
3—22kW；4—500kW；
5—2000kW

当电动机负载率 $\beta<40\%$ 时，采用△—Y 变换联结，当 Y 联结与△联结的总损耗相等时，此时的负载率称为临界负载率 β_{cr}。

负载率的大小直接影响电动机的功率因数，电动机功率因数与负载率的关系如图 2.5.1 所示，这是三相四极异步电动机功率因数曲线。从图中可知，$\cos\varphi$ 随电动机容量减少而降低，又随着负载率 β 的降低而显著降低。

二、异步电动机轻载节电器

当电动机处于轻载、空载时，功率因数和运行效率均很低，如果采取降低电压措施，可达到节电效果。

由式（2.2.2），$U_1 \approx E_1 = 4.44K_1 f_1 N_1 \Phi$，当 U_1 下降时，主磁通 Φ 下降，电动机的铁耗下降，则电动机效率提高，同时有利于功率因数提高。对经常处于轻载和满载之间的变动负荷以及风机、泵类效果尤为显著。

轻载节电自动控制器的工作原理框图如图 2.5.2 所示。

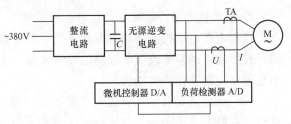

图 2.5.2 轻载节电自动控制器工作原理框图

轻载节电自动控制器先经整流电路将电网 380V 电压转换为直流,通过微型电脑监测(5000 次/s)电动机工作电流,并采用正弦脉宽调制对输出级的无源逆变电路进行控制,具有降压为主,还有调频的双重功能控制方案。使电动机在任何负荷情况下均能获得最佳效能的电压供应。

目前,国内已开发生产了功率为 1~130kW 的多种电动机轻载节电器,可供用户选用。采用轻载节电器的改造投资费用,一般一年内即可回收。

三、异步电动机重、轻载的△-Y 自动切换

对于处在重、轻载交替工作状态的异步电动机,采用△-Y 自动切换,是简捷易行的节电方法。

△联结改为 Y 联结后,定子绕组每相电压下降到原来的 $1/\sqrt{3}$。此时铁耗下降 2/3。由于电动机的转矩与电压的平方成正比,所以转矩下降为原来的 1/3。改成 Y 联结后,由于转速几乎不变,电动机的机械损耗基本保持不变,故电动机的输出功率也相应下降为原来的 1/3。

由于电动机绕组电压的降低,铁心内磁通密度下降,空载电流减小,用于磁化的无功功率必然减小,使电动机功率因数得到提高,达到节电的效果。

负载率低到什么程度,△-Y 改接才有实用价值呢?当实际负载率 $\beta > \beta_{cr}$(临界负载率)时,电动机绕组△联结;当实际负载率 $\beta < \beta_{cr}$ 时,电动机绕组改为 Y 联结。

例如电动机△形联结时的负载率 β 为 33%,则在电源电压和负荷未变的情况下,改为 Y 形联结时,负载率变为 100%。功率因数和定子电流将明显得到改善。

如果电动机长期处于临界负载率以下工作状态时,这种改接方法节电效果最为明显,此时可直接将电动机由△联结改为 Y 联结。如果当电动机处于轻载及重载两挡运行时,采用△-Y 自动切换可获得较好的节电效果,轻载时间越长,节电效果越佳。

四、异步电动机无功功率就地补偿

1. 实行异步电动机无功功率就地补偿的作用

(1)减小供电网、配电变压器、低压配电线路的负荷电流;

(2)减小配电线路的导线截面和企业配电变压器的容量;

(3)减少企业配变及配电网的功率损耗;

(4)补偿点的无功经济当量最大,因而降损效果更好;

(5)降低电动机的起动电流。

实践证明,对电动机进行无功就地补偿,是节约用电、降低成本、提高效益的一种先进而又有效的技术措施,已为美国、日本及西欧等工业发达国家普遍采用,并逐步替代高压集中补偿和低压分组补偿方式。近几年来,我国国家经济贸易委员会、国家科学技术委员会,全国节电办公室等七个部委,已把电动机无功就地补偿列为国家重点推广的节电项目。1996 年 5 月,国家科学技术委员会科技成果管理办公室在上海召开了"异步电动机无功就地补偿技术成果推广会",推广了 DJWB 型电动机末端无功补偿器。

2. 电动机无功功率就地补偿的应用范围

（1）由于电动机无功功率就地补偿中的并联电容器是直接接于电动机定子端并与电动机同时投切的，通常不改变电容器的投入容量，所以一般只宜用于负载比较稳定、连续运行而不是重复短时工作的电动机。

（2）从经济观点看，应优先考虑年运行小时数较多，离供电变压器或配电母线较远的电动机，一般不小于 10m，对于高压电动机，还要参考其最小供电长度 L，只有电动机距离电源母线大于 L 时，才考虑直接单独就地补偿。

此外，当直接线路为铝芯电缆时，与铜芯电缆者比较，也可作为优先考虑条件之一。

（3）单台容量较大的电动机，一般高压电动机不小于 90kW，低压电动机不小于 10kW。如经技术经济比较，确认合理者，也可采用容量小于上述数值的电动机。

（4）对于经常轻载运行，"大马拉小车"，一时又无更换可能，实际功率因数明显偏低的电动机，应优先考虑。

（5）供电线路已达满负载，尚需增加其他负载，或需调换较大容量的用电设备，采取就地补偿后不需调换线路的情况最为适用。

3. 电动机无功功率就地补偿应注意的事项

（1）防止过补偿。在一般情况下，欠补偿比过补偿好。通常认为，补偿后的电动机并联电容器电路的功率因数 $\cos\varphi$ 以达到 0.9～0.95 为宜。

（2）正确处理计算参数。对于在用的电动机，采用就地补偿之前，应对有关参数如电压、空载电流、负载电流的最大值和最小值以及相应的功率因数等进行认真的测试。计算补偿容量时，最好以实测参数为准。

（3）对于电网中高次谐波严重的单位，对频繁起动、制动或正反转的电动机，不宜采用无功功率就地补偿。

（4）应避免使用 Y－△联结接线开路转换的减压起动器。因为 Y－△联结接线开路转换，电容器和电动机可能引起自励电压或峰值瞬变电流而被损坏；在用于开路转换进行变压或变速的场合，应将电容器接在接触器的线路侧；或电容器采用电动机起动器联锁的触头来转换。

五、绕线转子异步电动机同步化运行

绕线转子异步电动机是感性负载，定子中呈现滞后的功率因数。在转子串电阻起动以后，当转速平稳时（此时接近同步转速），向转子通入直流电流，进行励磁，使它变成与定子同极数的电磁铁。由磁极吸力将转子牵入同步转速并按同步电动机运转机理工作，此措施叫异步电动机同步化。

改变转子励磁电流，除影响转矩外，也改变了定子功率因数，电流增大可使定子变成电容性负载，向电网提供无功功率。可见，绕线转子异步电动机同步化运行具有改善功率因数，降低线路和供电变压器损耗的功能。

从技术经济指标考虑，工厂中的大型、中型异步电动机不要求调速，在平均负荷转矩不超过额定值的 80%，最大转矩不超过额定值的 90% 时，改成同步化运行，具有明显经济效益。绕线转子异步电动机同步化，可以使电动机少消耗一部分无功功率，甚至可以把它改变为容性负载，发挥同步电动机的作用。因此，它是一项挖掘无功潜力的电动机节电措施。

绕线转子异步电动机同步化对于电动机本身无需大的改动，主要配套设备是一套低电压、大电流整流设备和相应的控制装置，在技术上也较容易实现。

2.5.3 三相异步电动机的调速节电

一、各种调速方法性能比较

在 2.4 节介绍的三相异步电动机几种调速方法中，变频调速技术自 20 世纪 80 年代以来取得了突破性的发展，从一般要求小范围调速传动到高精度、快响应、大范围的调速传动；从单机传动到多机协调传动，几乎无所不包，且正在逐步取代直流传动。变频调速是交流调速中用途广、效率高、性能好的节电调速方案之一。

变极调速（一般适用于笼型异步电动机）的功率因数高，无附加损耗，效率高，用于风机、水泵，节电率约为 10%～30%。由于变极调速简单、价廉，而且节电效益显著，并且有成熟的产品与技术，因此是国家推荐的调速节电方案之一。

绕线转子异步电动机串级调速的效率高。它利用了转差功率，可以把转差功率变为机械功率回馈到电动机轴上；或是把转差功率回馈至交流电网。属于高效调速系统。它比变频调速系统简单、易于维修、运行可靠，而且万一逆变装置发生故障，可使转子回路转换到短接状态而全速运行。这时串调装置即退出，以便进行检修处理而不致影响生产。这一优点对于矿井通风机、核电站的循环泵之类的生产机械来说，是非常可贵的。据资料统计，采用串级调速后一般能节电 20%～30%，而且在 1～2 年内即可用节电电费回收调速装置的初投资。串级调速适用于要求调速范围不大的中、大功率的绕线转子异步电动机的调速，如对泵类机械（泵、风机、压缩机等）的调速，目前采用此法调速的拖动系统的容量最大已达 20000kW 左右（大型离心泵）。

除 2.4 节介绍的三相异步电动机调速方法外，还有下面两种节电调速方法。

二、其他两种节电调速方法

1. 电磁调速电动机调速方法

电磁调速电动机也称滑差电动机，国外则称 VS 电动机（Varying Speed Motor）、AS 电动机（Adjustable Speed Motor）或 EC 电动机（Eddy Current Motor）。它与测速发电机和控制装置一起组成交流无级调速系统，适用于恒转矩负载，特别是风机、泵类负载的调速，是目前我国推荐的调速节电方案之一。

（1）调速原理。

电磁调速电动机调速系统是由笼型异步电动机、电磁转差离合器、测速发电机及晶闸管控制装置组成。电动机本身并不调速，通过改变电磁转差离合器的励磁电流来实现调速。

电磁转差离合器又叫电磁滑差离合器，图 2.5.3 所示为电磁转差离合器的结构示意图。它一般由主动与从动两个基本部分组成，图中 1 为主动部分，由笼型转子异步电动机带动，以恒速旋转，它是一个由铁磁材料制成的圆筒，习惯上称为电枢；4 为从动部分，一般也是由同样材料制成，称为磁极。在磁极上装有励磁绕组 3，绕组与磁极的组合称为感应子，被拖动的生产机械就连接在感应子的轴上，绕组的引线接于集电环上，通过电刷与直流电源接通，绕组内流过的励磁电流即由直流电源供给。电枢与感应子之间的气隙一般是很小的。

当异步电动机带着圆筒形的电枢旋转时，电枢就会

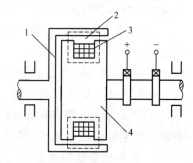

图 2.5.3 电磁转差离合器结构示意图
1—电枢；2—工作气隙；
3—励磁绕组；4—磁极

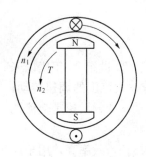

图 2.5.4　涡流与转矩
的方向

因切割磁力线而感应出涡流来，涡流再与磁极的磁场作用产生电磁力，此电磁力所形成的转矩使磁极跟着电枢同方向旋转，从而也带动了工作机械旋转。涡流与转矩的方向如图 2.5.4 所示，图中⊕⊙代表涡流的方向，由发电机右手定则确定，假定电动机带着电枢反时针方向旋转，分析涡流的方向时，可认为电枢静止不动，而磁极顺时针方向旋转，涡流方向如图中所画，涡流与磁极相互作用产生转矩的方向由电动机左手定则确定，仍为反时针方向，这就是说磁极与电枢同方向转动。显然，当励磁电流等于零时，磁极没有磁通，电枢不会产生涡流，不能产生转矩，磁极也就不会转动，这就相当于生产机械被"离开"，一旦励磁电流给上，磁极立刻转动起来，这就相当于生产机械被"合上"，因此取名为"离合器"。此外还可以看到电磁离合器的工作原理和异步电动机是相同的。磁极和电枢的速度不能相同，如果相同，电枢也就不会切割磁力线产生涡流，也就不能产生带动生产机械旋转的转矩。这就好像异步电动机的转子导体和定子旋转磁场之间的作用一样，依靠这个"转差"才能进行工作。所以这种离合器称为电磁转差离合器或电磁滑差离合器。当负载一定时，如果减少励磁电流，将使磁场的磁通减小，因此磁极与电枢的转差速度被迫增大，这样才能产生比较大的涡流，以便获得同样大的转矩，使负载稳定在比较低的转速下进行。所以通过调节励磁绕组的电流，就可以调节生产机械的转速。

（2）调速特点。

电磁调速电动机调速系统有如下特点：

1）调速平滑，可以进行无级调速，但应注意，在一般情况下，电磁转差离合器在不同的励磁电流下的机械特性是很软的，励磁电流越小，特性越软。为了得到比较硬的机械特性，增大调速范围，提高调速的平滑性，应该采用带转速负反馈的闭环调速系统。

2）当负载或者原动机受到突然的冲击时，离合器可以起缓冲的作用。

3）结构简单，造价低廉，运行可靠，维护容易。

4）在一般情况下，电磁离合器传递效率的最大值约为 80%～90%。故电磁转差离合器最大输出功率约为传动电动机功率的 80%～90%。随着输出转速的降低，传递效率亦相应降低，这是因为电枢中的涡流损失与转差，亦即与离合器的输出转速和输入转速之差成正比的缘故，所以这种调速系统不适宜于长时期处于低速的生产机械。

5）存在不可控区，由于摩擦和剩磁的存在，当负载转矩小于 10% 额定转矩时可能失控。

6）电磁转差离合器适用于通风机负载和恒转矩负载，而不适用于恒功率负载。

电磁调速电动机带动风机、泵类负载运行时，输入功率与转速的平方成正比，输出功率与转速的立方成正比，故低速运行时输入功率和输出功率都随之降低。所以从节电观点看，电磁调速电动机用于风机、泵类负载的调速特别适宜。

2. 液力耦合器调速方法

液力耦合器是安装在电动机与生产机械之间的一种传动装置，通过液力耦合器中的液体来传递转矩。液力耦合器的工作原理图和普通型液力耦合器结构如图 2.5.5 所示。

从图 2.5.5 可以看出，液力耦合器主要由泵轴（输入轴或主动轴）、泵轮、涡轮、勺管

（操纵手柄）、旋转内套、回油通道、输出轴（从动轴）和控制油入口、外壳等部件构成。泵轮与涡轮相对放置，中间有一轴向空隙，两个轮上各有数十个径向叶片（约20～40片），叶片间的空间构成了油的循环通道。所用的油，通常是6号、8号液力传动油或20号汽轮机油，它是传递能量的媒介物。

现以图2.5.5（a）来说明液力耦合器的工作原理。如果在泵轮内充以油，则当主动轴（与电动机的轴相耦合）旋转时，泵轮中的油也随之旋转，在离心力的作用下获得能量，并被甩向泵轮叶片的外缘，越过空隙进入涡轮。具有能量的油进入涡轮后，就在同一旋转方向上给涡轮以一个作用力，推动涡轮旋转，带动从动轴（与生产机械的轴相耦合）使泵或风机工作。

进入泵轮（亦即进入涡轮）的油量越多，泵轮与涡轮间传递的能量就越大，从动轴的转速就越高。反之，从动轴的转速就越低。油量改变时，输出转速（从动轴的转速）可以在输入转速（主动轴亦即电动机的转速）的30%～97%的范围内变化。当泵轮内不充油时，从动轴就不会随主动轴的旋转而旋转。因此在这种系统中，电动机可以在空载情况下起动。

虽然泵轮与涡轮间循环的油量是相同的，但油从泵轮中获得的能量不可能100%的都传递给涡轮，所以泵轮与涡轮间的转速不可能相等，而是涡轮的最高转速要比泵轮低百分之几。

液力耦合器在传递功率时，其液力效率不应低于0.96～0.98，与之对应的转差率不应大于0.04～0.02。

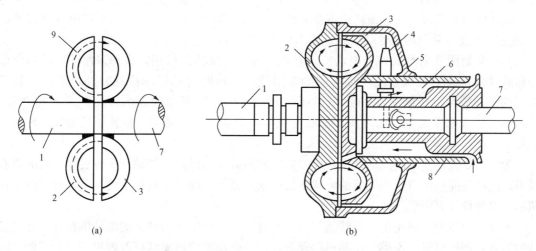

图2.5.5 液力耦合器

（a）工作原理图；（b）普通型液力耦合器结构

1—泵轴（输入轴或主动轴）；2—泵轮；3—涡轮；4—勺管（探纵手柄）；5—旋转内套；
6—回油通道；7—输出轴（从动轴）；8—控制油入口；9—油的流动方向

液力耦合器调速是广泛应用的一种机械式调速装置，具有下述优点：

1）功率适应范围大，可满足从几十至几千 kW，乃至上万 kW 的不同功率的需要；

2）结构简单、工作可靠，使用维护方便；

3）安装、运行费用低，投资回收期短，经济效益大；

4）尺寸小；

5）控制方便，很容易实现手动或自动控制；

6）无级调速，调速范围大；

7）产品容易系列化，生产和选用都很方便。

2.5.4　三相异步电动机的节电改造

对工矿企业在用高损耗老系列电动机来说，节电改造一方面是将老型电动机更新为新型节能电动机；另一方面是通过修理改造，提高其效率，继续使用，或延缓其更新期限。常用的改造方法有：采用磁性槽泥或槽楔；采用新型节能风扇；绕组改接等。

1. 采用磁性槽泥或槽楔改造低效电动机

异步电动机的总损耗由铜损耗、铁损耗、机械损耗和杂散损耗构成，其中铁损耗又由基本铁损耗和旋转铁损耗构成。基本铁损耗是主磁通在铁心中交变所引起的磁滞损耗、涡流损耗；旋转铁损耗又称空载附加损耗，主要由铁心表面损耗和齿中脉振损耗，它是由气隙中的谐波磁场引起的。

低压异步电动机，定子多采用半闭口槽（梨形槽或梯形槽）或半开槽；高压异步电动机，定子多采用开口槽或半开口槽。由于定子开槽，使电动机的气隙磁阻发生变化，从而使主磁场和谐波磁场产生较大的脉振损耗和表面损耗，致使电动机的杂散损耗增加。

用磁性槽楔或槽泥填平电动机齿槽口，可改变转子、定子表面的槽齿不平状态，使气隙磁阻减少并趋于均匀，使脉振损耗与表面损耗大大减小。

2. 降低电动机通风损耗的节电措施

电动机的通风损耗在总损耗中占很大比例，2 极电动机约占 1/3，相当于电动机容量的 3％左右；4 极电动机约占电动机容量的 1.5％左右。

旧式全封闭外扇冷式异步电动机的外风扇为正、反转都可用。大都采用叶片径向分布的盆式风扇，除了机械损耗（轴承的摩擦损耗、风扇叶轮的风摩损耗）外，旋涡与脱流引起的流动损耗及泄漏引起的容积损耗很大，风扇的圆周速度越大，这种现象越严重，一般不可能大幅度改善。加之风罩形状与风扇配合不当，造成局部涡流损耗加大，使风扇的效率更低。

为此，要大幅度提高风扇效率，应采用单方向旋转的风扇，如轴流式或后倾叶式的离心风扇，使叶片间的流道与主气流的形状比较适配。另外，配以合适形状的风罩，就可以使这两项主要损耗显著降低。

通常电动机的风扇是正、反转通用的。不过工矿企业中有大部分的电动机具有单方向旋转的特点，例如风机、泵类、压缩机等设备，这些电动机的风扇就可改成单方向旋转。国际电工协会 IEC 推荐，高速异步电动机尽量优先采用单方向的电动机冷却风扇。

新研制的封闭型电动机新型高效率通风系统采用机翼型轴流式风扇，配以空气动力性能良好的风罩，使风扇效率大为提高，能在保证电动机正常冷却的前提下，使通风损耗降为原来的 1/3 以下，噪声也低，被称为电动机节能风扇。

试验表明，2 极电动机的风扇外径缩小 14％～16％，风摩损耗下降 20％～30％，电动机效率可提高 0.2％左右。

3. 改变绕组型式

在改造修理老旧电动机时，通过改变绕组型式，可减少电动机的杂散损耗与铜耗，提高电动机的效率。合适的绕组型式及槽配合,能够削弱电动机的高次谐波,提高基波分布因数,提高绕组利用率,改善电动机的电磁性能,从而达到减少部分附加损耗、有功损耗的目的。实践中采用以下方法对电动机绕组进行改造,可收到较好的节电效果:单层绕组改双层绕组,单层绕组改单双层混合绕组,双层绕组改单双层混合绕组。

2.5.5 节能型电动机简介

1. Y 系列三相异步电动机

我国在 20 世纪 80 年代初统一设计的 Y 系列电动机,设计时采用了 IEC 国际标准,应用了先进技术,使用了部分新材料,性能优良,具有国际互换性的特点,完全能取代 J02、J03、J2、J3 等老系列电动机。

在 Y 系列的基础上,20 世纪 90 年代又设计了 Y2 系列异步电动机,Y2 系列机座的散热面积平均提高 17.3%,Y2 系列机座比 Y 系列机座壁厚均有不同程度的减薄。

2. YX 系列高效率电动机

YX 系列高效率电动机是在 Y 基本系列上派生出的,其功率等级与安装尺寸的对应关系、额定电压、额定功率、防护等级、冷却方法、结构及安装型式,使用条件均与基本系列相同。由于采取了一系列设计和工艺措施,如采用铁耗较低的磁性材料,增加有效材料用量,改进定、转子槽配合和风扇结构等,使电动机总损耗平均比基本系列下降 20% 以上,效率提高 3% 左右。

3. FX 系列高效率纺织专用三相异步电动机

FX 系列是专为纺织机械配套而设计的。电动机为全封闭自扇冷式三相笼型异步电动机,外壳防护等级为 IP44,电动机具有效率高,堵转转矩大,运行可靠,外形美观等优点。在纺织行业采用 FX 系列,具有节电 3% 的效果。

4. 电磁调速电动机

YCT 系列电磁调速电动机是取代 JZT 系列电动机的更新产品,是目前我国推广的节电产品之一。

YCT 系列电磁调速电动机适用于恒转矩无级调速的各种机器设备上,已在矿山、冶金、纺织、化工、造纸、印染、水泥等部门得到广泛应用。当用于变负载的风机、水泵时,以转速控制代替传统的节流控制,可取得显著的节电效果。

YDCT 系列换极式电磁调速电动机是 YCT 系列调速电动机的派生产品。它用 YD 系列 4/6 极双速三相异步电动机作为拖动电动机,与 JZT6,JZT7 型换极式调速电动机控制器配套使用,可实现宽范围无级调速,并且随着转速的变化,交流异步电动机能自动进行 4 极和 6 极切换。

YCTD 系列电动机是风机、泵类专用的电磁调速电动机。由于 JZT 和 YCT 系列电磁调速电动机的电磁转差离合器均采用实心钢电枢结构,涡流电阻率高,因此转差率大,电动机运行效率较低。近年来,我国根据国外电磁调速电动机的发展趋势和英国 J-DAVIES 教授提出的"低电阻端环电枢"和"电枢分层"理论,在 YCT 系列基础上,采用低电阻端环技术研制成功了 YCTD 系列风机、泵类专用电磁调速电动机。该系列产品最高输出转速高达原动机额定转速的 95% 左右,与 YCT 系列相比,效率提高 10% 以上,因而使调速节能和使用效果更加显著。

5. YD 系列变极多速三相异步电动机

目前，YD 系列是国内变极电动机的主要产品系列，是国家推广的节电产品。YD 系列（IP44）变极多速三相异步电动机是 Y 系列三相异步电动机的派生系列，是我国 20 世纪 80 年代取代 JD02，JD03 系列的更新换代产品。

YD 系列变极多速电动机是利用改变定子绕组的接线方法以改变电动机的极数来达到变速的。电动机具有可随负载的不同要求而有级地变化功率和转速的特性，从而达到与负载的合理匹配，这对简化变速系统和节约能源有很大意义。因此它广泛应用于机床、矿山、冶金、纺织等工业部门的各种万能、组合、专用金属切削机床以及需要变速的各种传动机构。

YD 系列电动机具有体积小、重量轻、性能优良可靠等特点。与 JD02 系列变极多速电动机相比，全系列效率提高 4.65%。功率因数提高 5.3%，堵转转矩提高 25.2%，噪声振动有较大降低。

YD 系列电动机在功率等级、起动性能与力能指标方面和国际同类变极多速电动机的先进水平相近。

YD 系列双速电动机为单绕组，三速、四速为双绕组。

2.6　泵　与　风　机

泵与风机是将原动机的机械能转换成流体的压力能和动能的一种动力设备，泵输送的是液体，风机输送的是气体，液体和气体均属流体，故泵与风机也称为流体机械。泵与风机均属于通用机械范畴。

泵与风机广泛地应用在国民经济的各个方面。如发电厂的各有关环节，农田的灌溉和排涝，采矿工业中坑道的排水和通风，水力采煤中的风力工具，冶金工业中冶炼炉的鼓风及流体的输送，石油工业中的输油和注水，化学工业中的流程加工，城市给排水，以及舰艇、航空航天的动力系统等。泵输送的介质除水外，还可输送油、酸液、碱液及液固混合物，以及高温下的液态金属和超低温下的液态气体。由此看出，凡需使流体流动的地方，都离不开泵与风机的工作。

2.6.1　泵与风机的分类

由于泵与风机的用途广泛，种类繁多，因而分类方法也很多，但目前多采用以下两种分类方法。

一、按产生压力的大小分类

（1）泵按产生压力的大小分为

低压泵：压力在 2MPa 以下；

中压泵：压力在 2~6MPa；

高压泵：压力在 6MPa 以上。

（2）风机按产生全压的大小分为

通风机：全压 $P < 15\text{kPa}$；

鼓风机：全压 P 在 $15 \sim 340\text{kPa}$；

压气机：全压 $P > 340\text{kPa}$。

通风机按产生全压的大小可分为

低压离心通风机：全压 $P<1kPa$；

中压离心通风机：全压 P 在 $1\sim3kPa$；

高压离心通风机：全压 P 在 $3\sim15kPa$；

低压轴流通风机：全压 $P<0.5kPa$；

高压轴流通风机：全压 P 在 $0.5\sim5kPa$。

二、按工作原理分类

$$\text{泵}\begin{cases}\text{叶片式泵}\begin{cases}\text{离心泵}\\\text{轴流泵}\\\text{斜流泵}\\\text{旋涡泵}\end{cases}\\\text{容积式泵}\begin{cases}\text{往复泵}\\\text{回转泵}\end{cases}\\\text{其他类型泵}\begin{cases}\text{真空泵}\\\text{喷射泵}\\\text{水锤泵}\end{cases}\end{cases}\qquad\text{风机}\begin{cases}\text{叶片式风机}\begin{cases}\text{离心式风机}\\\text{轴流式风机}\end{cases}\\\text{容积式风机}\begin{cases}\text{往复式风机}\\\text{回转式风机}\end{cases}\end{cases}$$

由于离心式泵与风机的性能范围广、效率高、体积小、重量轻，能与高速原动机直联，所以应用最广泛。本节即以离心式泵与风机为例，讨论泵与风机的工作情况。

2.6.2 泵与风机的结构和主要部件

一、离心式泵的结构和主要部件

图 2.6.1 是典型的离心泵示意图，离心泵的主要部件有叶轮、吸入室、压出室、密封装置等。为了保证泵的正常工作，还须配备进出水管和轴承架等。离心泵虽有某些结构上的变化，但其工作原理和作用大同小异，主要零件的形状也都相近，下面分别介绍它的主要部件。

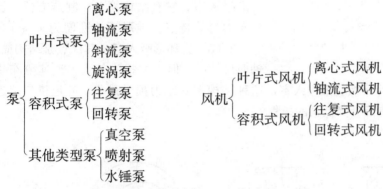

图 2.6.1 离心泵的典型结构
1—叶轮；2—叶片；3—泵壳；4—吸水管；
5—压水管；6—引水偏斗；7—底阀；8—阀门

1. 叶轮

叶轮又称工作轮，是实现能量转换的主要部件，其作用是将原动机的机械能传递给流体，使流体获得压力能和动能。叶轮水力性能的好坏，对泵效率的影响甚大。

叶轮一般由前盖板、叶片、后盖板和轮毂组成。叶片在前后盖板之间形成流体的流道；流体由叶轮中心进入叶轮，自轮缘排出。

叶轮有封闭式、半开式和开式三种。如图 2.6.2 所示。有前盖板、叶片、后盖板及轮毂的称封闭式叶轮。封闭式叶轮具有较高的效率，一般用于输送清水，如电厂中的给水泵，凝结水泵等。只有叶片、后盖板及轮毂的称半开式叶轮。前后盖板均没有，只有叶片及轮毂的称开式叶轮。半开式和开式叶轮一般用于输送含杂质的流体，如电厂中的灰渣泵、泥浆泵。开式叶轮效率较低，很少采用。

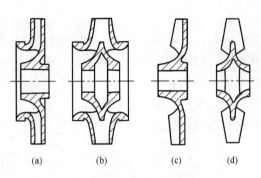

图 2.6.2 叶轮型式

(a)、(b) 封闭式叶轮；(c) 半开式叶轮；
(d) 开式叶轮

2. 吸入室

离心泵吸水管法兰接头至叶轮进口的空间称为吸入室。其作用是以最小的阻力损失，引导液体平稳地进入叶轮流道，并使液体在叶片进口端有较为合适的流速分布。

吸入室常采用三种形式：锥形吸入室、环形吸入室、半螺旋形吸入室。图 2.6.3（a）为锥形吸入室。它有结构简单、制造方便、流速分布均匀等特点。锥形管的锥度为 $7°\sim8°$。图 2.6.3（b）为环形吸入室，其优点是结构简单、轴向尺寸小，但水力损失较大，流速分布也不太均匀。图 2.6.3（c）为半螺旋形吸入室，这种结构型式水力损失最小，叶道进口流速也较均匀，但因进水有预旋而会降低泵的扬程。

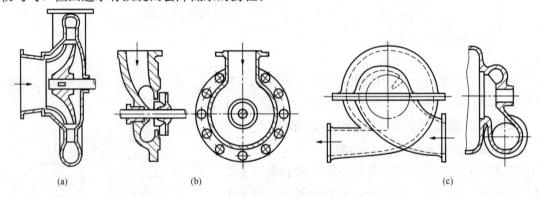

图 2.6.3 吸入室

(a) 锥形吸入室；(b) 环形吸入室；(c) 半螺旋形吸入室

3. 压出室

压出室是指叶轮出口或导叶出口至压水管法兰接头间的那部分空间，其作用是以最小的水力损失收集液流后将它们送到出水管中去。图 2.6.1 中的 3 为最常见的螺旋形压出室，又称蜗壳，它的结构简单、制造方便、效率高。但当泵在非设计工况下运行时，会产生不平衡的径向力。有时也采用环形压出室，多用于多级泵的出水段或输送含有杂质的情况，例如电厂中的灰渣泵等。

另外，密封装置用以防止空气的漏入（吸入端）和高压液体泄出（压出端），保证泵安全经济运行。

二、离心式风机的结构和主要部件

图 2.6.4 是离心通风机的结构示意图。离心式风机的主要部件有：集流器、叶轮、机壳和传动轴。集流器将周围空气以最小的损失导入风机叶轮进口处，图 2.6.4 中为喇叭口形集流器，此外还有圆锥形，双曲线形等。叶轮是风机的主要部件，流体接受机械能的过程完全在叶轮中进行。叶轮由前盖、叶片、后盘和轮毂组成。机壳的作用在于把从叶轮流出的气

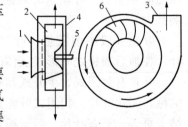

图 2.6.4 离心式风机的构造示意图

1—集流器；2—叶轮；3—风机出口；
4—机壳；5—轴；6—叶片

流收集起来,将气流的部分动能再转化为压力能,借此提高风机的效率。机壳的形状常为螺旋形。

2.6.3 离心式泵与风机的工作原理

离心式泵与风机的工作原理是利用旋转叶轮产生离心力,借离心力的作用,输送流体,并提高其压力。离心式泵与风机工作时,叶轮带动流体一起旋转,产生离心力,使流体获得能量。流体沿轴向进入叶轮转90°后沿径向流出。图2.6.5为离心泵示意图。叶轮1装在螺旋形外壳2内,流体从旋

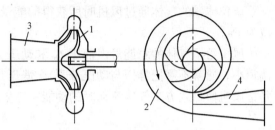

图 2.6.5 离心泵示意图
1—叶轮;2—压水室;3—吸入室;4—扩散管

转叶轮获得能量后,从扩压管4排出。流体排出后必然在叶轮进口形成真空,流体则由吸入室3被吸入,叶轮连续旋转,流体则不断被吸入和输出,形成离心式泵与风机的连续工作。

离心风机的工作原理与离心泵相同。

2.6.4 泵与风机的性能参数和性能曲线

泵与风机的主要性能参数有:流量、扬程(全压)、功率、转速、效率。对水泵而言,还有反映其汽蚀性能的参数,汽蚀余量。

1. 流量

泵与风机在单位时间内所输送的流体量称为流量,它可以用体积流量 q_V 表示,也可以用质量流量 q_m 表示。体积流量 q_V 的常用单位为 m^3/s、m^3/h、L/s 等,质量流量 q_m 的常用单位为 kg/s、t/h 等。

体积流量与质量流量的关系为

$$q_m = \rho q_V$$

式中 ρ 为流体密度,单位为 kg/m^3、t/m^2 等,水在常温 20℃ 时的密度为 $10^3 kg/m^3$。空气在常温 20℃ 时的密度为 $1.2kg/m^3$。

由于空气的密度很小,且随温度、压力的变化而变化,所以风机的流量是以在标准状况 ($t=20℃$,$p=101.3kPa$)下,单位时间内流过风机入口处的体积流量 q_V 表示的。若工作状况下的流量为 q_{V1},密度为 ρ_1,则标准状况下的流量为

$$q_V = \frac{\rho_1}{1.2} q_{V1}$$

2. 扬程(全压)

单位重量液体通过泵时所获得的能量增加值,称为扬程,用 H 表示,单位为 m。

图 2.6.6 是离心泵扬程示意图,其中 $H_损$ 为损失扬程,是指液体经过管路时,由于受到阻力和摩擦而损失的扬程;$H_实$ 为

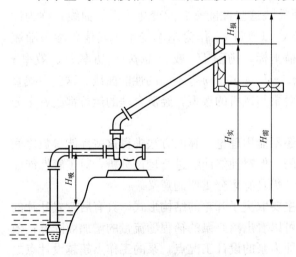

图 2.6.6 离心泵扬程示意图

实际扬程，是液体通过泵时实际获得的能量增加值；所需扬程 $H_{需}$ 等于损失扬程与实际扬程之和；$H_{吸}$ 是吸入管路中考虑管路损失后的实际吸入高度。

单位体积的气体通过风机时所获得的能量增加值，称为全压（全风压），用 p 表示，单位为 Pa。

风机给予气体的总能量由静压 p_{st} 和动压 p_m 两部分组成（在泵中，动压在全压中所占比例很小，通常不需把静压与动压分开）。静压是指风机使每立方米气体获得的压力能，动压是指风机使每立方米气体流动时的动能所产生的压力。所以全压可写成

$$p = p_{st} + p_m$$

3. 功率与效率

泵与风机的功率可分为有效功率、轴功率和原动机功率。

原动机传递给泵或风机转轴上的功率，即输入功率称为轴功率，用 P 表示，单位为 kW。单位时间内通过泵或风机的流体所获得的功率，即输出功率称为有效功率，用 P_e 表示。

轴功率与有效功率之差是泵或风机内的损失功率。其效率为有效功率与轴功率之比

$$\eta = \frac{P_e}{P}$$

由于原动机轴与泵或风机轴的连接存在机械损失，同时考虑到运行时可能出现原动机过载，所以原动机功率 P_M 应大于轴功率 P，即

$$P_M = \frac{KP}{\eta_{tm}}$$

式中　　η_{tm} ——传动效率；

　　　　K ——电动机容量富裕系数。

4. 转速

泵或风机轴每分钟的转数，称为转速，用 n 表示，单位为 r/min。

性能参数反映了泵与风机的整体性能，在泵与风机的铭牌上标有额定工况下的各参数。

5. 泵与风机的性能曲线

上述参数之间有着一定的相互联系，而反映这些性能参数间变化关系的曲线，称为性能曲线。性能曲线通常是指在一定的转速下，以流量 q_v 作为基本变量，其他各参数随流量改变而变化的曲线。因此，以流量 q_v 为横坐标，扬程 H（或全压 p）、功率 P、效率 η 为纵坐标，可绘制出 $q_v - H$（或 $q_v - p$）、$q_v - P$ 及 $q_v - \eta$ 等不同的性能曲线。这些曲线直观地反映了泵与风机的总体性能。性能曲线对泵与风机的选型，经济合理的运行都起着十分重要的作用。

鉴于泵与风机内部流动的复杂性，至今还不能用理论计算的方法求得这些性能参数之间的关系，性能曲线一般都是通过实验来确定的。但对性能曲线进行理论分析，对了解性能曲线的变化规律以及影响性能曲线的各种因素，仍具有十分重要的意义。

叶片式泵与风机的性能曲线的形状特征主要取决于叶轮的结构形式，具有后弯式叶片的离心泵的性能曲线如图 2.6.7 所示。从图中可以看出离心泵的扬程随流量的增加而降低；效率随流量的增加而增加，其中最高效率点，即为泵的设计工况点，泵的工作点超越设计点之后，效率将下降；从 $q_v - P$ 曲线来看，后弯式叶片的 $q_v - P$ 曲线变化较为缓慢，因此当流

量增加时，原动机不容易过载，这一点对泵来说是颇为重要的。

后弯式叶片离心风机的性能曲线如图2.6.8所示。后弯式风机的 q_V-p 曲线较陡。因此管路特性略有改变时，风量变化不大；q_V-P 曲线在大风量时变化缓慢平坦，从而可避免原动机的过载；后弯式风机的效率可达85%～91%。

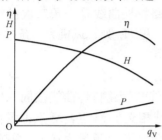

图2.6.7 后弯式叶片离心泵
的性能曲线

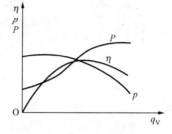

图2.6.8 后弯式叶片离心
风机的性能曲线

2.6.5 泵与风机的运行

1. 管路特性曲线

泵与风机的性能曲线，只能说明泵与风机本身的性能。泵与风机在管路中工作时，不仅取决于其本身的性能，还取决于管路系统的性能，即管路特性曲线。由这两条曲线的交点来决定泵与风机在管路系统中的运行工况。

管路特性曲线，就是管路中通过的流量与所需要的能量之间的关系曲线。

现以水泵装置为例，如图2.6.9所示，泵从吸入容器水面 A－A 处抽水，经泵输送至压力容器 B－B，其中需经过吸水管路和压水管路。

泵或风机在运行状态下所提供的总扬程（称为装置扬程，以 H_C 表示），应等于管路系统为输送液体所需要的总扬程：

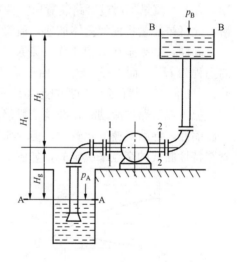

图2.6.9 管路系统装置

$$H_C = H_{st} + \varphi q_V^2 \qquad (2.6.1)$$

其中 H_{st}① 是静扬程，它和吸入容器与输出容器间的静压水头差 $\left(\dfrac{P_B-P_A}{\rho g} ②,\ m\right)$ 及液体被提升的总几何高度（$H_g + H_j$，m）有关，与流量无关；φq_V^2 是输送流体时在管路系统中的总扬程损失（m），它与流量的平方成正比。对于某一特定的泵与风机装置而言，φ 为常数，称为阻力系数。式（2.6.1）就是泵的管路特性曲线方程。可见，当流量发生变化时，装置扬程

---

① $H_{st} = \dfrac{P_B-P_A}{\rho g} + H_g + H_j$

② P_A、P_A ——泵或风机吸入容器及输出容器液面的压力，N/m²；

　　ρ ——流体密度，kg/m³；

　　g ——重力加速度，m/s²。

H_C 也随之发生变化。

对于风机，因气体密度 ρ 很小，气体被提升高度形成的气柱压力可以忽略不计，又因引风机是将烟气排入大气，故该风机的管路特性曲线方程可近似认为

$$p_C = \varphi' q_V^2 \tag{2.6.2}$$

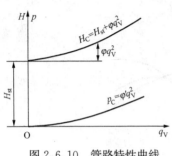

图 2.6.10　管路特性曲线

因此可以看出，管路特性曲线是一条二次抛物线，此抛物线起点应在纵坐标静扬程 H_{st} 处；风机为一条过原点的二次抛物线，如图 2.6.10 所示。

2. 工作点

将泵本身的性能曲线与管路特性曲线按同一比例绘在同一张图上，则这两条曲线相交于 M 点，M 点即泵在管路中的工作点，如图 2.6.11 所示。该点流量为 q_{VM}，总扬程为 H_M，这时泵产生的扬程等于装置扬程，所以泵在 M 点工作时达到能量平衡，工作稳定。

如果水泵不在 M 点工作，而在 A 点工作，此时泵产生的扬程是 H_A，由图 2.6.11 可知，在 q_{VA} 流量下通过管路装置所需要的扬程为 H_A'，而 $H_A > H_A'$，说明流体的能量有富裕，此富裕能量将促使流体加速，流量则由 q_{VA} 增加到 q_{VM}，只能在 M 点重新达到平衡。

同样，如果泵在 B 点工作，则泵产生的能量是 H_B，在 q_{VB} 流量下通过管路装置所需要的扬程为 H_B'，而 $H_B < H_B'$，由于泵产生的能量不足，致使流体减速，流量则由 q_{VB} 减少至 q_{VM}，工作点必然移到 M 点方能达到平衡。由此可以看出，只有 M 点才是稳定工作点。

流体在管路中流动时，都是依靠静压来克服管路阻力的，尽管风机输送的是气体，并具有压缩性，导致流速变化较大，但克服阻力仍然靠静压，因此其工作点是由静压性能曲线与管路特性曲线的交点来决定的，如图 2.6.12 所示。

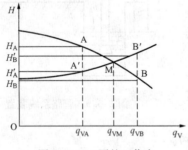

图 2.6.11　泵的工作点

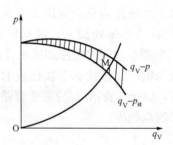

图 2.6.12　风机的工作点

风机工作时，出口若直接排入大气，则动压全部损失掉了。若在出口管路上装设扩散器，则可将一部分风机出口动压转变为静压，此静压也可用来克服管路阻力，从而提高风机的经济性。

当泵或风机性能曲线与管路特性曲线无交点时，则说明这种泵或风机的性能过高或过低，不能适应整个装置的要求。

3. 泵与风机的联合工作

当采用一台泵或风机不能满足流量或扬程（全压）要求时，往往要用两台或两台以上的泵与风机联合工作。泵与风机联合工作可以分为并联和串联两种。

泵与风机的并联系指两台或两台以上的泵或风机向同一压力管路输送流体的工作方式，

如图 2.6.13 所示。并联的主要目的是在保证扬程相同时增加流量，并联工作多在下列情况下采用：

（1）当扩建机组，相应需要的流量增大，而原有的泵与风机仍可以使用时；

（2）电厂中为了避免一台泵或风机的事故影响主机主炉停运时；

（3）由于外界负荷变化很大，流量变化幅度相应很大，为了发挥泵与风机的经济效果，使其能在高效率范围内工作，往往采用两台或数台并联工作，以增减运行台数来适应外界负荷变化的要求。

热力发电厂的给水泵、循环水泵、送风机、引风机等常采用多台并联工作。并联工作可分为两种情况，即相同性能的泵与风机并联和不同性能的泵与风机并联。

泵与风机的串联是指前一台泵或风机的出口向另一台泵或风机的入口输送流体的工作方式，如图 2.6.14 所示。泵或风机串联工作的方式常用于下列情况：

（1）设计制造一台新的高压泵或风机比较困难，而现有的泵或风机的容量已足够，只是扬程不够时。

（2）在改建或扩建后的管道阻力加大，要求提高扬程以输出较多流量时。

串联也可分为两种情况，即相同性能的泵与风机串联和不同性能的泵与风机串联。

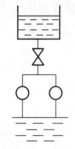

图 2.6.13　泵并联工作

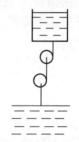

图 2.6.14　泵串联工作

4. 运行工况的调节

泵与风机运行时，由于外界负荷的变化而要求改变其工况，用人为的方法改变工况点称为调节，工况点的调节就是流量的调节，而流量的大小取决于工作点的位置，因此，工况调节就是改变工作点的位置。通常主要有以下三种方法：一是改变泵与风机本身性能曲线；二是改变管路特性曲线；三是两条曲线同时改变。

改变泵与风机性能曲线的方法有变速调节、动叶调节和汽蚀调节等。改变管路特性曲线的方法有出口节流调节。介于二者间的有进口节流调节，现分别介绍如下：

（1）节流调节。

节流调节就是在管路中装设节流部件（各种阀门，挡板等），利用改变阀门开度，使管路的局部阻力发生变化来达到调节的目的，节流调节又可分为出口端节流和吸入端节流两种。

1）出口端节流。

将节流部件装在泵或风机出口管路上的调节方法称为出口端节流调节，如图 2.6.15 所示。阀门全开时工作点为 M，当流量减少时，出口阀门关小，损失增加，管路特性曲线由 I 变为 I'，工作点移到 A 点。若流量再减小，出口阀门关得更小，损失增加就更大，管路特性曲线更趋向陡直。

工作点为 M 时，流量为 q_{VM}，扬程为 H_M，减小流量后工作点为 A 时，流量为 q_{VA}，扬程为 H_A，由图看出，减小流量后附加的节流损失为 $\Delta h_j = H_A - H_B$，相应多消耗的功率为

$$\Delta P = \frac{\rho g q_{VA} \Delta h_j}{\eta_A} \tag{2.6.3}$$

很明显，这种调节方式不经济，而且只能向小于设计流量一个方向调节。但这种调节方法可靠、简单易行，故仍广泛应用于中小功率泵上。

2）入口端节流。

改变安装在进口管路上的阀门（挡板）的开度来改变输出流量，称为入口端节流调节。它不仅改变管路的特性曲线，同时也改变了泵与风机本身的性能曲线。因为流体在进入泵与风机前，流体压力已下降或产生预旋，使性能曲线相应发生变化。

如图 2.6.16 所示，原有工作点为 M，流量为 q_{VM}，当关小进口阀门时，泵与风机的性能曲线由 I 移到 II，管路特性曲线由 1 移到 2，这时的工作点即是泵与风机性能曲线 II 与管路特性曲线 2 的交点 B，此时流量为 q_{VB}，附加阻力损失为 Δh_1，如果在满足同一流量 q_{VB} 下，将入口端调节改为出口调节、调节管路特性曲线 3 与性能曲线 1 相交的工作点为 C，则附加阻力损失为 Δh_2。由图看出，$\Delta h_1 < \Delta h_2$。虽然入口端节流损失小于出口端节流，但由于入口节流调节会使进口压力降低，对于泵来说有引起汽蚀的危险，因而入口端调节仅在风机上使用，水泵则不采用。

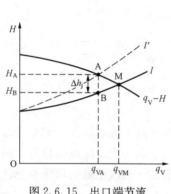

图 2.6.15　出口端节流

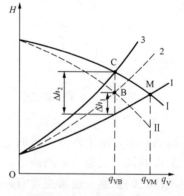

图 2.6.16　入口端节流

（2）汽蚀调节。

什么是汽蚀？液体在一定温度下，降低压力至该温度下的汽化压力时，液体便产生汽泡。把这种产生气泡的现象称为汽蚀。汽蚀时产生的气泡，流动到高压处时，其体积减小以致破灭。这种由于压力上升气泡消失在液体中的现象称为汽蚀溃灭。

泵在运转中，若其过流部分的局部区域（通常是叶轮叶片进口稍后的某处）因为某种原因，抽送液体的绝对压力降低到当时温度下的液体汽化压力时，液体便在该处开始汽化，产生大量蒸气，形成气泡，当含有大量气泡的液体向前经叶轮内的高压区时，气泡周围的高压液体致使气泡急剧地缩小以至破裂。在气泡凝结破裂的同时，液体质点以很高的速度填充空穴，在此瞬间产生很强烈的水击作用，并以很高的冲击频率打击金属表面，冲击应力可达几百至几千个大气压，冲击频率可达每秒几万次，严重时会将壁厚击穿。

在水泵中产生气泡和气泡破裂使过流部件遭受到破坏的过程就是水泵中的汽蚀过程。水

泵产生汽蚀后除了对过流部件会产生破坏作用以外，还会产生噪声和振动，并导致泵的性能下降，严重时会使泵中液体中断，不能正常工作。

    泵的运行通常不希望产生汽蚀，但凝结水泵却可利用泵的汽蚀特性来调节流量，实践证明，采用汽蚀调节对泵的通流部件损坏并不十分严重，而可使泵自动调节流量，减少运行人员，降低水泵耗电约 $30\% \sim 40\%$，故在中小型发电厂的凝结水泵上已被广泛采用。大型电厂设备安全性非常重要，一般不采用汽蚀调节的方式，而采用其他的调节方式。

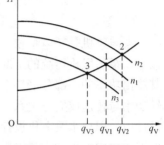

图 2.6.17 变速调节

    （3）变速调节。

    变速调节是在管路特性曲线不变时，用改变转速来改变泵与风机的性能曲线，从而改变它们的工作点，如图 2.6.17 所示。图中 $n_2 > n_1, n_3 < n_1$。

    由比例定律可知，流量 q_V、扬程 $H(p)$、功率 P 与转速 n 的关系为

$$\frac{q_{V1}}{q_{V2}} = \frac{n_1}{n_2} \tag{2.6.4}$$

$$\frac{H_1}{H_2} = \left(\frac{n_1}{n_2}\right)^2 \ 或 \ \frac{p_1}{p_2} = \left(\frac{n_1}{n_2}\right)^2 \tag{2.6.5}$$

$$\frac{P_1}{P_2} = \left(\frac{n_1}{n_2}\right)^3 \tag{2.6.6}$$

变转速后的各种性能可通过以上比例定律求出。

    变速调节的主要优点是转速改变时，效率保持不变，其经济性比上述几种方法高。目前，高参数、大容量电站中，泵与风机多采用变速调节。

    变速调节的方式有以下几种。

    1）汽轮机驱动。可以用改变汽轮机的进汽量来进行调速。这种调速方法经济性高，可以提高机组的热效率。因此，目前国内外 300MW 以上机组的给水泵已普遍采用汽轮机驱动，国外大机组的引、送风机也趋向于采用汽轮机驱动。

    2）定速电动机加液力耦合器驱动。其主要的优点是：可进行无级调速，工作平稳，且耦合器本身效率高，但系统较复杂，造价较高。目前在大机组的给水泵中得到了广泛的应用。

    3）双速电动机驱动。双速电动机只有低速和高速，因此需与进口导流器配合使用，主要用于离心式风机的调速。

    4）直流电动机驱动。直流电动机变速简单，但造价高，且需要直流电源。所以，一般情况下很少使用。

    5）交流变速电动机驱动。随着大功率的开关元件成本降低，特别是以变频器为代表的变速调节方式成本降低，使近年来中小型电机使用变频调节的方式得到广泛应用，在通常的条件下，使用变频调节的方式，可以节约能源 $30\% \sim 60\%$，成为中小型泵与风机节能改造的重点。

    （4）改变动叶安装角调节。

    大型的轴流式、斜流式泵与风机采用动叶可调的形式日益广泛。动叶可调，即改变动叶安装角，可以改变性能曲线的形状，从而使性能参数随之改变，因此，可以随工况的变化来

调节叶片安装角。当改变叶片安装角时，流量变化较大，扬程变化不大，而对应的最高效率变化也不大，因此对动叶可调的轴流泵与风机，可在较大的流量范围内保持高效率。目前大型轴流式泵与风机几乎都采用动叶可调的调节方式。动叶调节机构是泵与风机的重要部分。

2.7　泵与风机的节电方法

泵与风机是耗电量较大的通用设备，我国的泵与风机年耗电量占全国电力消耗的30%以上。泵与风机传统的工况调节方法是通过调节入口或出口的挡板、阀门开度来调节流量，其输出功率的一部分消耗在挡板、阀门的截流过程中。由于泵与风机大多为平方转矩负载，轴功率与转速成立方关系，所以当泵与风机转速下降时，消耗的功率也大大下降；在通常的设计中，用户水泵电机设计的容量比实际需要高出很多，存在"大马拉小车"的现象，效率低下，造成电能的大量浪费，因此节能潜力非常大。

泵与风机的基本节电方法有：

1）减少不必要的运行时间；

2）采用高效率设备，如采用高效率传动装置、高效率节电型电动机、节电型泵与风机等；

3）减少空气动力，包括高效控制流量、降低管道阻力、减少不必要的流量等。

调速控制属于减少空气动力的节电方法，是一种有效的节电途径。

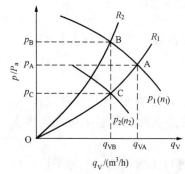

图 2.7.1　风机调速节电示意图

2.7.1　调速节电原理

在实际使用中，当泵与风机的容量偏大时，需要对其流量和全压（或扬程）进行调节，通常采用的方法是控制阀门开度，即节流调节。此方法虽能减少部分输入功率，但却有相当一部分能量损失在调节阀门上，其节电经济性较差。若采用调速控制流量，可达到较好的节电效果。

因为泵与风机的性能曲线较相似，故可通过风机的性能曲线，说明对泵与风机采用调速节电的原理。

风机的特性曲线如图 2.7.1 所示。

图 2.7.1 中，曲线 p_1 为恒速下全压与流量的特性曲线，与风阻特性曲线 R_1 相交于 A 点，对应的风量为 q_{VA}，此时，风机轴功率为

$$P_A = \frac{q_{VA} p_A}{1000 \eta}$$

式中　　P_A ——在交点 A 处风机的轴功率（kW）；

q_{VA} ——在交点 A 处风机的风量（m³/s）；

p_A ——在交点 A 处风机的全压（Pa）；

η ——风机的效率。

如欲减少流量，采用调阀门开度方法时，则新的风阻特性曲线 R_2 与曲线 p_1 相交于 B 点，对应的风量为 q_{VB}，此时，风机轴功率为

$$P_B = \frac{q_{VB} p_B}{1000 \eta}$$

由图 2.7.1 可知，$P_B > P_A$。

如果采用调转速方法，把风机转速由 n_1 降到 n_2，对应的全压与流量曲线为 p_2，使曲线 p_2 与曲线 R_1 相交于 C 点，此时，风机的轴功率变为

$$P_C = \frac{q_{vC} p_C}{1000\eta}$$

由图 2.7.1 可知，$P_C < P_A$，轴功率下降很多，节电效果显著。

从前面介绍的式（2.6.4）～式（2.6.6）可知，流量 q_v 与转速 n 成正比；扬程 H（风压 p）与转速 n 的平方成正比；轴功率 P 与转速 n 的立方成正比。如果泵与风机的效率一定，当要求调节流量下降时，转速 n 可成比例的下降，而此时轴输出功率 P 成立方关系下降。即泵与风机电机的耗电功率与转速近似成立方比的关系。例如：一台水泵电机功率为 55kW，当流量下降到原流量的 80％时，转速也下降到 80％，轴功率将下降到额定功率的 51.2％，其耗电量为 28.16kW，省电 48.8％；当流量下降到原流量的 50％时，转速也下降到 50％，轴功率将下降到额定功率的 12.5％，其耗电量为 6.875kW，省电 87.5％。即使考虑到附加控制装置效率影响等因素，这个节电数字也是很可观的。因此，在变负载的泵与风机中，采用调速控制方式来调节流量是节电的一个有效方法。

2.7.2　泵与风机调速方法的选择

在工矿企业中用得较多的离心式、轴流式泵与风机，其机械特性是变转矩负载特性，其转矩与转速的平方成正比，随着转速的下降，其功率随转速的 3 次方减少。还有用得较多的是活塞式空气压缩机、罗茨鼓风机等，它们的机械特性是恒转矩负载特性，功率与转速成正比。

为了取得最大经济效益，在选择泵与风机调速方法时，应根据泵与风机的性能、功率大小、流量变化幅度、调速装置的效率、技术复杂程度、可靠性、维修难易程度、对电网影响、节电效果、价格高低等诸多因素进行技术经济比较后，确定适用的调速方法。

调速方法的选择原则如下。

一、根据泵与风机负载的性质选择调速方法

泵与风机负载有恒转矩负载（如罗茨鼓风机）及平方转矩负载（如水泵、压缩机、通风机等），当转速从 100％ n_N 改变到 50％ n_N 时，恒转矩负载输入功率 P 不变，而平方转矩负载输入功率 P 仅为原有的 25％，P 大量下降是节电的主要原因。对罗茨鼓风机等恒转矩负载其调速方式只能选用串调、变频等高效调速方法。对水泵、通风机类平方转矩负载，可选用简单经济的电磁调速电动机、液力耦合器等调速方法，为获得最佳节电效果，应运行在转速为 80％～90％ n_N 的区域。

二、根据泵与风机容量选择调速方法

泵与风机容量大小与节电效果直接有关，容量大的泵与风机节电实际效益要比容量小的高，但容量大的调速装置的投资要比容量小的大，应作综合比较。

（1）配套电动机功率在 10kW 以下的泵与风机，一般不采用调速装置。

（2）配套电动机功率在 10～55kW 的泵与风机应优先考虑使用投资较少的调速装置。在流量变化较大的场合，可采用变极调速异步电动机。在调速范围较小的场合采用电磁调速电动机，新系列 YCTD 低电阻电枢、泵与风机专用电磁调速电动机，该系列产品最高输出转速高达原动机额定转速的 95％左右，与 YCT 系列相比，效率提高 10％以上。绕线转子异步

电动机宜采用串级调速。目前，泵与风机也采用变频装置进行调速，其应用对象为流量变化较大，经常需要在低速运转的泵与风机，以获得较大节电效益。投资应在 2~3 年内回收，最长不宜超过 5 年。

（3）配套电动机功率在 55~100kW 的泵与风机，若流量长期在 80%~90% 额定转速内变化的，可采用电磁调速电动机或液力耦合器；流量在 60%~80% 额定转速之间波动的，宜采用串级调速或变频调速。

（4）配套电动机功率在 100kW 以上的泵与风机，由于功率较大，节电效果是选择调速方式首先考虑的因素，应根据泵与风机运行的工况，尽可能选用高效的调速方式。流量变化在 80%~90% 额定转速范围内时，也可选用液力耦合器。

三、考虑调速范围的大小，能否满足流量、风压等要求

四、采用无级调速还是有级调速，要根据流量变化的规律确定

如流量是周期性变化还是非周期性变化，变化周期长短，流量变化的幅度等。

五、考虑调速装置的初投资和运行费用

各种调速方式在电动机功率大小不同的情况下，设备初投资费用不同，应分别对待。对 100kW 以下的电动机的各种调速装置，电磁调速电动机功率从 11~55kW 竞争能力较强；功率从 75~90kW 选用电磁调速电动机必须考虑最佳运行区（额定转速的 80%~90%）；对功率为 115~1050kW 电动机，电磁调速电动机、液力耦合器调速装置初投资费用与串级调速相差甚微，而两者节电效果相差 10%~15%，故在此范围内，低效调速装置无竞争能力；从 680kW 开始，液力耦合器调速装置初投资费用比串级调速便宜，采用液力耦合器是一项实用的节电方案，运行区在额定转速的 80%~90% 间最好；串级调速从初投资费用比较最佳选择区是 55~1000kW。

另外，应该指出的是：异步电动机变极调速投资最少，在 30kW 以下电动机中广泛应用。变频调速装置投资较大，一般为串级调速装置的 2.8~3.2 倍。

六、考虑调速装置的效率

从发展趋势来看，选择调速方式时，在兼顾初投资费用和运行费用中，更着重考虑便宜的运行费用，因为这是长期作用的，虽然一次性投资高一些，但可以从节省的运行费用中得到补偿，因此，在选择调速装置时，应尽量选用高效的。不同的调速方法，有不同的节电效果。

（1）当转速在 50% 额定转速以下，电磁调速电动机、液力耦合器等调速装置均不宜采用。

（2）变频调速、串级调速在 30%~100% 额定速度范围内均可采用。

（3）变极调速效率较高，但只限有级调速，如果电磁调速电动机和变极调速相结合，应用效果可提高。

七、考虑调速装置的运行可靠性

对于重要场合的泵与风机，应选择可靠性较高的调速装置，如液力耦合器、变极调速、电磁调速电动机等。选择调速装置时，还应根据自己的维修力量，若近期内无较强的维修力量，缺少维修电力电子器件的人员和能力，应选择维修要求较低的调速装置。对于液力耦合器等联轴形式的调速装置，还必须充分考虑调速装置的安装位置。

2.7.3　泵与风机的其他节电方法

1. 泵与风机的叶轮改造节电

当使用中的泵与风机的流量比实际所需要的流量大，而又不能采用调速控制时，将原有

泵与风机的叶轮车削一段或更换叶轮，可达到节电目的。

2. 功率因数补偿节电

无功功率不但增加线损和设备的发热，更主要的是功率因数的降低导致电网有功功率的降低，大量的无功电能消耗在线路当中，设备使用效率低下，浪费严重。普通水泵电机的功率因数在 $0.6 \sim 0.7$ 之间，进行功率因数补偿后，$\cos\varphi \approx 1$，从而减少了无功损耗，增加了电网的有功功率。

3. 软起动节电

由于电机为直接起动或 $Y-\triangle$ 启动，起动电流等于（$4 \sim 7$）倍额定电流，这样会对机电设备和供电电网造成严重的冲击，而且还会对电网容量要求过高，起动时产生的大电流和震动对挡板和阀门的损害极大，对设备、管路的使用寿命极为不利。如果采用变频调速装置，利用变频器的软起动功能将使起动电流从零开始，最大值也不超过额定电流，减轻了对电网的冲击和对供电容量的要求，延长了设备和阀门的使用寿命。节省了设备的维护费用。

复 习 思 考 题

2.0.1　电动机的用电量如何？泵与风机的用电量如何？

2.0.2　在电力拖动中应用最广泛的是哪一种电动机？

2.1.1　三相异步电动机是由哪几个基本部分组成的？

2.1.2　三相异步电动机的定子绕组有哪几种接法？

2.1.3　根据转子绕组的构造不同，三相异步电动机分为哪两种形式？

2.1.4　三相异步电动机定子旋转磁场的转速如何？旋转方向和什么因素有关？

2.1.5　有一台异步电动机，额定转速 $n_N = 1430\text{r/min}$，电源的频率 $f_1 = 50\text{Hz}$，问电动机的额定转差率 $s_N = ?$ 极对数 $p = ?$

2.2.1　三相异步电动机中的电磁关系与变压器中的电磁关系是否类似？区别在哪里？

2.2.2　变压器一次电路频率与二次电路频率是否相同？三相异步电动机定子电路频率与转子电路频率是否相同？三相异步电动机与变压器的本质区别是什么？

2.2.3　Y112M-4 型 4kW 异步电动机，电源频率为 50Hz，转子的额定转速为 2920r/min，求额定转差率和转子电流的频率。

2.2.4　三相异步电动机在正常运行时，如果转子突然卡住而停转时，对电动机有什么影响？为什么？

2.2.5　写出转子电路电动势、电流、频率、感抗、功率因数等的表达式，说明转子电路的所有电量都与转差率 s 有关。

2.2.6　画出三相异步电动机的功率图，指出电磁功率、转换功率。写出完整的功率方程。

2.2.7　三相异步电动机驱动额定负载运行时，若电源电压下降过多，往往会使电机严重过热甚至烧毁，试说明其原因。

2.2.8　画出三相异步电动机的自然特性曲线，标出起动转矩、额定转矩、最大转矩。指出哪一段是三相异步电动机的稳定工作区，为什么？

2.2.9　画出电源电压降低、绕线式异步电动机转子串电阻、电源频率改变时电动机的人为机械特性曲线。

2.2.10　什么样的机械特性称为硬特性？什么样的机械特性称为软特性？

2.3.1　三相异步电动机的起动性能如何？

2.3.2　笼型三相异步电动机有哪些起动方法？各有何特点？分别适用于什么场合？

2.3.3　电动机采用 Y－△换接起动时，起动电流是全压起动时起动电流的多少倍？起动转矩是全压起动时起动转矩的多少倍？

2.3.4　为什么说绕线转子异步电动机的起动性能优于笼型电动机？

2.3.5　软起动的两个基本特点是什么？

2.3.6　目前工程上应用的高压大功率软起动设备基本上分为哪几大类？

2.3.7　电动机有哪几种软起动方法？

2.3.8　变频起动为什么可以减小起动电流？变频起动时的频率是低于工频还是高于工频？

2.3.9　为什么说在各种软起动方式中，变频起动的技术性能是最优秀的？

2.3.10　如果电动机拖动的负载所需起动转矩较大，则在选择软起动方式时，是选择变频变压软起动还是选择智能软起动？如果是空载起动呢？

2.3.11　三相异步电动机有哪几种制动方法？

2.4.1　三相异步电动机有哪几种基本调速方法？

2.4.2　异步电动机的各种调速系统中（变极调速构不成无级调速系统，不计在内）哪种调速系统的效率最高性能也最好？

2.4.3　为什么变频调速系统常被称为变压变频（VVVF）调速系统？为什么变频的同时要变压？

2.4.4　目前国内的变频调速系统大都使用交-直-交变频器还是交-交变频器？

2.4.5　变极调速的多速电动机中，定子绕组变极的方法主要有哪几种？其中哪种用得较广泛？

2.4.6　变极调速只用于哪种电动机？变极调速的特点是什么？

2.4.7　异步电动机的变转差率调速包括哪几种调速方法？

2.4.8　串级调速的原理是什么？

2.4.9　画出异步电动机采用交流调压器调压调速主电路的原理图？

2.4.10　异步电动机的调压调速最适用于哪种负载？

2.5.1　当生产机械对起动、制动及调速无特殊要求时，应选用哪种异步电动机？

2.5.2　什么情况下选用高压异步电动机？

2.5.3　什么是电动机的经济负载率和临界负载率？

2.5.4　目前解决异步电动机负载变化经济运行的有效措施有哪些？

2.5.5　负载率低到什么程度△－Y改接才有实用价值？

2.5.6　异步电动机无功功率就地补偿的作用是什么？

2.5.7　节电调速方法有哪几种？

2.5.8　第五节中介绍了哪些节能型电动机？

2.6.1　为什么泵与风机也称为流体机械？

2.6.2　泵与风机目前多采用哪几种分类方法？其中哪一种泵与风机的应用最广泛？

2.6.3　离心泵的主要部件有哪些？离心式风机的主要部件有哪些？

2.6.4　简述离心式泵与风机的工作原理。

2.6.5　泵与风机的主要性能参数有哪些？

2.6.6　图 2.6.11 中的 M 点是哪两条曲线的交点？为什么说 M 点才是稳定的工作点？

2.6.7　泵与风机的联合工作可以分为哪两种？

2.6.8　泵与风机的工况调节就是改变工作点的位置。改变工作点的位置通常有哪几种方法？

2.6.9　改变泵与风机性能曲线的方法有哪几种？

2.6.10　目前的高参数、大容量电站中泵与风机的工况调节为什么多采用变速调节？

2.7.1　泵与风机的基本节电方法有哪些？调速控制属于哪一种节电方法？

2.7.2　泵与风机除了调速节电方法外，还有其他哪些节电方法？

第3章　工　业　电　炉

工业电炉是工业生产中应用的利用电热效应产生的热量加热或熔化物料的设备，通常由炉体和配套的机电装置组成。

3.1　工业电炉及其应用

大型工业电炉规模宏伟，结构复杂，耗电量巨大。图3.1.1所示是 RT 型台车式电阻炉和 HX 型炼钢电弧炉的图片。大型炼钢电弧炉，公称容量达 400t，炉壳内径 11.6m，所配专用变压器容量高达 163MV·A。

(a)　　　　　　　　　　　　　　　　　　(b)

图 3.1.1　两种工业电炉

(a) RT 型台车式电阻炉；(b) HX 型炼钢电弧炉

工业电炉品种繁多，应用广泛，按电热方式不同，可分为电阻炉、感应炉、电弧炉、等离子炉、电子束炉、介质（微波）加热设备等几大类，而每一大类还可根据加热方式、炉体结构特点、物料输送方式、操作方式、电源特点、加热用途、炉内气氛与介质的不同等等分成许多小类。本章主要介绍电阻炉、电弧炉和感应炉。

目前各类工业大多应用电炉，其应用举例如表3.1.1所示。就炉子规模和耗电量而言，冶金工业是应用工业电炉最多的行业，它用于炼钢、炼铁合金、炼铝、炼铜、炼钛、合金熔炼、金属连铸连轧过程中的在线补充加热等等。其次是机械工业，它主要用于工件的铸锻造和热处理，所用的炉型最多。此外，电炉在化学工业、建材工业、轻工业、实验室等方面都有应用。

电炉应用广泛，这是由于和燃料炉比较，电炉具有下述诸多优点：

（1）电热功率密度特大。电炉可以在较短的时间内把物料加热到需要的温度，达到燃料炉不能达到的高温。例如采用感应电热加热钢材，可以在几分钟甚至几秒钟内，把工件加热到 1000℃以上。钨的熔点 3390±60℃，只能用电炉熔炼。

（2）电炉的温度易于准确控制。例如，铝合金材料或工件热处理用的空气循环炉，炉温偏差可以长期保持为±（3～5）℃；有的实验室电炉，温度控制可以精确到±1℃。

（3）电炉炉内气氛易控，可以是需要的气氛，也可以抽成真空。例如，硅钢带卷的连续退火炉的各个区段，可以控制为不同的气氛；难熔的活性金属，例如钛，只能用真空电炉熔炼。

（4）电炉的电热效率高，一般是 $50\%\sim60\%$，有的达 $80\%\sim90\%$。

（5）电热清洁卫生，不污染环境。

（6）电炉较易于实现生产过程的机械化和自动化，劳动条件好，生产率高。

除上述优点外，工业电炉的耗电量大，必须保证电能供应；就单位热能价格而言，一般是电热较燃料热价格高；电炉是成套机电设备，采用电炉通常投资较多。

表 3.1.1　　　　　　　　　　工业电炉的主要用途和所用设备举例

部门名称	用　途	所用设备
冶金工业	熔炼普通钢 熔炼合金钢 熔炼铜合金 熔炼铝合金 熔炼难熔金属，活泼金属 生产铁合金、镍、铜、锌、锡等 生产石墨电极 粉末冶金，制造硬质合金 制造半导体材料	炼钢电弧炉 炼钢电弧炉，真空感应熔炼炉，真空电弧炉，电渣炉，电子束炉，等离子炉 感应熔炼炉 感应熔炼炉，间接电热电阻炉，铝电解槽 真空电弧炉，电子束炉，等离子炉 矿热炉 直接电热电阻炉 电阻炉，感应炉 电阻炉，感应炉，电子束炉
机械工业	钢铁材料，有色金属材料，玻璃等的加热和热处理 铸钢的熔炼 铸铁的熔炼 有色金属铸造的熔炼 铝、镁等轻合金铸造的熔炼 金属材料的锻造、冲压或挤压前的加热 制造电熔刚玉和碳化硅 干燥泥心、模子和木材 制造半导体器件 加热塑料和各种绝缘材料	电阻炉，感应加热设备 炼钢电弧炉，感应炉 感应炉 感应炉，电阻炉，间接作用电弧炉 感应炉，电阻炉 感应透热炉，直接电热和间接电热电阻炉 矿热炉，直接电热电阻炉 介质加热设备，电阻炉 间接电热式电阻炉，感应炉 介质加热设备
化学工业	生产电石、氰盐、磷、二硫化碳等 生产塑料、合成纤维、合成树脂、香料、药物，进行橡胶的硫化等	矿热炉 间接电热电阻炉、介质加热设备
建材工业	生产玻璃，莫来石 铸石的熔炼	矿热炉、直接电热电阻炉 矿热炉、间接电热电阻炉
轻工业	加热塑料、玻璃等材料，食品的烘烤，烤漆，纺织品的干燥等	间接电热电阻炉、介质加热设备
实验室	测试、检验、科研与教学实验，新工艺试验，实验室生产	各种电炉

3.2 电　阻　炉

电阻炉是利用电流通过电阻体产生的热量来加热或熔化物料的一类电炉。与其他电炉相比，电阻炉具有发热部分简单，对炉料种类的限制少，炉温控制精度高，容易实现在真空或控制气氛中加热等特点。电阻炉广泛应用于机械零件的淬火、回火、退火、渗碳、氮化等热处理，也用于各种材料的加热、干燥、烧结、钎焊、熔化等，是发展最早、品种规格最多、需要量最大的一类电炉。

3.2.1　电阻炉的类型及其工业应用

电阻炉类型很多，其分类情况如下：

（1）按加热方式不同，可分为直接电热电阻炉和间接电热电阻炉两大类。直接电热电阻炉中，电流直接通过被加热的物料，依靠物料本身的电阻发热。间接电热电阻炉中，电流通过炉内的电热体或导电液体产生热量，再经过一定的传热过程将热量传给被加热的物体。目前绝大多数电阻炉属于这一类。

（2）按炉内气氛不同，可分为普通气氛电阻炉、控制气氛电阻炉、真空电阻炉。

（3）按炉膛形状不同，可分为箱式电阻炉、竖井式电阻炉、直通式电阻炉。

（4）按炉温不同，可分为低温（600～700℃以下）、中温（700～1200℃）以及高温（1200℃以上）电阻炉。其所以以1200℃作为划分中温炉与高温炉的界限，是因为普通金属电热体（电热元件）所能承受的最高使用温度为1200℃上下，超过此温度，则需要高温金属电热体或非金属电热体。

（5）按传热过程不同，可分为以辐射传热为主的、以对流传热为主的和以传导传热为主的电阻炉。

（6）按操作方式不同，可分为间歇操作、半连续操作和连续操作电阻炉。

表3.2.1列出了按加热方式和炉内气氛分类的各种工业电阻炉的特点和用途。

表 3.2.1　　　　　　　　　　各种工业电阻炉的特点和用途

种类		气氛或介质	主要特点	主要用途
间接电热	普通电阻炉	空气	1. 发热部分简单、温度容易控制 2. 加热过程中炉料的氧化、脱碳较严重	一般热处理、加热、烧结和熔化，如金属毛坯、铸锭的加热
	控制气氛电阻炉	控制气氛	1. 基本上可避免炉料的氧化和脱碳 2. 可进行气体化学热处理 3. 工件热处理后的清洗和精加工工作量小，可提高劳动生产率 4. 某些控制气体易爆炸或对人体有一定危害	钢铁材料和某些金属材料的无氧化、不脱碳加热，或化学热处理；各种烧结和钎焊；钨、铝等金属的加热
	真空电阻炉	真空	1. 与控制气氛电阻炉相比，能保护炉料不与炉气发生反应 2. 有除气和净化表面等作用 3. 操作条件好 4. 连续生产较困难	钛、锆等活泼金属、难熔金属和某些电工合金的光亮退火、真空除气，不锈钢或铝材钎焊，高速钢、工具钢等的淬火，真空渗碳、真空烧结等
	电热浴炉	熔盐、油或铅	1. 炉料的加热速度快，加热均匀性好 2. 容易实现局部加热 3. 结构简单，不用耐热钢就可获得1300℃的炉温，且在一定程度上能保护炉料不氧化 4. 操作条件较差，工件被处理后要仔细清洗	工具、量具、模具等的热处理或化学热处理
直接电热		各种气氛	1. 炉料或工件自身通电加热，不需加热元件。加热温度不受加热元件材料的限制 2. 加热速度极快 3. 对工件的几何形状有一定的要求	石墨电极、碳化硅等的制造，粉末冶金压制，金属管、棒等的加热

3.2.2　直接电热电阻炉

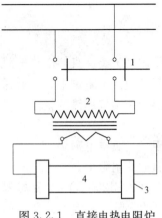

图 3.2.1　直接电热电阻炉
工作原理

1—接触器；2—变压器；
3—导电触头；4—物料

直接电热电阻炉的工作原理示于图 3.2.1。这种炉子可用作加热炉，也可用作熔炼炉。由于其导电触头（或称导电夹头、电极）和物料间靠接触导电，这种电热法又称为接触加热。

直接电热有许多优点：因为在加热过程中电流直接从被加热的物料中通过，加热物料所需的热量产生于被加热的物料本身，所以与间接电热相比，在其他条件相同的情况下，材料内部的温度差较小，加热速度快，设备的生产能力高，电热效率一般也较高；由于没有电热体，加热温度不受限制；在加热金属物料时，由于加热非常快，加热时间只有几十秒甚至几秒钟，因此热损失很小，在很多情况下不必用炉衬就能有很高的热效率；即使不用保护气氛保护，金属的氧化及脱碳也很少。

直接电热也有其本身在应用上的局限性和需要解决的问题，主要是：

（1）电路损失大，电效率不很高。因为加热过程中物料所产生的热量取决于物料本身的电阻和通过物料的电流，而被加热物料的电阻又往往很小，故直接电热通常在低电压大电流下工作，必须采用巨大的降压变压器和短网，这样，就导致了电路损失大，电效率不很高。

（2）设备和操作复杂。为避免被加热物料的加热温度局部偏高或偏低，在被加热的整个长度上，电阻必须均匀，故直接电热只适用于加热沿整个长度截面均匀的材料，如管材、棒材、板材或线材的加热或退火等；对于沿长度截面变化的物料，必须用多接头供电的办法，在截面均匀的某一段进行直接电热，或逐段加热，但这样设备和操作都将很复杂。

（3）需要良好的接触装置。由于接触加热必须向被加热的物料输送很大的电流，若接触不良，会引起强烈的电弧，可能局部烧坏物料和接触装置。故需要良好的接触装置。

下面介绍两种直接电热电阻炉。

1. 石墨化电炉

石墨化电炉如图 3.2.2 所示。这种炉子用来把焦炭压制成的电极坯在高温下焙烧成石墨化电极。图中 2 是炉子接电源的电极，3 是被处理的电极，6 是填充的焦炭，用来作为电极坯料之间的电阻材料，4 和 10 是用焦炭粒、砂子等混合成的保温层。工作时电流直接通过被处理的电极。在长达数十小时最终达到 2600～3000℃ 高温加热过程中，被处理电极中的碳原子重新排列而形成石墨结构的晶体，即所谓石墨化。大型

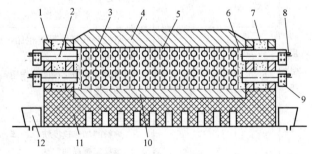

图 3.2.2　石墨化电炉

1—炭砖；2—接电源用的石墨电极；3—被处理的电极；
4—覆盖料；5—焦炭粉；6—焦炭；7—石墨粉；
8—进水管；9—导电用铜排；10—垫底料；
11—炉底；12—出水漏斗

炉子炉膛长 21m，宽高各 3m，容量 100t；输入功率 16000kW，并配备低压大电流变压器和整流器供直流电，次级电压可调，40～200V，吨料工序电耗约为 4000kW·h。

2. 钢坯直接电阻加热设备

图 3.2.3 为钢坯直接加热设备，AK-1 型，用于钢坯锻造或冲压前的加热。额定功率 150kW，一次电压 380V，二次电压 8.1~13.6V。坯料直径 20~42mm，长度 400~650mm，生产率 60~80 根/h，电热效率约 75%，加热到 1200℃ 的电耗约 325kW·h/t。用气动装置操纵导电触头，压力 30000N。设备长 2150mm，宽 1100mm，高 1650mm，重量 2500kg。

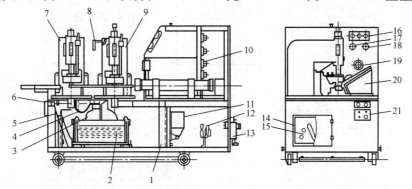

图 3.2.3   AK-1 型直接电热设备

1—框架；2—变压器；3—二次绕组接线端；4—软铜母线；5—触头托架；6—弹簧挡板；

7、9—前触头、后触头；8—光学高温计探头；10—电气接线板；11—接触器；

12—电力气动整定器；13—溢流漏斗；14—电压转换开关；15—电压转换闸刀；

16—信号灯；17—电能表；18—电压计；19—安培计；20—出料机构；21—按钮板

3.2.3   间接电热电阻炉

电流通过炉内的专门电阻发热元件即电热体所产生的热量，借辐射、对流和传导传热，传递给被处理物料，这种电炉称为间接电热电阻炉。

一、间接电热电阻炉的特点

间接电热电阻炉的特点是：

（1）采用不同材料的电热体可在炉内达到不同的最高工作温度。

（2）采用不同的电热体安装和布置方式，可在炉内得到各种所需的温度分布以及做成各种形式和大小的炉子。

（3）炉子的热工制度比较易于进行精确的控制，并可在真空或任何需要的气氛下工作。

因此，间接电热电阻炉是工业生产和科研中应用最广泛的一种电炉。

二、间接电热电阻炉热量传递的类型

间接电热电阻炉中，热量从炉子的电热体向被加热物料传递的类型有三种，即辐射传热型、对流传热型和传导传热型，如图 3.2.4 所示。

1. 辐射传热型

图 3.2.4 中（a）所示的炉子，电热体直接安装在炉内。若炉内抽成真空，则电热体 1 的热量只靠辐射传热传给被加热的物料 2；若炉子在一般大气压状态下工作，电热体对物料的传热，除辐射作用外，还有一部分靠自然对流传热。两者的比例视炉子的工作温度而异，温度越高，辐射所起的作用越大。

2. 对流传热型

图 3.2.4 中（b）和（c）都属于对流型结构。在图（b）中，电热体和被加热物料之间

用罩子隔开，完全排除了电热体对物料进行直接辐射的可能性。炉内的气体由于风机5的作用强烈循环，当气流冲刷电热体时，靠对流传热作用而被加热；然后，高温气流又依靠对流传热作用将热量传给被加热的物料。(c)则是一种配置管状电热体（内热式）的浴炉结构。在浴炉中，浴液从电热体获得热量后，再以强制或自然对流的方式传给被加热的物料。

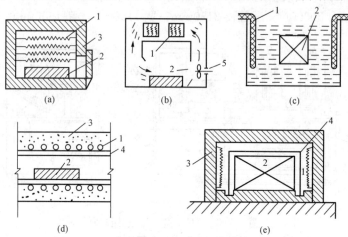

图3.2.4　间接电热电阻炉的基本结构形式
（a）辐射型；（b）、（c）对流型；（d）、（e）传导型
1—电热体；2—物料；3—炉衬；4—马弗罩；5—风机

3. 传导传热型

图3.2.4中（d）和（e）是传导型的隔离罩结构。其中（d）是厚壁的耐火材料罩，电热体1的热量以传导的方式由罩子4的外表面传到内表面，然后由罩子内表面以辐射和对流的方式传给被加热的物料2。（e）是薄壁的金属罩，电热体1的热量以辐射和对流的方式传到罩子4外表面后，以传导方式通过罩子，再以辐射方式加热物料2。

根据上述基本结构，按具体工艺要求，可以设计出各种电阻炉。

三、几种间接电热电阻炉

1. 远红外加热电阻炉

远红外加热是间接电阻电热的一种特殊形式。

（1）远红外线。远红外线是红外线的一部分。红外线是一种电磁波，其波长范围为0.72～1000μm，介于可见光和微波之间。在光谱上，由于它们位于红色光线外侧，所以称为红外线（或红外辐射）。按与可见光谱的距离划分，又将红外线划分为近、中、远三部分。根据国际照明委员会的规定：波长0.78～1.45μm为近红外线，1.4～3μm为中红外线，3～1000μm为远红外线。在远红外线加热技术上，一般也把波长为3μm以上的红外线统称远红外线。

（2）远红外线的产生。任何物质分子内部的热运动都能产生红外线。任何固体或液体物质，只要温度在绝对零度（-273℃）以上，都不断地向外辐射红外线，并向四周辐射能量。当被加热的金属物体的温度低于绝对温度800K（527℃）时，绝大部分的辐射能量分布在光谱的红外部分，从800K起，如果进一步增高温度，虽然总的能量会增加，但能量却逐渐移向短波方向，即移向可见光。这就是说，在800K以上温度，远红外线的加热作用很弱。

（3）远红外线的选择性吸收。远红外线辐射到物体上时，一部分被吸收，一部分被反射，还有一部分透射过物体。被物体吸收的红外线能重新转化为热能，把物体加热。不同的物体对红外线吸收的能力是不同的；即使是同一种物质，对不同波长的红外线的吸收能力也不同，只有当物体内部运动着的分子振动频率与入射的远红外线的频率相符时，物体才能吸收远红外线。

物体对特定频率远红外线的吸收称为远红外线的选择性吸收。

物体吸收远红外线辐射能量愈多，其升温愈快。因此，根据被加热物体的种类，选择合适的红外线辐射源，使其辐射的能量主要集中在被加热物质的吸收带波长范围内，可以获得很好的加热效果。

（4）远红外线辐射源。远红外线辐射源由电热元件、远红外波段单色辐射率较高的辐射材料和传热基材组成。传热基材有金属的，也有非金属（如碳化硅陶瓷）的；辐射材料大多数是金属氧化物，通过涂刷粘结、复合烧结和等离子喷涂等方法涂覆在基材上。电热元件通过电流时产生电热，该电热将基材加热，当它加热到一定温度范围时，其表面的辐射材料能大量辐射远红外线。

常用的远红外电热元件有板形、灯形和管形三种。板形元件的结构如图3.2.5所示。辐射体用铁铬铝或镍铬电热合金制造，辐射表面涂有远红外涂层。涂层种类有 TiO_2-Fe_2O_3 系、NiO-Cr_2O_3 系及 TiO_2-ZrO_2 系等。辐射体的背后涂有低辐射率的氧化铝涂层，以减少其背面的辐射功率。隔热层采用耐火纤维，在耐火纤维背后装有铝反射板，以减少热量损失。这种元件的工作温度可达1000℃以上，能用于钢铁材料的退火。管形和灯形元件的工作温度较低，主要用于烘烤和干燥。

（5）远红外线加热的特点。远红外加热的特点是：远红外线能透入被加热物体表面一定深度，因此加热速度快，电能消耗少，加热质量高。与一般电阻加热相比，可缩短加热时间 $1/3 \sim 1/2$，节约用电30％以上。同时，远红外线加热设备费用低、操作简单、干燥质量好、安全可靠。因此，它在各行业的中、低温加热方面均得到了广泛的应用。

远红外加热元件可以灵活配置，因此用于大型容器和管道的焊前局部预热和焊后局部退火很方便。

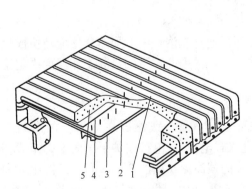

图 3.2.5　板形远红外电热元件

1—辐射体；2—外壳；3、4—反射板；5—耐火纤维

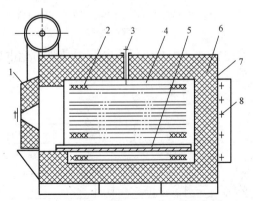

图 3.2.6　中温箱式电阻炉结构简图

1—炉门；2—电热体；3—热电偶；4—炉膛；5—炉底板；
6—炉衬；7—炉壳；8—电热体引出端

2. 箱式电阻炉

在冶金工业和机械工业工厂中，各种小型料坯及机械零件的加热或热处理等，广泛应用各种箱式电阻炉。图3.2.6所示是我国生产的RX系列中温箱式电阻炉的简图，炉子各部分的名称已示于图中。随着所用电热体材料的不同，炉子的工作温度也不同，炉子的砌筑材料也有一定程度上的差异，但炉子的结构差别不大。箱式电阻炉随其工作温度的不同，可用于钢件的热处理、金属坯料的加热、金属的烧结和熔化等。炉子可在正常气氛下工作，也可在控制气氛下工作。

箱式电阻炉一般只能周期作业，即待处理的炉料成批地装入炉内，直至加热过程完结取出，然后才能进行下一批物料的处理。因此炉子的温度制度具有一般室状加热炉的特点。在工作过程中，工作室内各点的温度可认为是均匀的，但可按工艺要求随时间变化，或控制在某一值。

炉子的电热体可布置在侧墙上、炉底板下和炉顶上。一般而言这类炉子都没有强制炉气循环的装置，因此炉子的传热过程以辐射传热为主（特别就中、高温炉子而言），可认为属于辐射传热型的炉子。

3. 盐浴炉

盐浴炉是利用熔融的盐进行加热的一种电阻炉。按热源位于盐槽的外部和内部的不同而分为外热式和内热式两种，其结构见图 3.2.7。内热式盐浴炉有用管状电热元件加热的，有用电极加热的，后者又叫电极盐浴炉。

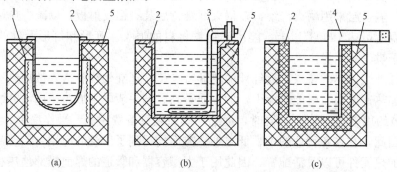

图 3.2.7   几种不同结构的盐浴炉简图

（a）外热式盐浴炉（坩埚盐浴炉）；（b）具有管状电热元件的内热式盐浴炉；（c）电极盐浴炉

1—外部加热元件；2—盐槽；3—管状电热元件；4—电极；5—炉衬

在电极盐浴炉中，低压电流由导线通至电极，然后通过盐浴炉中的加热介质而转换成热能并使介质的温度升高，待处理的工件则由介质进行加热。因此炉子的最高工作温度决定于所选用盐的性质。

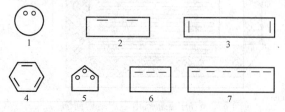

图 3.2.8   电极盐浴炉的电极布置及炉膛截面形状

炉子中的电极可以从液面插入介质中（插入式电极），或镶嵌在液面下的炉衬上（埋入式电极）。电极在炉子平面上的布置和炉膛的截面形状如图 3.2.8 所示。图中 3 和 4 的结构是待处理工件位于电极之间，附带有直接电热电阻炉的工作特点。放入工件后，一方面因工件的电阻小而导致电路中的电阻下降，电流增加，炉子的功率而随之增加；另一方面，工件本身也成了电路中的组成部分，有大量电流集中通过而在工件内部产生热量。故按这两种形式布置电极的炉子，具有加热迅速，加热速度随工件数量的增加而明显增加，甚至发生过热等特点。埋入式电极较靠近炉底，工件不易处于电极之间，因此盐槽中的电阻受工件的影响不大。

由于固体盐导电性极差，因此电极盐浴炉起动时需利用专门的方法，将连通电极的一部分盐通电加热熔化，然后从电极通入电流而逐渐达到融盐的全部熔化。起动的方法有炭棒起动法、辅助电极起动法和电阻起动法三种。

4. 电渣炉

电渣炉是钢或某些合金进行再精炼用的一种电炉设备。电渣炉的工作原理如图 3.2.9 所示。从发热原理来说，电渣炉是一种电阻熔炼炉。自耗电极是用被熔炼金属本身制成的，电流通过高电阻渣池所产生的热量把电极末端熔化，熔滴穿过渣池滴入金属熔池，被水冷结晶器冷却凝结成锭子。在此过程中，金属熔滴与高温高碱度的熔渣充分接触，产生强烈的冶金反应，使金属得到精炼。

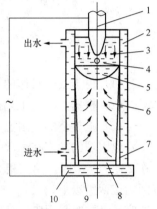

图 3.2.9　电渣炉原理图

1—自耗电极；2—水冷结晶器；
3—渣池；4—金属熔滴；
5—金属熔池；6—锭子；
7—收缩空隙；8—垫板；
9—底水箱；10—渣壳

与其他重熔设备（如真空自耗电弧炉、电子束熔炼炉等）相比，电渣炉的主要优点是去除磷、硫和非金属夹杂物的效果较好，锭子的纯度较高；设备简单，生产率高，重熔费用低；还可以把小钢锭铸成高质量的大锭子。

电渣炉可用来生产航空轴承钢、高温合金、电阻合金、精密合金、有色金属以及大型优质合金钢锭、板坯和各种异形铸件。

5. 电热流动粒子炉

电热流动粒子炉是新型电炉之一，分为电极式和电热元件式。另外也有以煤气作为热源的流动粒子炉。电热流动粒子炉的优点是升温快、耗电少、开停炉方便、炉温均匀、工件热处理质量好。缺点是流化床表面起伏较大，不适于局部加热；另外要有除尘设备。

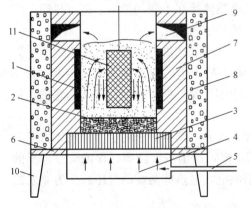

图 3.2.10　电极式流动粒子炉结构简图

1—电极板；2—耐热砂；3—微孔透气砖；4—风室；
5—进风管；6—炉底板；7—耐火砖；8—隔热砖；
9—排气口；10—支架；11—工件

电极式流动粒子炉的结构示于图 3.2.10。空气经过炉子底部的风室，通过微孔透气砖以及耐热砂，均匀地向上鼓入炉膛内，依靠气体动压头所造成的托力，使石墨颗粒作上升的运动。在上升过程中，由于颗粒与颗粒之间以及颗粒与工件之间的相互碰撞，引起托力的逐渐消耗。当托力小于石墨颗粒本身的重力时，颗粒则自动下降。颗粒下降到接近耐热砂时，又被刚喷出来的气流托带上升，如此造成石墨颗粒的上下往复翻滚运动，形成沸腾层。

炉膛的两侧装有电极板，接通电源时，由于石墨颗粒相互碰撞接触，因而能够导电，使电流通过石墨沸腾层由一电极板流至另一电极板，并克服沸腾层的电阻而使电能转化为热能，使石墨颗粒达到高温。高温石墨颗粒频繁地碰撞被加热的工件表面，将热量传递给工件，达到加热的目的。所以，石墨颗粒沸腾层既是电热体，又是直接加热工件的介质。

电热元件流动粒子炉是在炉膛内垂直安装电热元件（如管状元件）。在这种情况下，"沸腾"的粒子不必用导电的石墨颗粒,而用非导电的氧化铝或石英颗粒,只起传递热量的作用。

煤气式流动粒子炉鼓入煤气与空气混合物,既作热源,又是促使粒子浮动的动力源。

3.2.4　间接电热电阻炉的供电与温度控制

1. 供电

间接电热电阻炉的供电一般采用低压 220V 或 380V,在下列几种情况下采用降压变压器。

(1) 由于安全操作的需要,不允许炉子直接采用网路电压。

(2) 根据炉子的工艺操作条件,要求电热体的电压可调节。

(3) 电热体的电阻温度系数太大,工作中功率随温度急剧变化。

电阻炉的功率在 25kW 以下时,可用单相 220V 或 380V 电源将电热体串联供电;功率在 25~75kW 时,用三相 380V 星形或角形联结供电;功率在 75kW 以上时,则应考虑采用两组或两组以上的三相 380V 星形或角形联结供电,即每组电热体的功率以 30~75kW 最为适宜,必要时采用串、并联以获得所需要的功率。

2. 功率调节

工艺要求炉子的温度按一定的规律随时间变化时,或工作过程中电热体逐渐"老化"时,都必须及时进行功率调节,以保证炉子所必需的温度制度。常用的调节方式有下列几种。

(1) 用变阻器调节　将变阻器与炉子的电热体串联起来,改变变阻器的接触位置,便可均匀地调节炉子的功率。由于变阻器本身需要消耗大量的电能,故这一方法一般只用于试验室用的小型电阻炉。

(2) 用变压器调节　在电网和电热体间加变压器,调节供给电热体的电压。变压器有两种,一种是级序变压器,它的输出端有若干个抽头,电热体接在不同的抽头上便可得到不同的功率;另一种是自耦变压器,可平滑地连续调节供给炉子的电压。

(3) 用饱和电抗器(阻流线圈)调节　饱和电抗器是串联在供电线路上的阻流线圈。如图 3.2.11 所示,铁心 2 上装有两个线圈,其中主线圈 1 与炉子的电热体串联,控制线圈 3 经可变电阻 R 接到直流电源上,调节 R,改变线圈 3 中的电流,即可改变线圈 1 的感抗,从而调节供给电热体的电压。

(4) 用不同的接线方法调节　改变电热体的接线方式亦可调节炉子的功率。比如炉子升温阶段需要的热量多,这时可接三相 380V 角形联结供电,给出较大功率。保温阶段需要的热量少,此时可在电压不变的情况下,改成星形联结供电,电热体两端的电压减少为原来的 $1/\sqrt{3}$,功率只有升温阶段的 1/3。

(5) 用晶闸管交流调功电路调节　调功电路将电阻炉与电源接通几个整周波,再断开几个整周波,通过改变接通周波与断开周波的比值来调节电阻炉所消耗的平均功率。

3. 温度控制

电阻炉的温度控制系统主要由测量、给定、比较、放大、执行等几个部分组成。按控制系统的结构,可分为仪表控制系统和计算机控制系统。

图 3.2.12 是电炉中应用最普遍的采用热电温度计的仪表控制系统示意图。在这一系统中,电炉的温度是用热电偶测量的,温度的高低转变成热电势信号输入到温度控制仪表中。

温度控制仪表把热电偶测得的温度值与原来仪表中设定的电炉温度给定值进行比较而得出两者的偏差，再根据偏差的大小和符号作适当的处理（放大、校正等）以后作为仪表的输出信号送到执行元件中。执行元件根据这个信号进行电炉输入功率的调节，使电炉温度保持在原来所设定的值上。

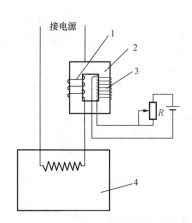

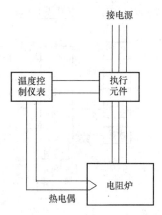

图 3.2.11　用饱和电抗器调节电压原理图
1—主线圈；2—铁心；3—控制线圈；4—电炉

图 3.2.12　采用热电温度计的电阻炉温度自动控制系统示意图

炉温的控制方式按控制结构的类型，可分为位式、连续和脉冲控制三种。

（1）位式控制　位式控制是通过仪表中控制触头的闭合位置和断开位置的转换来实现炉温控制的，执行元件是通常的接触器。这种控制方式装置简单、价格低廉，但温度波动较大。按电炉电路通断方式不同，位式控制又可分为两位控制、三位控制和时间比例控制。

两位控制所用的温度控制仪表只有一副控制触头，仅有闭合和断开两个位置。它的闭合或断开控制电磁接触器触头的闭合或断开，从而使电炉的电热体接到电源上或从电源断开。三位控制系统的控温仪表具有两副控制触头，因此可以实现电炉电热体的分级自动断路，或对三相电炉实现电热体角形和星形联结的转换，从而使电炉输入功率能自动分两级减小或增大，因而控制性能有所改善。

在时间比例控制系统中，仪表的控制触头每隔一定时间（一般是5~15s）接通和断开一次。接通时间的长短同电炉实际温度与仪表中设定温度的偏差值有一定的比例关系。电炉的实际温度比设定温度低得愈多，接触器接通的时间就愈长，输送给炉子的平均功率就愈大。

（2）连续控制系统　连续控制适合于对温度控制要求高的电阻炉，主要执行元件是饱和电抗器及磁性调压器等。电抗器的主线圈与电炉的电热体串联，控制线圈接到温度控制仪表的信号输出端上。当电炉的实际温度比仪表中设定的温度高时，温度控制仪表的输出电流减小，饱和电抗器铁心的饱和程度减弱，电抗器的电抗值增大，接在电热体上的电压降低，电炉的温度下降，向设定温度靠近。反之亦然。

（3）脉冲控制系统　脉冲控制系统为无触点控制，控制元件是两个反向并联的晶闸管。两个反向并联的晶闸管与炉子的电热体串联，触发回路与控温仪表连接。触发方式有相位控制和通断控制两种，详见第1章中的"工业交流调压电源基础"。

虽然脉冲控制输出的功率也是断续的，但间断时间很短，因此控制效果与连续控制差不多。

计算机控制系统近年来发展很快，它的控制精度高，系统功能强，控制算法灵活、运算速度快、实时性强，系统的可靠性高。

计算机炉温控制系统由微型计算机、接口设备、控制对象等共同组成。微型机通过接口设备与电阻炉相连接。控制系统的方框图如图 3.2.13 所示。

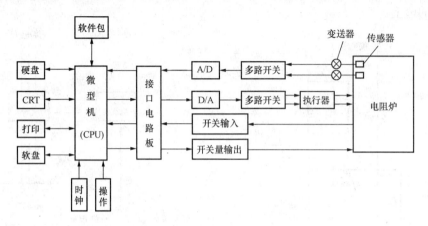

图 3.2.13　微型机炉温控制系统方框图

在计算机炉温控制系统中，主机（CPU）发出各种指令，并能进行数据处理、运算、报警检查和逻辑运算等，是系统的核心部分。接口及输入输出通道是主机与生产过程进行信息交换的纽带。温度参数检测信号的输入与控制信号的输出，均需通过接口及输入输出设备。通用外围设备是为扩大主机功能而设置的，如打印机、磁盘驱动器、CRT 显示器、报警器等。操作台部分是人机对话的联系纽带，人们通过键盘操作可以打入各种程序和命令。检测元件——热电偶等将温度信号转变成电信号，再由温度变送器等仪表转换成统一的标准信号，经接口电路送入微型机。

3.2.5　间接电热电阻炉的节电措施

间接电热电阻炉的主要节电措施如下：

（1）采用耐火纤维、轻质砖等轻质、高效隔热材料作炉衬，减少炉壁的散热和蓄热损失；用经济厚度的概念来确定炉衬各层材料的厚度，综合考虑热损失费用和材料费用，取得最佳的经济效益。

（2）加强炉门、炉盖及热电偶插孔等处的密封，提高气密性；尽量避免从炉外壁直通炉内壁的金属构件、防止热"短路"；减少进出炉的输送装置的重量，以免带出过多热量。

（3）炉内壁涂以高温涂料，提高传热强度；炉外壳涂上铝粉漆等，降低黑度，减少热辐射。

（4）可能的情况下，尽量采用大容量的炉子，减少单位产品的热损失；尽量采用连续式炉子，减少炉衬的蓄热损失。

（5）盐浴炉加保温盖或在熔盐表面撒一层石墨粉，减少辐射热损失。

（6）尽可能采用能耗少的流动粒子炉、远红外加热等新型设备。

（7）选用合理的技术参数，如适宜的加热能力、升温速度、装料量等。

（8）精确控制护温，提高成品率。

（9）改善炉内功率、温度分布，强化传热过程，提高生产率。

（10）改进操作，提高进、出料速度，减少炉门开放时间。

3.3 电 弧 炉

电弧炉是利用电弧的电热来熔炼金属的一种电炉。

电弧是气体导电的现象之一，通常称为弧光放电（气体导电现象在物理学中称为气体放电）。弧光放电是一种自激放电，表现为低电压（可以只是几十伏），电流密度大（可达每平方厘米几百安培），连续放出耀眼的弧光，产生的热量多，温度高。

在电弧炉中，存在一个或多个电弧，靠电弧放电作用，把电能转变成热能，供给加热熔炼物料所需的热。电弧的温度高，电热转变能力大，电热效率高，炉内气氛和炉子操作容易控制。主要用于炼钢，也用于熔炼铁、铜、耐火材料、精炼钢液等。电弧炉内的起弧方法是：将接在电源上的两根电极作短时间的接触（短路），而后分开，保持一定距离，在两极之间就会出现电弧。

目前工业上用的电弧炉主要有二类。第一类是直接电热式电弧炉。在这类电弧炉中，电弧发生在电极和被熔化的炉料之间，炉料受到电弧的接触（直接）加热。这类电弧护主要有交流炼钢电弧炉，直流电弧炉和真空自耗炉。第二类是矿热炉，是以高电阻率的矿石为原料，在工作过程中电极的下部一般是埋在炉料里面的。其加热原理是：既利用电流通过炉料时炉料电阻产生的热量，同时也利用了电极和炉料间的电弧产生的热量。所以又称为电弧电阻炉。

上述二类炉子的原理示意图分别如图 3.3.1（a）、（b）所示。

本节介绍直接电热式的交流炼钢电弧炉、直流电弧炉以及矿热炉。

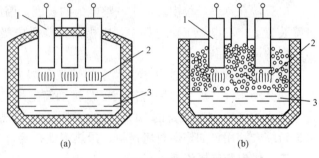

图 3.3.1 二类电弧炉的原理示意图
（a）直接电热式交流电弧炉；（b）矿热炉
1—电极；2—电弧；3—炉料

3.3.1 交流炼钢电弧炉

交流炼钢电弧炉是电弧炉中最主要的一种炉种，是钢铁冶炼工业中的重要冶炼设备。其优点是：①能量集中，熔池表面功率达 $560\sim1200kW/m^2$，电弧温度达 3000℃以上；可将钢水加热到 1600℃以上，能满足冶炼不同钢种的要求，温控方便；②工艺灵活性大，能有效地去除硫、磷等杂质，并对钢的成分进行控制；③与转炉比，可全部以废钢为炉料；④生产率高，电耗低（熔炼电耗 $350\sim600kW\cdot h/t$）；⑤占地面积小，投资费用少。其缺点是：①烟尘多，吨钢落灰 $2.5\sim8kg$；②噪声大，达 $90\sim120dB$；③电弧闪烁干扰电网。

成套炼钢电弧炉设备包括电炉本体、主电路设备、电炉控制设备和除尘设备四大部分。

一、电弧炉本体

炼钢电弧炉的本体主要由炉缸、炉身、炉盖、电极及其升降装置、倾炉机构等几部分构成，如图 3.3.2 所示。

炉缸一般采用球形与圆锥形联合的形状，底为球形，熔池为截头锥形。圆锥侧面与垂线成45°，球形底面高度约为钢液总深度的20％。球形底部的作用在于熔化初期易于聚集钢

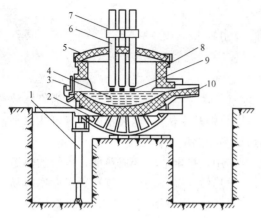

图 3.3.2　炼钢电弧炉示意图

1—倾炉用液压缸；2—倾炉摇架；3—炉门；4—熔池；
5—炉盖；6—电极；7—电极夹持器（连电极升降装置）；
8—炉体；9—电弧；10—出钢槽

液，既可保护炉底，不使电弧直接在炉底燃烧，又可加速熔化。熔渣覆盖钢液减少钢液吸收气体。圆锥部侧面与垂线成 $45°$，保证出钢时炉体倾动 $40°$ 左右，就可以把钢液出净，并且便于补炉。炉膛一般也是锥台形，炉墙倾角为 $6°\sim7°$。炉墙倾斜便于补炉，延长炉衬寿命。

电弧炉的电流非常大，以 10t 炉为例，每根电极电流约达到 13kA，因此要求电极有良好的导电性和一定的机械强度，同时能耐高温，通常采用人造石墨电极。石墨电极价格昂贵，其消耗指标直接影响炼钢成本，国内电极平均消耗约在 7kg/t 左右，先进指标为 4.5kg/t。三相炼钢电弧炉的三个电极经炉顶盖上的电极孔插入炉内，排列成等边三角形。

电弧炉在炼钢过程中要经常调整电弧的长度，因此用夹持器夹持电极，活动在一个电极升降装置上。在电炉工作过程中，电极的升降受电极自动调节装置的调节控制。

炼钢电弧护在炼钢时会产生大量的炉气和烟尘，为了改善车间劳动条件，炉上常装有排烟罩或排烟筒把炉气和烟尘排除掉。炉气中含有大量的 CO，有的工厂还把炉气收集起来进行综合利用，如作燃料烤钢包、预热钢铁料及合金料等。

二、供电与电器设备

炼钢电弧炉的主电路如图 3.3.3 所示，电炉通过短网、电炉变压器、电抗器、断路器和隔离开关接到高压电力网上。

1. 炉用变压器

电炉变压器是一种降压变压器。在炼钢电弧炉的工作过程中经常发生短路，因此要求变压器有一定的过载能力（过载容量 20%～30%），且能短时间工作在短路状态。其次级输出的是低电压（几十至几百伏）大电流（几千至几万安）。电弧炼钢用变压器应能按冶炼要求单独进行电压电流的调节，并能承受工作短路电流的冲击。

在变压器的高压侧配有电压调节装置，供在不同冶炼期调节电炉输入电压之用，该装置有无载和有载调节两种，变压器容量小于 10MV·A 者，可进行无载切换；容量在 10MV·A 以上者，一般应是有载调压方式。有载调压装置在结构上比较复杂，但能在不断电的情况下进行电炉电压的调节，有利于缩短电炉熔炼时间和提高电炉生产能力。电弧炉的电流控制，是由电弧炉变压器高压侧绕组分接头的切换和电极的升降来达到的。

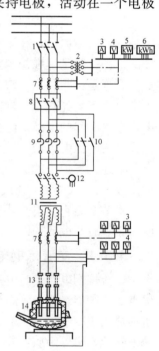

图 3.3.3　炼钢电弧炉的主电路（示例）

1—隔离开关；2—电压互感器；
3—电流表；4—电压表；
5—功率表；6—电能表；
7—电流互感器；8—断路器；
9—电抗器；10—电抗器短路开关；
11—电炉变压器；12—电动机；
13—软电缆；14—炼钢电弧炉本体

电炉变压器和电弧炉的容量比一般为 $0.4\sim1.2MV\cdot A/t$。对以废钢为原料熔炼普通钢的电弧炉，熔化期占整个冶炼周期绝大部分时间，因而加大电炉变压器的容量，可缩短熔炼时间，提高生产率，降低电耗。高功率和超高功率电炉就是出自这个思想设计的。而对于熔炼合金钢的炉子，由于精炼期比较长，精炼期所需功率远比熔化期小。若采用高功率和超高功率电炉，则应配备炉外精炼设备，而电弧炉只用来熔化炉料。

综上所述，与普通电力变压器相比，电炉专用变压器有以下特点：①有较大的过负荷能力；②有较高的机械强度；③有较大的短路阻抗；④有几个二次电压等级；⑤有较大的变压比；⑥二次电压低而电流大。

2. 电抗器

在熔化期由于炉料熔化、崩塌，常常造成短路，致使电流波动很大，电弧也不稳定。为了稳定电弧和限制短路电流，主回路中必须有一定的电抗。需要约等于变压器容量 35% 的电抗容量，串入变压器主回路中。大型电弧炉变压器，本身具有满足需要的电抗值，不需外加电抗器；而小于 $10MV\cdot A$ 的变压器，电抗不满足要求，需在一次侧外加电抗器，使得变压器短路阻抗和电抗器电抗之和达到 35% 的电炉变压器容量。电抗器的结构特点是：既使通过短路电流，铁心也不发生磁饱和。

电抗器可装在电炉变压器的内部，称为内附式；也可做成装在变压器外部的独立电抗器，称为外附式。

电抗器的存在使三相炼钢电弧炉的功率因数 <1。对于普通电弧炉功率因数范围在 $0.8\sim0.85$ 之间；对于高功率的电弧炉，在 $0.7\sim0.8$ 之间。

3. 高压断路器

高压断路器用来通断电流，还具有保护电源的功用，当短路或电流太大时，高压断路器自动跳闸切断电源。炼钢电弧炉对高压断路器的要求是：断流容量大；允许频繁动作；便于维修和使用寿命长。炼钢电弧炉高压断路器经常跳闸，多选用六氟化硫断路器、电磁式空气断路器、真空断路器等。

4. 电流互感器

电流互感器用来提供电流的测量和电极升降自动调节所需的电流信号。大型炼钢电弧炉的二次电流很大，无法配用电流互感器，因此，低压侧仪表都接到高压侧电流互感器上，或接在电炉变压器的第三绕组上（可变变比）。

5. 电磁搅拌器

为了强化钢液与熔渣反应，使钢液温度和成分均匀，在炼钢电弧炉炉底部，加装电磁搅拌器，如图 3.3.4 所示。

搅拌器由绕有两组线圈的铁心构成。它本身相当于电机的定子，溶池中的钢液相当于转子。搅拌器线圈中

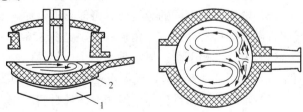

图 3.3.4 炼钢电弧炉钢液的电磁搅拌
1—电磁搅拌器；2—炉底

通以可产生移相磁场的两相低频电流（两相电流的相位差为 $90°$），磁场使钢液中产生感应电流，移动磁场与感应电流相互作用，使钢液在电动力的推动下，顺着移动磁场移动的方向流动，从而使钢液得到了搅拌。

采用电磁搅拌的电弧炉，其炉底要用非磁性钢板制成。为了改变电磁搅拌器的搅拌力，要求采用可调频率的低频电源，其频率在 0.5～1Hz 内调节。一般采用直接变频电源，直接变频电源的内容详见 1.6 节。

6. 短网

从电炉变压器二次侧出线端到电极的这段电路，因其长度仅 10～20m 左右，所以被称作短网。它包括变压器二次侧出线到母线的引线、母线、电缆、电极夹持器等。

短网虽短，但短网中的电阻和电抗对电炉操作和性能的影响却很大。特别是极大的电流，（几千安～几万安），在短网上造成的能量损耗尤为可观，它直接影响到电弧炉的电能利用率、产品的电能单耗。例如一台 5t 的炼钢电弧炉，通过每一电极的电流为 7kA，短网每相电阻为 1mΩ。如以 7kA 的恒定值工作 1h，则三相总消耗电能为

$$W = 3 \times 7000^2(1/1000) \times 1kW \cdot h = 147kW \cdot h$$

再如以冶炼一炉钢（假设其为 5t 钢液）历时 75min，则炼 1t 钢，短网约消耗电量 36.75kW·h。炼一吨普通碳钢理论电耗为 370kW·h，所以短网上的电耗约占有效电量的 10% 以上。

评价炉子短网结构与布线的合理性，主要看经济效果，但本质上还应看其电参数的大小，即各相短网导体的等效电阻、感抗及其电抗不平衡度。一般在设计或改进短网时应尽可能减少短网电阻，保证炉子有较高的电效率。

短网感抗值应该适当，过大或过小都不宜。可以用功率因数评估短网感抗是否适当。炼钢电弧炉的功率因数，按电流为正弦波的理论计算值，应在 0.8～0.9 范围，而实际炉的电流不是正弦波，平均功率因数只有 0.7～0.85。为了正确地把握短网电抗数值的大小，应考虑到如下几个因素：①使整个炉子回路具有一定的电抗数值、以保证电弧稳定燃烧；②应能保证炉子装置具有适当的功率因数；③炉子回路的电抗值应将其短路电流值限制在允许的范围之内，以保护主电路中各类电气设备；④保证炉子在有利的电力规范下运行，以充分发挥变压器的能力。

由上述可总结出对短网的要求：

（1）短网各部分的长度要尽可能短。

（2）为减少趋肤效应影响，充分利用母线截面，母线的厚度要小，矩形母线的宽厚比要大（母线厚度一般不超过 10～12mm，宽度为厚度的 10～20 倍）。

（3）电流方向不同的导线要尽可能靠近，使各导线的磁场互相抵消，即按"双线制"接线法在电极把持器处接成三角形联结，见图 3.3.5（a）。

（4）力争三相平衡。通常采用两个边相导体的截面和几何均距比中相的大，称为修正平面布置，如图 3.3.5（b），或等边三角形布置，如图 3.3.5（c）。

（5）母线的支撑件应尽可能用非磁性材料制成。

（6）短网材料一般用铜材制作。

（7）采用新技术，如：钢铜复合的全导电电极横臂或铝合金全导电横臂。

三、交流炼钢电弧炉对电能质量的影响

1. 产生高次谐波，偶次谐波与奇次谐波共存

电弧炉的冶炼过程分两个阶段，即熔化期和精炼期。在熔化期，相当多的炉内填料尚未熔化而呈块状固体，电弧阻抗不稳定。有时因电极都插入熔化金属中而在电极间形成金属性

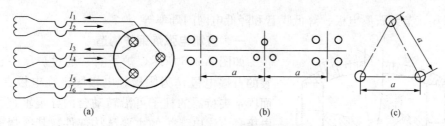

图 3.3.5 短网布置

(a) 在电极上接成三角形的双线制接线；(b) 修正平面布置；(c) 等边三角形布置

短路。由于电炉变压器和所串电抗器的总电抗的限制作用，短路电流不超过电炉变压器额定电流的 2～3 倍。不稳定的短路状态使得熔化期电流的波形变化极快，实际上每半个工频周期的波形都不相同。

在熔化初期以及熔化的不稳定阶段，电流波形不规律，故谐波含量大，主要是第 2、3、4、5、6、7 次谐波电流。据西北电研院实测，第 2、3、5 次谐波电流含有率常达 5％～6％及以上，严重时可达 20％以上。但当某一次谐波电流达到很大值时，其他次谐波电流一般会是较小值。

由于电弧炉负荷的随机性变化和非线性特征，在熔化期产生随机变化的谐波电流。除了离散频谱外、还含有连续频谱分量。含偶次谐波，表明电弧电流的正、负半周期不对称；含连续频谱和间谐波，表明电弧电流的变化带有非周期的随机性。

2. 导致电网严重三相不平衡，产生负序电流

在熔化期三相电流严重不平衡，不平衡电流含有较大的负序分量。电弧炉的基波负序电流较大，熔化期平均负序电流为基波正序电流的 20％左右。最大负序电流都发生在两极短路时，但这时谐波电流含量不大。当一相熄弧另两相短路时，电流的基波负序分量与谐波的等值负序电流可达正序的 50％～70％。这将引起公共供电点的电压不平衡，对电机的安全运行影响较大，尤其对大电机的影响更为严重。

3. 引起电压波动和闪变

大型电弧炉会引起对电网的剧烈扰动，有的大型炉的有功负荷波动，能够激起邻近的大型汽轮发电机的扭转振荡和电力系统间联络线上的低频振荡。此类冲击性负荷会引起电网电压波动。频率在 6～12Hz 范围内的电压波动，即使只有 1％，其引起的白炽灯照明的闪光，已足以使人感到不舒服，甚至有的人会感到难以忍受。尤其是电弧炉在接入短路容量相对较小的电网时，它所引起的电压波动（有时还包括频率波动）和三相电压不平衡，会危害连接在其公共供电点的其他用户的正常用电。

必须指出，电弧炉的电压波形变化是随机性的，所以当数台电弧炉同时运转时，它们引起的各种扰动不会和电弧炉的台数成正比，而是要小一定数值，一台 30t 的电弧炉的电能扰动影响比 6 台 5t 电弧炉的影响要大得多。从闪变影响来讲，6 台 5t 的电弧炉尚不及一台 10t 炉的影响大。电弧炉的谐波影响也是主要取决于最大一台炉的容量，而较少依赖多台炉的总容量。国内外经验表明，"超高功率"电弧炉有时成为当地最重要的谐波源和多种扰动源。但对于短路容量很小的电网，小电弧炉也能成为重要的谐波源。

3.3.2 直流电弧炉

工业规模直流电弧炉 1982 年在西德投产，发展迅速，显示了技术上和经济上的优越性，

如节能降耗，节约石墨电极、降低噪音和降低电网闪烁率等。

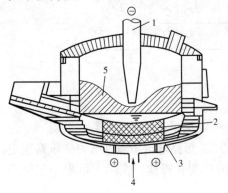

图 3.3.6　直流电弧炉

1—可动电极；2—镁碳砖底电极；3—铜板；
4—冷却空气；5—废钢

一、直流电弧炼钢炉炉构造

如图 3.3.6 所示，炉子有一通过炉顶中心垂直安装的石墨电极作为阴极。电极固定在电极夹持器里，而固定夹持器的柱子可沿转动台的导辊垂直移动。底电极是直流电弧炉的主要结构部件，其冷却槽露出在炉壳外，而控制系统和信号系统可以连续监视底电极状况，以保证设备的安全运行。

直流炉装有一支或多支石墨电极和一支或多支炉底电极。石墨电极是阴极，底电极是阳极，同时两电极保持在一条中心线上，以保证良好的导电性能。由于直流电不存在趋肤效应和邻近效应，在石墨电极截面中电流分布均匀，因此，电流密度可以取得大些。

电流相同条件下，直流电弧炉的石墨电极尺寸比交流电弧炉要小一点。底电极的材料，可以是镁碳砖石墨或普通碳钢。底部电极与溶液接触部分将被烧熔，但在每次倒完钢水后，残留在炉膛内的钢水在底部电极凝结成块，而沉积在底电极顶端，使之"再生"，为下一炉开炉做准备。因此，从"再生"意义上来说，用碳钢比石墨优越。直流电弧炉电弧的起动有三种方式。第一种方式是出钢以后残留一部分钢水，下一炉冶炼时增大废钢和底部正极的接触面以便于起弧。第二种方式和交流炉一样，直接起动，不过需要提高工作电压，这样电源设备的容量必须选得大些，导致利用率低。第三种方式是用起动电极作为正极起动电弧，起弧以后再进行正常冶炼。为了防止噪声和污染，起动电极进入炉子后还要封闭入口。起动电极用另外的电源起动，该电源应有足以起弧的电压，但电流小。电弧起动以后，电极还要移出。附加起弧电极使用复杂，大型直流电弧炉才考虑采用。

与交流电弧炉相比，直流电弧炉有下述优点：

（1）电弧稳定，因为电流方向始终是一致的。

（2）减少了耐火材料的消耗，因为只有位于炉中心的单根电极，对炉墙的烧损一致。

（3）自动调节器只有一相，维修容易，成本可降低 $1/2 \sim 1/3$。

（4）短网损耗降低，由电感引起的电耗几乎为零。

（5）石墨电极的消耗减少约 50%。

据意大利 Danieli 公司开发的新型直流电弧炉资料介绍，其直流电弧炉的技术指标为：电能单耗 $360 \sim 400 \mathrm{kW \cdot h/t}$，电极消耗 $1.2 \sim 1.7 \mathrm{kg/t}$，功率因数 $0.85 \sim 0.9$，电效率 $0.95 \sim 0.97$，电流波动比交流炉低 25%～30%。

二、供电

供给炉子的直流电源有两种整流方式。一种是用二极管不控整流与多挡变压器配合使用；另一种是晶闸管可控整流。前者造价较低，后者在技术上较先进，输出直流电压连续可调。电气设备包括电炉变压器、整流设备、直流电抗器、电炉控制系统及调节器等。

电炉变压器的二次侧有两组绕组，一组接成三角形联结，一组接成星形联结，如图

3.3.7 所示。整流设备一般采用12脉波整流电路，所产生的谐波电流次数为 $12k\pm1$ 次（$k=1，2，3\cdots$），最低次高次谐波电流的次数为11次。图3.3.7所示整流电路的工作原理详见1.3节中的"多重化整流电路"部分。

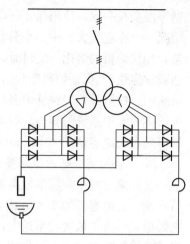

图 3.3.7　直流电源示意图

直流电压在200～500V之间，大炉子的电压较高。功率需要有20%的调节富余量，电效率约98%。

为了限制动态短路电流，必须有直流电抗器装置。如果没有直流电抗器，动态短路电流可能超过额定电流的两倍。

调节装置是利用电弧电流与电弧电压的比例关系来调节的。拖动电极的执行机构采用常规的电磁离合器、力矩电机、可控硅交流双电机等电动装置，或者液压装置。

3.3.3　炼钢电弧炉的节电技术

国家经贸委、国家计委2000年联合制定的《节约用电管理办法》附件中列出了九种高耗电产品，电炉钢是九种高耗电产品之一。该附件同时列出了九种高耗电产品电耗最高限额和国内比较先进指标，其中电炉钢的工艺单耗如表3.3.1所示。

表 3.3.1　　　　　　　　　　　　电炉钢工艺单耗 （kW·h/t）

钢　　　种	国内比较先进指标	2005 年限额
普通钢	500	600
特殊钢	600	650
铸造用电炉钢	500	700

炼钢电弧炉的用电单耗，在一定程度上反映了企业电炉炼钢的工艺和管理水平，它与炉料质量、布料情况、熔炼钢种和熔炼工艺等都有着十分密切的关系。近年来，全国各地都突出加强了电炉炼钢的节约用电工作，使电炉钢单耗逐年下降。各地采取的主要节电措施，大致有如下几点。

1. 改进炼钢工艺采用高功率炼钢法

采用吹氧助熔、以氧代矿"熔氧合一"、沉淀脱氧、同炉渣洗等新的炼钢工艺，使熔炼时间大大缩短，有效地降低了电炉钢用电单耗。有的企业则采用提高单位装入量（即吨炉料）的输入功率，即采用高功率熔炼的办法来加大熔化功率，缩短熔化时间，降低熔化期电能消耗。

2. 加强炉料管理，采取饱和炉次、超装炉料、正确合理配装炉料等办法减少各项热损失

电弧炉炼钢所用的原材料，大多为废钢铁、返回钢、生铁、精钢材、合金材料以及脱氧剂、氧化剂、增碳剂、造渣材料等，尤其是废钢铁，大小轻薄不同、高碳、低碳、合金与碳

钢等混杂在一起，使用保管时应尽量分类存放，不得混入泥沙杂物。炉料尺寸在条件允许的情况下，亦应按大、中、小分别堆放，装料时则宜合理搭配使用，以减少炉内"搭棚"现象，加快炉料的熔化。装料时，应按照"上疏下密、中间高四周低、炉口无大料"原则，以达到"穿快"、保证炉料顺利熔塌和熔化。底层装生铁，中间装厚钢料，四周装轻薄料，上层装钢、铁屑等，以保证炉温均匀，加速熔化。为了相对减少每吨钢的冶炼时间和渣量，减少炉体和水冷系统的蓄热、散热损失，每炉装料时应尽可能超装，通常小容量电弧炉，超装量可超过规定容量的 40%~50%。

3. 根据冶炼工艺的不同要求合理配电

在精炼过程中，应掌握高温氧化，中温还原、低温浇铸的原则，以实现优质、低耗。在熔化期，通电起弧的 10min 内，宜用二级电压供电，以稳定电弧和减少弧光损坏炉盖，待电弧稳定后再用最大功率送电，以加速熔化。熔化后期，为保护炉墙、炉盖不受损伤，可适当减少输入功率，直至氧化期的中后阶段，由于氧化放热反应剧烈、放出大量化学反应热，钢液升温快，此时，可用小功率供电（中级电压与电流）。在还原期加入稀薄渣料后则应采用中级电压和大电流，加入碳粉后，再输入中等功率，待渣形成后，又输入小功率。采用上述供配电办法，可对降低电耗起到良好作用。

4. 进行节电技术改造，降低用电设备损耗

5. 采用直流电弧炉代替交流电弧炉

电弧炉采用直流供电，具有电弧稳定，短网压降小，磁路涡流损耗小，电弧的热交换效率高，对电网无频繁的工作短路电流冲击等优点。它与常规的三相交流电弧炉炼钢相比，可使冶炼熔化期缩短 60%，电耗减少 22%，且使脱磷脱硫速度加快，且三相电流平衡、电弧稳定，噪声显著降低。

3.3.4　矿热炉

矿热电炉是靠电极的埋弧电热和物料的电阻电热来熔炼物料的一种电炉。

一、矿热炉与炼钢电弧炉的区别

矿热炉是电弧炉的一种，但与炼钢电弧炉相比，存在着许多差异，表现为以下几点。

1. 热源不完全相同

炼钢电弧炉的热量来自电弧的热辐射，而矿热炉中既利用电极和炉料间的电弧产生的热量，同时也利用了电流通过炉料时炉料电阻产生的热量。

2. 产品不同

炼钢电弧炉只生产钢液，而矿热炉的产品在出炉时则有固态（如铁合金），气态（如磷、锌等）和液态三类。其中大多数呈液态。气态的制品用管道收集，固态制品在炼毕后直接从炉内取出，而液态制品则从出口槽中流出。

3. 矿热炉可分成许多种

因产品不同，矿热炉可分成许多种，矿热炉的主要类型有：铁合金炉、冰铜炉、电石炉、黄磷炉、结晶硅炉等。矿热电炉的电耗很大，输入功率一般可达几千至数万千伏安，在国家经贸委、国家计委 2000 年联合制定的《节约用电管理办法》附件中列出的九种高耗电产品中，硅铁、电石、黄磷是其中的三个。矿热电炉主要类型的运行参数列于表 3.3.2。

表 3.3.2 矿热电炉主要类型的运行参数

<table>
<tr><th colspan="2">类 别</th><th>原 料</th><th>制成品</th><th>反应温度/℃</th><th>电耗/kW·ht⁻¹</th></tr>
<tr><td rowspan="3">铁
合
金
炉</td><td>硅铁炉
（75％硅）</td><td>硅石、废铁、焦炭</td><td>硅铁</td><td>1550～1700</td><td>8000～11000</td></tr>
<tr><td>铬铁炉</td><td>铬矿石、硅石、焦炭</td><td>铬铁</td><td>1600～1750</td><td>3200～6000</td></tr>
<tr><td>硅钙炉</td><td>石灰、硅石、焦炭</td><td>硅钙合金</td><td>－1600</td><td>12000～17000</td></tr>
<tr><td colspan="2">冰铜炉</td><td>铜镍矿石、焦炭、熔剂</td><td>冰铜</td><td>1200～1600</td><td>400～800</td></tr>
<tr><td colspan="2">电石炉</td><td>石灰石、焦炭</td><td>电石</td><td>1900～2000</td><td>1900～3000</td></tr>
<tr><td colspan="2">黄磷炉</td><td>磷钙石、磷灰石、硅石、焦炭</td><td>磷</td><td>1450～1500</td><td>10000～17000</td></tr>
<tr><td colspan="2">结晶硅炉</td><td>硅石、石油焦炭</td><td>结晶硅</td><td>1550～1700</td><td>13000～17000</td></tr>
</table>

电耗单位应为 kW·h·t^{-1}

4. 工作方式不同

炼钢电弧炉炼钢是一炉一炉炼的，这是一种间歇工作方式，而矿热炉除间歇方式外，还有连续式与半连续式。一般后两种方式用于气态和液态产品。

5. 矿热炉有多种外形

矿热炉除了圆形外形还有三角形、矩形、椭圆形等多种外形，如图 3.3.8 所示。圆形炉结构和炼钢电弧炉近似，三个电极仍按等边三角形布置在炉膛中间；矩形炉有三根或六根电极，呈直线排列。

6. 炉外壳不同

炼钢电弧炉外壳都是密封式的，而矿热炉除了密封式以外，还有敞开式的。敞开式炉子热量损失大，且严重污染环境。

7. 矿热炉的电极有石墨电极与自焙电极两种

大多数采用自焙电极。自焙电极是在用钢板

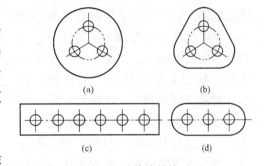

图 3.3.8 矿热炉的炉型
(a) 圆形炉；(b) 三角形炉；
(c) 矩形炉；(d) 椭圆形炉

焊成的圆筒内充填电极糊（电极糊用无烟煤、焦炭、沥青煤焦油等调成的糊状物），在炉子的高温下焙烧而成的。由于电极在冶炼过程中逐渐被烧损，所以每隔一段时间要把圆筒接长，并充以电极糊。

8. 矿热炉的功率因数高

矿热炉的电极埋在炉料中放电燃烧，而炉料的电阻变化小，所以电流、电压的波动也小，工作平稳。也正因为如此，所以不用考虑限制短路电流，因此供电回路的总电抗可以尽量做得小，于是功率因数就高。

9. 矿热炉的高压断路器工作条件较好

矿热炉的三相不平衡程度也较炼钢电弧炉小。又因矿热炉工作平稳，不会经常出现短路，所以高压断路器的工作条件也较好。

二、矿热炉的构造

矿热电炉是成套设备，即由炉体、机电设备及相关设备三大部分组合而成的生产系统。

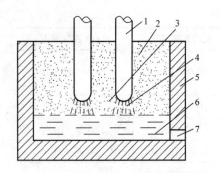

图 3.3.9　矿热电炉的结构与电热特点
1—电极；2—物料；3—电阻电热；
4—电弧电热；5—炉体；
6—熔体；7—放出口

炉体是构筑体，是主体设备，其中的重要部件是电极。机电设备是与炉体配套的设备，如变压器、短网、电极夹持与升降装置、进出料机械等。相关设备包括变电所、供水系统、除尘装置等。

矿热电炉的结构与电热特点如图 3.3.9 所示，电极埋入料层或炉渣中，在端部形成电弧。矿热电炉和炼钢炉的电弧不一样，它是无数微弧的集合。除电弧电热外，电流由一个电极经过料层或炉渣到另一个电极时，在炉料或炉渣中还产生电阻电热（即焦耳热）。多数以电弧电热为主，两者的比例随生产条件而变化。因此，这种电炉又叫埋弧电炉或电弧电阻炉。

这种电炉现代基本是三相电炉，直流矿热电炉尚在开发中。

三、矿热炉的供电电路与电器

图 3.3.10 所示是冰铜矿热电炉的供电电路，它与铁合金炉的电路基本相同，供电电路可分为两个主要部分：主回路和辅助系统。主回路是电炉的电源电路，辅助系统包括炉子的保护、检测、控制等回路和电气设备的电源。

主回路包括高压和低压两部分。高压部分从总变电所配电装置开始，由隔离开关、高压断路器、电炉变压器高压绕组和变压器电压级转换开关等组成。低压部分包括电炉变压器低压绕组、短网、电极夹持装置、电极及熔池的导电区。

矿热电炉的主要电器有高压隔离开关、高压断路器、互感器、高压熔断器、电炉变压器、短网及电极系统。

高压隔离开关的作用是检修时用以隔离电源，以避免在带有负荷的情况下进行操作。

高压断路器的作用是在高压线路带有负荷的情况下闭合与切断电路，并在发生短路时能切断短路电流。

电流互感器的作用是把大电流变成小电流。电压互感器的作用是把高电压变成低电压。小电流或低电压供给测量

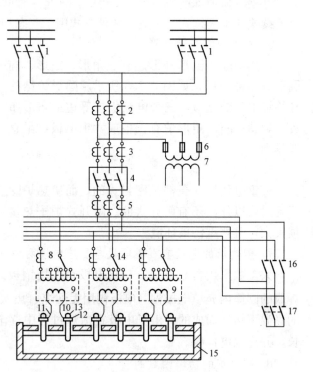

图 3.3.10　矿热电炉的供电系统
1—离压隔离开关；2—电流表和功率表的 TA；3—保护回路的 TA；4—高压断路器；5—测量回路的 TA；6—高压熔断器；7—测量电压的 TV；8—电炉自动控制的 TA；9—电炉变压器；10—母线束；11—可绕软线；12—铜瓦；13—电极；14—电压转换开关；15—电炉；16—△形联结转换开关；17—Y 形联结转换开关

仪表和继电保护装置。

高压熔断器是保护电压互感器的设备。

电炉变压器的作用是把高电压小电流变成低电压大电流，供给矿热电炉冶炼用。电炉变压器的工作原理和一般电力变压器相同，但工作条件很恶劣，因此应能经受短时间内的大量超负荷而且绕组绝缘不受损坏；其构件应有高强度，以抵抗电流突然变化时所产生的机械应力。变压器的一次侧绕组有若干抽头，这样二次电压便可调整。

变压器在运行中铁心和线圈均产生热量，因此需要冷却，一般采用强制油循环水冷却。在冷却系统中，变压器上部的热油被油泵抽入冷却换热器中，在这里油的热量被逆向循环的水带走。冷却后的油再被打入变压器下部，作为冷却介质去冷却变压器铁心和线圈。这样循环冷却可保证变压器温度不致过高，能正常运行。

冰铜炉和铁合金炉一般均采用三台独立的单相变压器供电。三台变压器可以集中在一起，也可以分散配置，后者的优点是短网对称。采用三台单相变压器的好处是万一有一台变压器发生故障，仍可用两台变压器按开路角形供电，炉子不致停产，只是功率降为正常功率的 57.5%。

短网将变压器的电能输送到电极上，布置原则和炼钢电弧炉相同。矿热炉（特别是铁合金炉）的工作电压低而电流很大，因此要求精心配置短网，通常采用复线型短网，尽量使三相阻抗平衡，并且电效率和功率因数较高。若短网三相阻抗不平衡，则相间功率转移可能很严重，甚至炉子不能正常运行。矩形炉容易发生这个问题。例如有台 6MV·A 矩形炉，当工作电流为 20.7kA 时，各相功率的百分数是 24.6%，33.4%，42.0%，$\cos\varphi$ 为 0.92；电流增为 34kA 时，功率分布更不均匀，为 15.4%，33.4%，51.2%，$\cos\varphi$ 为 0.77。

四、矿热炉的监控装置

矿热电炉的监控装置主要有电流表、电压表、功率表、功率因数表、电能表、温度计、压力计、流量计、各种信号装置、继电保护装置、电极升降装置等。

电流表接在高压侧电流互感器二次回路中，测量电炉变压器的一次电流。电压表接在电压互感器的二次侧，测量变压器的二次电压，即工作电压。功率表指示炉子功率的瞬时值。功率因数表测量炉子的功率因数。电能表测量炉子的用电量。温度计测量炉子各部分及冷却水、烟气的温度。压力计测定炉膛、烟道的炉气压力。流量计测定冷却水、烟气的流量。信号装置给出电极位置信号、高温信号、跳闸信号等。继电保护装置用于电炉过负荷或故障短路时断开电源、保护设备。

电极升降装置用于调节电极的埋入深度。电极埋入深度是矿热电炉重要的控制参数。当熔池面的高度或炉渣与炉料的成分、温度变化时，炉子的工作电阻随之变化。当工作电压一定时，炉子的功率也发生变化。通过调整电极埋入深度，可以使功率保持在稳定的水平上，并可实现适宜的炉内功率分布，使冶炼过程顺利进行。

电极的自动控制可采用无触点功率调节器，也可采用微机控制。功率调节器包括电流和电压变送器、调节装置和执行机构。其工作原理是测量每个电极电路的工作电阻，并将电阻测定值与给定值进行比较，根据偏差的正负和大小，发出升降电极的指令，使真实电阻达到给定电阻值。电极的微机自动控制是一项新技术，近年来已在我国的铁合金炉和有色金属冶炼炉上试验成功并投入运行。

3.4 感 应 炉

感应炉是利用感应电流在物料内流动产生热而把物料加热的一种熔炼和加热设备。

3.4.1 感应炉概述

一、感应炉的工作原理

感应炉的工作原理是：交流电通入感应器时产生交变的电磁场，使位于磁场中的导电性物料中产生感应电动势和电流，感应电流在物料内流动时克服自身的电阻作用而产生热。

感应炉按工艺分类可分为感应熔炼炉和感应加热设备；按结构分类可分为无心感应炉和铁心感应炉；无心感应熔炼炉按电源频率不同，分为高频（50～500kHz）感应炉、中频（0.15～10kHz）感应炉和工频感应炉三种。一般来说，炉子容量愈大，所用的供电频率愈低。

图3.4.1和图3.4.2分别是无心感应炉和铁心感应炉的原理图。

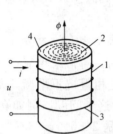
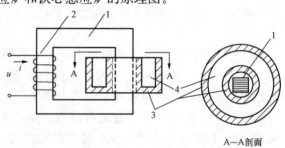

A—A剖面

图3.4.1 无心感应炉原理图　　　　　　　图3.4.2 铁心感应炉原理图
1—坩埚；2—涡流；3—感应器；4—被加热物料　　1—铁心；2—感应器；3—坩埚；4—被加热物料

概括地说，感应电热过程是电变磁变电变热的过程，如下所示

$$u \rightarrow i \rightarrow \phi \rightarrow e_e = -N\frac{\mathrm{d}\phi}{\mathrm{d}t} \rightarrow i_e \rightarrow i_e^2 r = Q$$

这三个过程同时进行，是个复杂过程。

二、感应炉的用途

感应炉主要用途是：

（1）熔炼金属。

（2）金属在锻压和轧制等作业前的加热。

（3）机械加工工件的表面淬火。

（4）工件钎焊加热等。

三、感应炉的优缺点

和其他类型电炉相比较，感应炉的优点主要是加热速度快，设备生产率高，氧化损失少；它不仅可以加热物料的全部，也可以只加热物料的某一部分，如图3.4.3所示，以避免加热变形和减少电耗；易实现机械化和自动化；无烟尘，劳动条件好。

感应炉的缺点主要是电气设备比较复杂，中频和高频感应炉需要变频电源设备；感应器的电效率不高；技术要求较高。

3.4.2 无心感应炉

无心感应炉系统原理图如图3.4.4所示。系统由感应器、电容器、接触器和测量仪表，

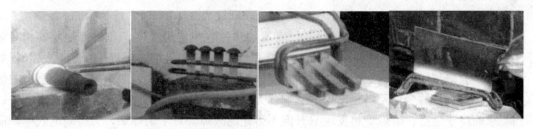

图 3.4.3　感应加热可以只加热物料的某一部分

以及交流电源等部分组成。对于小功率的装置，这些部分组装在一起，对于大功率装置，每一部分的尺寸相当大，独立成为一个设备。

　　将物料放在感应器中，感应器两端加频率为 f 的交流电，则物料因电磁感应作用而被加热。从电工的角度看，这相当于一个空心变压器，供入一次侧（感应圈）的电能，经过互感作用传递给二次侧（物料）。感应器和物料两者中的电流方向相反。由于趋肤效应，物料中电流沿其表层流动，该表层形成的圆筒相当于空心变压器的二次侧。因此，无心感应电炉在电热原理上相当于二次侧只有一匝的空心变压器。

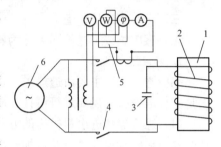

图 3.4.4　无心感应炉系统原理图
1—被加热物料；2—感应器；3—电容器；
4—接触器；5—测量仪表；6—交流电源

一、趋肤效应

　　趋肤效应又称集肤效应，当交流电通过导体时，各部分的电流密度不均匀，导体内部电流密度小，导体表面电流密度大，这种现象称为趋肤效应。趋肤效应使导体的有效电阻增加。频率越高，趋肤效应越显著。

　　利用感应加热的趋肤效应，很容易实现工件的表面加热、表面淬火、透热。

　　淬火工艺是将钢加热到某一温度，保持一定时间，然后以适当速度冷却以获得一定组织的热处理工艺。淬火的目的是提高硬度、强度、耐磨性以满足零件的使用性能。淬火工艺应用最为广泛，如工具、量具、模具、轴承、弹簧和汽车、拖拉机、柴油机、切削加工机床、气动工具、钻探机械、农机具、石油机械、化工机械、纺织机械、飞机等零件都在使用淬火工艺。

　　控制加热功率、频率或加热时间就可控制加热深度和加热温度，就可获得不同深度的淬硬层及硬度。国内外大量的实验经验证明：感应加热是表面淬火最理想的一种加热方式。

　　透热工艺是将工件的整个截面都被热渗透，用于金属材料在锻造、冲压、挤压、轧制等热加工前的加热，以及带材、管材、线材的退火等。

　　感应透热所用电源的频率比感应淬火所用电源的频率低。

二、合宜工作频率

　　在感应炉中电流的频率是重要的参量，工作频率过高过低都不好。感应加热的电热效率 η 和电流频率 f 相关。和最佳电热效率对应的电流频率，称为合宜工作频率。

　　无心感应加热的合宜工作频率为（Hz）

$$f_{su} \geqslant K_f \frac{\rho_m}{\mu_m d^2}$$

式中，ρ_m 为物料的电阻率（$\Omega \cdot m$），μ_m 为物料的相对磁导率，ρ_m 和 μ_m 的值是随温度改变

的；K_f 为合宜频率系数，对于平板为 1.58×10^6，圆柱为 3.10×10^6，球体为 5.83×10^6。

上式说明，频率要适当偏高，所以 ρ_m 宜取加热过程中的最大值。非磁性物料的相对磁导率趋近 1，而磁性物料（例如钢材）μ_m 在居里点突变，变化很大，理论上宜采取双频加热，如果采取单频加热，只好按加热后期温度作为计算温度。其次，对于熔炼炉，要考虑熔炼过程中物料直径的变化及料径不均的影响。无心炉的频率过低，加热炉升温缓慢以至于达不到要求的终了温度，熔炼炉将发生只升温不熔化的故障。对于熔炼炉，为提高电效率，应尽量提高频率。

三、无心感应炉构造

无心感应炉按工艺不同可分为感应透热设备和感应熔炼炉。

1. 感应透热设备

感应透热设备主要由透热炉、进出料设备、电源设备和控制设备等部分组成。通常透热炉是非标准设备，需要进行设计、施工、调整和维护。

（1）感应器和进出料机构的方式。确定感应器和进出料机构的主要依据是加热方式和物料的几何形状与尺寸，以及对加热部位的要求，物料是全部或者局部加热。

感应器是炉子的最基本结构。为了保证电热效率高，物料和感应器之间的间隙应尽可能的小，所以不可能用一个感应器加热各种形状与尺寸的物料，最好是只用来加热一种形状与尺寸固定的物料，至多只用来加热形状与尺寸相近的一组物料。

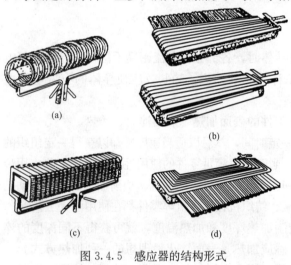

图 3.4.5 为几种深透加热常用的感应器结构形式。圆筒形感应器用于加热圆柱形物料；扁筒形感应器用于加热板带材，管棒材端头；方筒形加热器用于加热方锭；缝形感应器用于短锭的排列加热或物料的端部加热。

感应透热炉中，被加热物料由进出料机构推入炉中，同时把加热器中加热完毕的物料顶推出来。进出料机构间隔一定时间动作一次，用电磁阀控制其动作程序。加热作业方式可以是连续加热，也可以是间歇加热。连续加热时，炉中同时存在有几根物料，进出料不停电。间歇加热时，炉中只有一根长的物料，

图 3.4.5　感应器的结构形式

（a）圆筒形；（b）扁筒形；（c）方筒形；（d）缝形

进出料时停电。

（2）透热炉的构造。图 3.4.6 为连续加热感应炉的结构，炉子用于圆坯锻造前的加热。装料槽中的物料一个接一个地沿导向轨道移动，在移动过程中完成加热过程。

2. 无心熔炼炉

无心感应熔炼炉主要由电炉本体、电气配套设备，以及相应的机械传动和保护装置组成。

无心感应熔炼炉不仅用途广泛，而且炉子容量、供电频率、炉体的结构方式以及热工特点等差异很大。

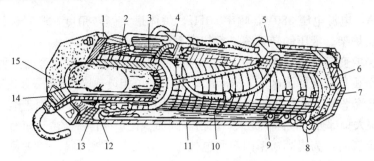

图 3.4.6 连续加热感应炉的结构

1—感应器；2，11—木梁；3—耐火套筒；4—进水口；5—出水口；6，15—石棉混凝土衬板；7—隔磁屏；
8—感应器的抽头；9—供电触头；10—输电母线；12—电源引入端；13—被加热物料；14—滑道

这种炉子的特点之一是功率因数低，通常只有 0.1～0.25 左右。为把炉子的功率因数调整到 1，需要并联大容量的补偿电容器。

无心感应熔炼炉按电源频率不同，分为高频（50～500kHz），中频（0.15～10kHz）和工频炉三种。一般来说，炉子容量愈大，所用的供电频率愈低。

（1）工频无心熔炼炉。

工频无心熔炼炉是 20 世纪 40 年代发展的炉子，最初用于熔炼铸铁，后来用来熔化铜和铝基合金。由于不需要变频设备，因此发展迅速。图 3.4.7 是工频无心感应熔炼炉的炉体结构。

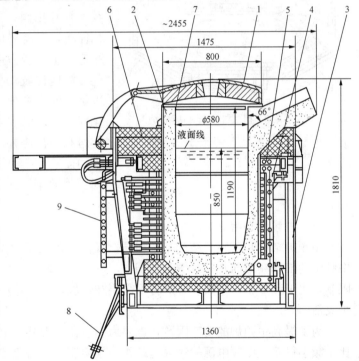

坩埚就是感应炉的炉体，按被熔金属的不同而采用不同的材料制成，如碱性坩埚、中性坩埚、石墨坩埚以及用于熔炼镁、铝及其合金的钢坩埚或铸铁坩埚。坩埚内壁敷以耐火炉衬。

感应器一般用紫铜管弯成，并把它紧固在炉架上，与炉架组成整体。工作时，管中须通水冷却。感应器有分段式、单层或多层等结构形式。对没有调压设备的炉子，线圈还需要有抽头，以便调节输入功率。

图 3.4.7 SL71-105 工频无心感应熔炼炉

1—炉盖；2—坩埚；3—炉架；4—扼铁；5—感应器；
6—耐火砖；7—坩埚模；8—可绕汇流排；9—冷却水系统

炉架用来支撑坩埚与装置感应器。架子可由倾炉机构倾斜，以便放出坩埚中的钢液。倾炉机构由液压传动。

炉子装料时由起重装置将炉盖吊离后，从炉顶装入。

SL71-105 工频无心感应熔炼炉用于熔炼铜合金及铁合金，额定容量 1.5t，坩埚尺寸 ϕ580mm×1190mm，熔化最高温度 1600℃，每炉熔化时间 2～3h，额定功率 420kW，供电容量 560kV·A，电源电压 380V，频率 50Hz，炉体最大倾转角度 90°，倾转速度 2°~4°/s。炉子分成炉体、炉架、液压倾转系统、冷却水系统等四个部分。

工频炉不需要变频设备，这是一大优点。但需要补偿大容量的电容器。另外，因为这种电炉本身多是单相负载（如图 3.4.11 所示），为了把单相负载均匀地分配到三相电力网上去，使三相的负载电流平衡，还需要有一定数量的平衡用电容器。这种炉子用于电容器的费用占电气设备费用的很大一部分，且体积庞大，所占车间面积比炉体自身所占车间面积大很多。

在熔炼轻金属时，为提高功率因数和电效率，熔铝采用钢坩埚，熔镁采用石墨坩埚。这时主要由坩埚完成电热转换，传热给物料。

工频无心熔炼炉用于钢、铸铁、铜和铝等有色金属及其合金的熔炼和保温。平均单耗（kW·h/t）：钢和生铁为 530~580，铜为 380~400，黄铜为 300~320，铝为 450~500；功率因数：对于钢和铸铁为 0.17~0.25，对于铝为 0.12~0.17。

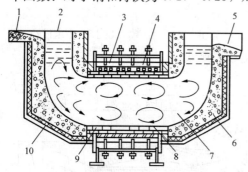

图 3.4.8　卧式工频无心感应炉

1—出渣口；2—加料口；3—磁扼；4—感应线圈；
5—出铁口；6—耐火混凝土炉衬；7—铁水；
8—耐火砖；9—衬砖；10—保温砖

上述的工频无心感应炉都是立式炉。随着铸铁生产的发展，出现了一种卧式的工频无心感应熔炼炉，其结构如图 3.4.8 所示。这种电炉可连续加料和出料，进行连续生产。它的优点是：结构简单，不需要倾炉机构；与同等容量的立式炉相比，生产能力可提高 20%~30%；耐火材料各部分温度比较均匀，且不受急冷急热的影响，所以炉衬的寿命比较长；金属暴露表面少，所以氧化损失少；电炉容量可以做得较大。缺点是电炉起熔和炉衬修补困难。该炉适用于大规模生产铸铁的连续生产和保温。国外容量从 13t 到 90t 的系列，生产能力为 5~40t/h，电炉输入功率为 2.5~20MW。

（2）中频无心熔炼炉。

中频炉结构和工频炉结构基本相同，工作原理与工频炉相似，但也有不可忽视的差异。中频炉的工作频率通常是 0.15~10kHz，与工频炉相比，中频炉容量要受到中频电源设备的限制，比工频炉小。中频炉开炉时不需要开炉块，起熔速度也较工频炉快，使用上也较工频炉灵活。

为了提高中频炉的功率因数，也要为感应器并上补偿电容器，但补偿电容器的电容量要比工频小得多。中频电源的输入是三相工频交流电，对于工频电网它是三相对称负载；而中频电源的输出是单相，所以不需要容抗平衡装置。中频炉的供电方式和功率调节方法与感应透热炉相同。

这种炉子已有系列产品。对于炼钢电炉系列及派生系列，最小容量约 20kg（钢），最大达 20t（功率为 4400kW），冶金电耗为 625~800kW·h/t。用它熔炼有色金属及其合金的电能单耗：铜 400~500kW·h/t，镍 650~700kW·h/t，黄铜 220~360kW·h/t，银 200~320kW·h/t，铜镍合金 425~570kW·h/t。

（3）高频无心熔炼炉。

高频炉的工作频率通常是 50~500kHz，适合于实验或小规模生产，供特种钢和特种合金熔炼使用。装料量一般在 50kg（钢）以下，输入功率在 100kW 以下。炉体部分结构简单，感应线圈铜管的外面一般不作绝缘处理，坩埚的倾倒采用手动机构。

高频炉起熔容易，可以处理碎料，熔池稳定，熔体凸起高度小，产品质纯且金属损耗小。

高频炉的电能单耗较高，为中频炉电耗的 2～3 倍，容量为 10kg（钢）的炉子输入功率为 30～60kW，熔化时间为 15～25min，电能单耗为 1500～2000kW•h/t。

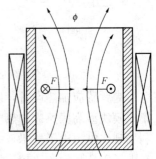

无心熔炼炉在熔炼过程中，为使炉温均匀，金属中的各种成分分布均匀，就需要对金属熔液进行搅拌。无心熔炼炉中，利用电动现象对金属熔液进行搅拌，如图 3.4.9 中箭头所示。由于物料中感应电流与感应器磁通之间的相互作用，使坩埚中的金属熔液受到沿径向由边缘指向中心的电动力 F 的作用，金属熔液受到电动力 F 的挤压而得到搅拌（电磁搅拌），如图 3.4.9 中箭头所示。

图 3.4.9　无心熔炼炉中的电动现象

四、无心感应炉供电

1. 中频和高频无心感应炉的变频电源

无心感应炉按照加热所需的工作频率，电源分为：工频（50Hz）、中频（0.15～10kHz）、高频（50～500kHz）三种。中频和高频交流电都是采用一定的变频装置，把工频交流电转变为中频交流电或高频交流电。把工频交流电转变为中频交流电有三种方式：中频机组、电力电子变频器、倍频变压器。

（1）中频机组。

中频无心感应炉的电源设备，在过去较长时间内几乎都是采用中频发电机组，中频发电机组是一种特殊结构的发电机，直接励磁线圈和中频输出线圈都嵌在电机的定子槽里，转子没有线圈，在转子周围有许多凸齿，当转子旋转时，由于凸齿位置的改变引起中频输出线圈的磁力线数量发生变化，输出线圈即输出中频交流电。我国定型生产多种系列的变频机组，输出功率为 50～1000kW，频谱为 0.5、1、2.5、4、8kHz，额定输出电压为 375/750V 或 750/1500V。

（2）电力电子变频器。

随着电力电子技术的发展，用电力电子间接变频电路作中频感应炉的电源逐渐普及。关于电力电子间接变频的内容详见第 1 章。电炉用电力电子中频变频电源的输出频率最高到 10kHz，输出功率一般为 50～1000kW。它的电能转换效率比中频发电机组高，一般超过 90%，而中频机组只有 85% 左右；运行可靠，维护简单，运行中没有噪音；体积小，重量轻，重量只有同容量的中频机组的 1/3～1/10，因此在制造中可节省许多钢材和硅钢片；安装简单，制造方便。由于电力电子中频变频电源的诸多优点，除特殊情况（如要求电源频率严格固定）外，电力电子中频变频电源将取代中频发电机组。

（3）倍频变压器。

倍频变压器也可用来作为感应炉的中频电源。它是一种特殊结构的变压器，如图 3.4.10 所示。在其一次侧输入三相工频交流电，二次侧产生 3 倍、5 倍或 9 倍的中频交流电。变频效率约 92%，输出功率最大的到 2000kW 左右。

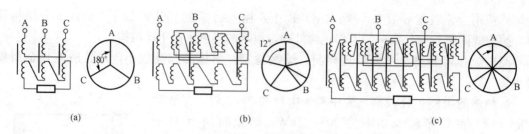

图 3.4.10 倍频变压器原理图

(a) 3 倍频变压器接线法；(b) 5 倍频变压器接线法；(c) 9 倍频变压器接线法

高频感应加热设备，以前采用大功率电子管高频振荡器作为加热电源。最近几年出现了集成模块型高频感应加热电源。集成模块型高频感应加热电源是依据现代自适应控制理论，利用现代电力电子技术，采用功率 POWER MOSFET 器件及 IGBT 模块技术生产的产品。与电子管高频设备比较，集成模块型高频感应加热设备节电达 70%，节水 80%，外围辅助设施投资减少 75% 以上，无万伏高压，安全可靠，是取代老式电子管高频感应加热电源的理想设备。

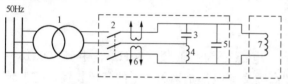

图 3.4.11 工频炉单相供电原理图

1—变压器；2—接触器；3—电容器；4—电抗器；5—补偿电容器；
6—电流互感器；7—炉体（加热器）

2. 无心感应炉主电路

无论电源频率如何，感应炉供电的基本组成部分都相同，工频加热可以是单相供电，也可以是三相供电。容量小的工频炉采用单相供电，图 3.4.11 是工频炉单相供电电路原理图。

采用单相供电时三相电流严重不平衡，从而破坏了电网的正常运行。工频无心感应炉感应器的电抗很大，所以炉子的功率因数很低（通常只有 0.1~0.25 左右），影响了电源的利用率。为了提高功率因数，把单相负载均匀地分配到三相电网，使三相的负载电流平衡，需给感应器并联上一个补偿电容器 C_B，把它的功率因数补偿到 1，然后再用平衡电容器 C_P 与平衡电抗器 L_P 与并联上 C_B 后的感应器接成一个三角形负载，接到三相电源上，如图 3.4.12（a）所示。

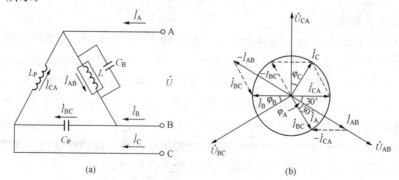

图 3.4.12 工频无心感应炉三相平衡装置

(a) 原理接线图；(b) 相量图

只要这个三角形联结的负载满足下列条件，它就是一个三相平衡负载。

（1）感应器与补偿电容器 C_B 并联后的功率因数为 1。

(2) $2\pi f L_P = \dfrac{1}{2\pi f C_P} = \dfrac{\sqrt{3}U_1}{I_{AB}}$，此时 $I_{BC} = I_{CA} = \dfrac{1}{\sqrt{3}}I_{AB}$

式中，U_1 是电源线电压。

（3）三角形负载与电源的连接必须正确，图 3.4.12（a）是电源相序为 ABC 时的正确接线。

满足上述条件时，电路相量图如图 3.4.12（b）所示。图中 $\dot{I}_A$、$\dot{I}_B$、$\dot{I}_C$ 为线电流，它们大小相等，彼此相位差 120°，是三相对称电流；电流都呈感性。

当感应线圈的匝数改变时，C_B 和 C_P、L_P 等都需随之一起改变，以保证三相负载的平衡。

无心感应炉采用三相供电时，三相负载趋近平衡。三相供电用于功率大的炉子。三相供电有两种方式：其一是三个独立的单相加热器，有独自使用的进出料装置；其二是三相加热器直接或通过变压器与工厂的三相电源连接。三相加热器有三个感应圈，顺序地排成一行。

3.4.3 铁心感应炉

一、铁心感应熔炼炉

铁心感应熔炼炉主要用于熔炼铜与铜合金。图 3.4.13 所示是一种铁心感应炉的示意图。炉子由熔池、熔沟炉衬（炉底石）、感应器及炉壳等组成。熔沟炉衬中有一或两条环沟，其中充满和熔池联通的熔体，称为熔沟。铁心炉铁心由硅钢片制作，感应圈套在铁心上。炉子上部是熔炼室（熔池），炉子下部是"电热器"，由它完成电热转换。显然，炉子下部相当于一个铁心变压器，它的二次侧是熔沟。

铁心感应炉的电效率很高，一般是 0.95～0.98，接近于电力变压器，远远超过无心感应炉。功率因数也较高，熔炼黄铜时为 0.7 左右，熔炼锌、铸铁时为 0.8 左右。之所以如此，基本原因是有了铁心。硅钢片是优良的导磁体，导磁率比空气大数十倍，有了用它做的铁心，

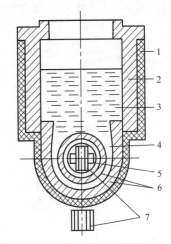

图 3.4.13 暗沟式有心感应炉示意图
1—炉壳；2—绝热层；3—熔池；4—熔沟；
5—感应线圈；6—熔沟炉衬；7—铁心

磁感增强，磁漏减小，因此在炉子容量和有功功率、电流频率等条件相同的情况下，铁心感应炉所需的安匝数（$I \cdot N$）比无心感应炉小很多，而炉子的无功功率及感应器的有功损耗都与（$I \cdot N$）^{2} 成正比。所以和条件相当的无心感应炉比较，铁心感应炉的电效率高，功率因数高。熔体所受的电动力，也是和（$I \cdot N$）^{2} 成正比，而且熔沟在熔池的下面，所以铁心炉熔池中电动循环较差，熔池液面不凸起。

铁心炉的熔沟与炉底结构复杂，工作条件不好，易损坏。目前受耐火材料的限制，只适用于处理铜、锌及其合金和铸铁等熔炼温度不太高的物料，不适于用来炼钢。再者更换品种比较困难。铁心炉正常工作的一个重要条件是熔沟中金属是液体，每次熔炼后不能把熔体全部倒光，必须残留 1/3 左右的熔体，成为起熔体。若要更换熔炼品种，必须预先更换起熔体，这种方法操作困难，是很难做到的。

二、铁心感应炉供电

铁心感应炉采用工频电，供电设备简单，供电方式主要取决于炉子的容量，有单相供

电、两相供电、三相供电。铁心炉的磁感大，不必提高电流的频率即可保证物料吸收到必要的电功率。

铁心感应炉通常采用的工作电压是 380V 和 500V。提高工作电压可减少感应线圈和馈电线路损失，提高电效率，降低电能单耗。由于铁心感应器散热能力有限，温度比较高，绝缘困难，因此限制了工作电压的进一步提高。

有心炉的电气配套设备视电炉容量的大小和机械化程度的不同而繁简不一。图 3.4.14是这种电炉的几种主电路接法。（a）和（b）接车间电网，或者几台炉子共用一台电源变压器，适用于功率小的炉子。（c）和（d）由专用的电源变压器供电，接工厂高压网路，称为单独供电，它的供电效率较高。为了在炉子工作和开炉时能够均匀地调整炉子的功率，这种炉子一般配置自耦变压器。为了提高炉子功率因数，常在电炉感应圈上并联补偿电容。补偿电容量是可调的，如（c）和（d），以适应电炉工作中功率因数的变化。当把大功率的单相电炉接到三相电网时，为了使三相电流平衡，线路中还配备平衡电容器和电抗器，如图（c）所示。

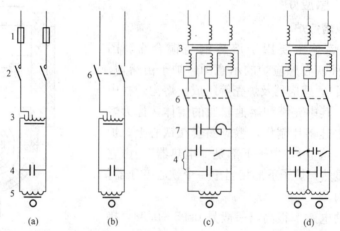

图 3.4.14　有心感应熔炼炉的主电路（示例）
1—熔断器；2—接触器；3—电路变压器；4—补偿电容；5—电炉（感应器和熔沟）；
6—自动开关；7—平衡电容器和平衡电抗器

3.4.4　感应熔炼炉的节电技术

感应熔炼炉具有产品质量好、铸件成本低、劳动强度小、环境污染少、熔炼快、热效率好等许多优点，但是，也存在如何节约电能的问题。特别是无心感应熔炼炉，更应该引起重视。无心感应炉与有心感应炉相比较，不存在熔沟强度的问题，它可以强功率输入，很方便地连续或间断生产，炉子的开停简单，工频无心感应炉的电效率比有心感应炉低，电能损耗大，一般感应器损耗占 18%～31%，线路损耗占 8%～9%，热损耗占 6%～12%，而用于炉料加热的功率约占 47%～67%左右（而有心炉可达 80%）。因此，合理选择炉型，尽可能使炉子处于最佳运动状态，减少电能损耗，以便得到更好的经济效果，必须注意以下几方面的问题。

一、减少炉子的能量损耗

（1）根据生产任务的安排，应尽可能增大炉子的容量，合理增加装炉量，以降低电能消耗。

（2）选择合适的炉衬厚度，据实际测定，炉衬厚度为 140mm 时，电效率为 79.6%，厚度为 160mm 时，电效率为 78.6%，理想的壁厚应能满足坩埚所能承受外力作用的机械强度。3t 炉的壁厚取 110mm，0.75t 炉的壁厚取 70mm 较为合适。

（3）提高炉子的单位功率，加快熔化速度，以缩短熔化时间。

二、操作上的节电

（1）采用预热炉料进行熔化，炉料预热温度在 400℃ 左右为宜，以缩短熔化时间。

（2）采取密封炉盖熔炼，严禁开盖熔炼。由于感应炉内的电磁搅拌作用，金属剧烈运动，如开盖熔炼，金属液面向空间介质的热辐射是很大的，以熔化铸铁为例，铁水在 1450℃ 时辐射损耗达到 354kW/m²，1500℃ 时为 397kW/m²。反之，如加上炉盖，辐射热损耗将会下降为十几分之一。

复 习 思 考 题

3.1.1　工业电炉通常由哪几部分组成？

3.1.2　按电热方式不同电炉可分为哪几大类？本章主要介绍哪几种电炉？

3.1.3　就电炉规模和耗电量而言哪个行业是应用工业电炉最多的行业？其次是哪个行业？

3.1.4　电炉有哪些优点？

3.2.1　电阻炉的应用有哪些？

3.2.2　本章主要介绍了哪两种直接电热电阻炉？间接电热电阻炉有哪几种？

3.2.3　为什么间接电热电阻炉是工业生产和科研中应用最广泛的一种电炉？

3.2.4　间接电热电阻炉中热量从炉子的电热体向被加热物料传递的类型有哪三种？

3.2.5　远红外加热电阻炉的远红外线辐射源由哪几部分组成？

3.2.6　箱式电阻炉属于哪种传热型的炉子？

3.2.7　盐浴炉按热源位置不同分为哪两种？

3.2.8　电渣炉的用途是什么？其自耗电极是用什么制成的？与其他重熔设备（如真空自耗电弧炉、电子束熔炼炉等）相比电渣炉的主要优点是什么？

3.2.9　新型电炉电热流动粒子炉分为哪两种？电热流动粒子炉的优点是什么？

3.2.10　间接电热电阻炉的供电一般采用多少伏？什么情况下采用降压变压器？

3.2.11　间接电热电阻炉常用的功率调节方式有哪几种？

3.2.12　间接电热电阻炉的温度控制系统主要由哪几个部分组成？按控制系统的结构可分为哪两种？

3.2.13　间接电热电阻炉炉温的控制方式按控制结构的类型不同可分为哪三种？

3.2.14　间接电热电阻炉的主要节电措施有哪些？哪种间接电热电阻炉的能耗少？

3.3.1　目前工业上用的电弧炉主要有哪几类？

3.3.2　电弧炉中最主要的一种炉种是什么？其优点是什么？

3.3.3　成套炼钢电弧炉设备包括哪几大部分？

3.3.4　炼钢电弧炉的本体主要由哪几部分构成？

3.3.5　炼钢电弧炉主电路是由哪些电气设备构成的？

3.3.6　与普通电力变压器相比炼钢电弧炉专用变压器有哪些特点？

3.3.7　炼钢电弧炉主电路中电抗器的作用是什么？电抗器的容量取多大？电抗器的结构特点是什么？为什么三相炼钢电弧炉的功率因数<1？

3.3.8　炼钢电弧炉主电路中高压断路器的作用是什么？炼钢电弧炉对高压断路器的要求是什么？多选用哪几种断路器？

3.3.9　炼钢电弧炉主电路中电流互感器的作用是什么？大型炼钢电弧炉的二次侧能否配用电流互感器？

3.3.10　炼钢电弧炉电磁搅拌器为什么要求采用可调频率的低频电源？其频率在什么范围内调节？一般采用直接变频电源还是间接变频电源？

3.3.11　什么是短网？短网由哪几部分组成？

3.3.12　为什么说短网中的电阻和电抗对炼钢电弧炉操作和性能的影响很大？

3.3.13　对炼钢电弧炉短网的要求是什么？

3.3.14　交流炼钢电弧炉对电能质量产生了哪些影响？

3.3.15　交流炼钢电弧炉在熔化期所产生的谐波电流的频谱有何特点？这表明电弧电流的变化有何特性？

3.3.16　交流炼钢电弧炉所产生的负序电流将引起什么后果？

3.3.17　为什么数台交流炼钢电弧炉同时运转时引起的电压波动和闪变不会和电弧炉的台数成正比而是要小一定数值？

3.3.18　与交流电弧炉相比直流电弧炉有哪些优点？

3.3.19　直流电弧炉的直流电源一般采用多少脉波的整流电路？所产生的最低次高次谐波电流的次数是多少？输出直流电压范围是多少？

3.3.20　炼钢电弧炉的主要节电措施有哪些？

3.3.21　矿热炉与炼钢电弧炉的差异表现在哪些方面？

3.3.22　矿热炉可分成哪几种？

3.3.23　为什么矿热炉的功率因数高？高压断路器的工作条件较好？

3.3.24　矿热炉是由哪几大部分组合而成的成套设备？

3.3.25　在矿热炉成套设备中，炉体的重要部件是什么？机电设备有哪些？相关设备有哪些？

3.3.26　冰铜矿热电炉与铁合金炉的供电电路分为哪两个主要部分？

3.3.27　冰铜矿热电炉供电电路主回路的高压部分由哪些电器组成？低压部分包括哪些电器？

3.3.28　矿热电炉的主要电器有哪些？

3.3.29　矿热电炉的供电系统中有哪几类电流互感器？

3.3.30　矿热电炉的监控装置中主要有哪些仪表和装置？

3.4.1　感应炉的主要用途有哪些？

3.4.2　简述感应炉的工作原理。

3.4.3　无心感应炉系统由哪几部分组成？

3.4.4　什么是趋肤效应（集肤效应）？趋肤效应使导体的有效电阻如何变化？是否频率越高趋肤效应越显著？

3.4.5　为什么说感应加热是表面淬火最理想的一种加热方式？

3.4.6　为什么感应透热所用电源的频率比感应淬火所用电源的频率低？

3.4.7　无心感应炉按工艺不同可分为哪两种电炉？

3.4.8　无心感应熔炼炉按电源频率不同分为哪三种？一般来说炉子容量愈大所用的供电频率愈低还是愈高？

3.4.9　工频无心感应熔炼炉为什么需要有一定数量的平衡用电容器？

3.4.10　中频无心感应熔炼炉是否需要平衡用电容器？为什么？中频无心感应熔炼炉是否需要为感应器并上补偿电容器？补偿电容器的电容量比工频无心感应熔炼炉的大还是小？为什么？

3.4.11　高频无心感应熔炼炉的工作频率通常是多少？

3.4.12　用于中频无心感应炉的变频电源，有哪三种方式把工频交流电转变为中频交流电？

3.4.13　高频感应加热设备有哪几种高频感应加热电源？

3.4.14 铁心感应熔炼炉的用途是什么?

3.4.15 为什么和条件相当的无心感应炉比较铁心感应炉的电效率高功率因数高?

3.4.16 为什么铁心感应炉采用工频电而不采用较高频率的交流电?铁心感应炉通常采用的工作电压是多少?

3.4.17 感应熔炼炉的节电技术有哪些?

第 4 章 电 焊 机

　　焊接是一种将两个分离的固态物体永久连接成一体,并成为具有给定功能结构的制造技术。如果这一焊接工艺是直接利用电能来完成的,就称电焊。

　　电焊机就是直接利用电能,通过适当的手段,使两个分离的金属物体(同种金属或异种金属)产生原子(分子)间结合而连接成一体的加工设备。

　　电焊加工是一项重要的金属加工工艺,是金属连接的最重要方法。据统计,在各国的钢产量中,约有 60% 左右经过电焊工艺进行加工。电焊不仅可以解决各种钢材的连接,而且还可以解决铝、铜等有色金属及钛、锆等特种金属材料的连接,因而广泛地应用于机械制造、造船、海洋开发、汽车制造、机车车辆、石油化工、航空航天、原子能、电力、电子技术、建筑及家用电器等行业。

　　我国的"神舟号"飞船,运载"神舟号"的长征系列火箭;我国自行设计制造的导弹驱逐舰和导弹;举世瞩目的三峡工程 28 台 700,000kW 的水轮发电机组;以及石油化工企业大型的球罐,批量生产的汽车车身等都采用的是全焊结构。图 4.0.1 是焊接中的世界最大的三峡水轮机转轮,图 4.0.2 是焊接中的三峡水电站蜗壳。现在正在进行的几千公里长的西气东输的管道工程,管道的制造(包括在厂房里边的制造和在野外的焊接),焊接都是最主要的工艺。现在世界上从外层空间到深海水下,从一百万吨的大油轮到头发丝几十分之一粗细的集成电路片引线,在生产中都不同程度地依赖焊接技术。焊接已经渗透到制造业的各个领域,直接影响到产品的质量、可靠性和寿命以及生产的成本、效率和市场反应速度。焊接同时又是安全要求非常高的一种先进工艺,是现代制造技术的重要内容。

图 4.0.1　焊接中的世界最大三峡水轮机转轮 (15 叶片)　　　图 4.0.2　三峡水电站焊接中的蜗壳

　　不同的金属、不同的产品特点、不同的生产条件,需要不同的电焊方法,每种电焊方法都需要配用一定的电焊机。电焊机包括焊接电源、机械系统、控制系统及其他一些辅助设备。本课程只介绍电焊机中的焊接电源部分。电焊机的种类很多,有电弧焊机、电阻焊机、高能束焊机、钎焊机及其他不同程度专业化的电焊机。

　　本章重点介绍用得最多的电弧焊机和电阻焊机,简单介绍电子束焊、激光焊、钎焊以及焊接机器人和焊接专机的应用，并讨论电焊机的节电技术。

4.1 电 弧 焊 机

电弧焊机由焊机本体、弧焊电源和控制系统三个基本部分组成。电弧焊是目前应用最广泛的焊接方法。它包括有焊条电弧焊、埋弧焊、钨极气体保护电弧焊、等离子弧焊、熔化极气体保护焊等。

4.1.1 电弧焊焊接方法简介

绝大部分电弧焊是以电极与工件之间燃烧的电弧作为热源的。在形成接头时，可以采用也可以不采用填充金属。所用的电极是在焊接过程中熔化的焊丝时，叫作熔化极电弧焊，诸如焊条电弧焊、埋弧焊、气体保护电弧焊、管状焊丝电弧焊等；所用的电极是在焊接过程中不熔化的碳棒或钨棒时，叫作不熔化极电弧焊，诸如钨极氩弧焊、等离子弧焊等。

1. 焊条电弧焊

焊条电弧焊是各种电弧焊方法中发展最早、目前仍然应用最广的一种焊接方法。图 4.1.1 所示是焊条电弧焊焊接部分工作示意图。它是以外部涂有涂料的焊条作电极和填充金属，电弧是在焊条的端部和被焊工件表面之间燃烧。涂料在电弧热作用下一方面可以产生气体以保护电弧，另一方面可以产生熔渣覆盖在熔池表面，防止熔化金属与周围气体的相互作用。熔渣的更重要作用是与熔化金属产生物理化学反应或添加合金元素，改善焊缝金属性能。

焊条电弧焊设备简单、轻便，操作灵活。可以应用于维修及装配中的短缝的焊接，特别是可以用于难以达到的部位的焊接。焊条电弧焊配用相应的焊条可适用于大多数工业用碳钢、不锈钢、铸铁、铜、铝、镍及其合金的焊接。

2. 埋弧焊

埋弧焊是以连续送进的焊丝作为电极和填充金属。焊接时，在焊接区的上面覆盖一层颗粒状焊剂，电弧在焊剂层下燃烧，将焊丝端部和局部母材熔化，形成焊缝。

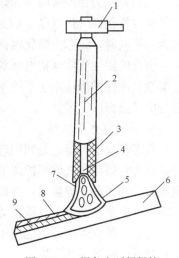

图 4.1.1 焊条电弧焊焊接
部分工作示意图

1—焊钳；2—焊条；3—药皮；4—焊条芯（焊料）；5—电弧；6—焊件；7—熔滴；8—熔渣；9—焊缝

埋弧焊可以采用较大的焊接电流。与焊条电弧焊相比，其最大的优点是焊缝质量好、焊接速度高。因此，它特别适于焊接大型工件的直缝和环缝，而且多数采用机械化焊接。

埋弧焊已广泛用于碳钢、低合金结构钢和不锈钢的焊接，多在船舶、压力容器、管道和钢结构件的制造中使用。由于熔渣可降低接头的冷却速度，故某些高强度结构钢、高碳钢等也可采用埋弧焊焊接。

3. 钨极气体保护电弧焊

这是一种不熔化极气体保护电弧焊，是利用钨极和工件之间的电弧使金属熔化而形成焊缝的。焊接过程中钨极不熔化，只起电极的作用。同时由焊炬的喷嘴送进氩气或氦气作保护。还可以根据需要另外添加填充金属，在国际上通称为 TIG 焊。

钨极气体保护电弧焊是连接薄板金属和打底焊的一种极好方法。这种方法几乎可以用于所有金属的连接，尤其适用于焊接铝、镁这些能形成难熔氧化物的金属以及像钛和锆这些活泼金属。这种焊接方法的焊缝质量高，但与其他电弧焊相比，其焊接速度较慢。

4. 等离子弧焊

等离子弧焊也是一种不熔化极电弧焊。它是利用电极和工件之间的压缩电弧（转移电弧）实现焊接的。所用的电极通常是钨极。产生等离子弧的等离子气可用氩气、氮气、氢气或其中二者的混合气。同时还通过喷嘴用惰性气体保护。焊接时可以外加填充金属，也可以不加填充金属。等离子弧焊的生产率高、焊缝质量好。但等离子弧焊设备（包括喷嘴）比较复杂，对焊接工艺参数的控制要求较高。

5. 熔化极气体保护电弧焊

这种焊接方法是利用连续送进的焊丝与工件之间燃烧的电弧作热源，由焊炬喷嘴喷出的气体来保护电弧进行焊接的。

熔化极气体保护电弧焊通常用的保护气体有氩气、氦气、CO_2 气或这些气体的混合气。以氩气或氦气为保护气时称为熔化极惰性气体保护电弧焊（在国际上简称为 MIG 焊）；以惰性气体与氧化性气体（O_2，CO_2）的混合气为保护气时，或以 CO_2 气体或 CO_2+O_2 的混合气为保护气时，统称为熔化极活性气体保护电弧焊（在国际上简称为 MAG 焊）。

熔化极活性气体保护电弧焊可适用于大部分主要金属的焊接，包括碳钢、合金钢。熔化极惰性气体保护焊适用于不锈钢、铝、镁、铜、钛、锆及镍合金。利用这种焊接方法还可以进行电弧点焊。

6. 药芯焊丝电弧焊

药芯焊丝电弧焊也是利用连续送进的焊丝与工件之间燃烧的电弧为热源来进行焊接的，可以认为是熔化极气体保护焊的一种类型。所使用的焊丝是药芯焊丝，焊丝的心部装有各种组成成分的药粉。焊接时，外加保护气体，主要是 CO_2。药粉受热分解或熔化，起着造气和造渣保护熔池、渗合金及稳弧等作用。

药芯焊丝电弧焊可以应用于大多数黑色金属各种厚度、各种接头的焊接。药芯焊丝电弧焊在我国已得到迅速发展。

4.1.2 焊接电弧的电特性

1. 电弧的静特性

当弧长一定电弧稳定燃烧时，两电极间总电压 U 与电流 I 之间的关系曲线称为电弧静特性曲线，如图 4.1.2 所示。

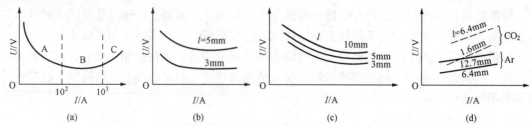

图 4.1.2　电弧静特性

（a）电弧静特性全部；（b）焊条电弧焊的电弧静特性；
（c）钨极氩弧焊的电弧静特性；（d）熔化极气体保护焊的电弧静特性

从图 4.1.2 中可以看到全部电弧静特性可以分为三个区段：A 段，电流密度较小，随着电流增加，电弧电压急剧下降，这一段为下降特性，也称为负阻特性。B 段，电流密度中等，随着电流增加电弧电压几乎保持不变，这一段是水平特性，也是负阻特性。C 段，电流密度大，随着电流增加，电弧电压也随之明显上升，这一段是上升特性。图 4.1.2 中也给出了各种不同条件下的电弧静特性。

2. 电弧的动特性

所谓焊接电弧的动特性，是指在一定的弧长下，当电弧电流很快变化的时候，电弧电压和电流瞬时值的关系。

如图 4.1.3 中的电流由 a 点以很快的速度连续增加到 d 点，则随着电流增加，使电弧空间的温度升高。但是后者的变化总是滞后于前者。这种现象称为热惯性。当电流增加到 i_b 时，由于热惯性关系，电弧空间还没有达到 i_b 对应的稳定状态的温度。由于电弧空间温度低，弧柱导电性差，阴极斑点和弧柱截面积增加较慢，维持电弧燃烧的电压不能降至 b 点，而是高于 b 点的 b′点。以此类推，对应于每一瞬间电弧电流的电弧电压，就不再是在 abcd 实线

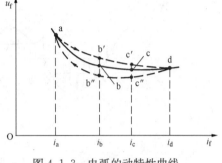

图 4.1.3　电弧的动特性曲线

上，而是在 ab′c′d 虚线上。这就是说，在电流增加的过程中，动特性曲线上的电弧电压比静特性曲线上的电弧电压高；反之，当电弧电流从 i_d 迅速减小到 i_a 时，同样由于热惯性的影响，电弧空间温度来不及下降。此时，对应于每一瞬间电弧的电压将低于静特性曲线上的电压，而得到 dc″b″a 曲线。图 4.1.3 中的 ab′c′d 和 dc″b″a 曲线为电弧的动特性曲线。电流按照不同规律变化时，将得到不同形状的动特性曲线。电流变化速度愈小，静特性、动特性曲线就愈接近。

3. 交流电弧的电特性

焊接电弧按电流种类可分为交流电弧、直流电弧和脉冲电弧（包括高频脉冲电弧）。

采用工频交流电时，交流电弧的电流值每秒钟 100 次经过零点。电流经过零点瞬间，电弧中带电粒子进行复合，电弧要熄灭。过零点后重新点燃，这种再点燃电弧的过程称为再引弧。再引弧所需电压称为再引弧电压，用 U_r 表示。

交流电弧的原理电路如图 4.1.4 所示。图 4.1.4（a）中，焊接回路中串入电阻，其电弧燃烧过程中的电压电流波形示于图 4.1.4（a）左侧。当电源电压 u 低于电弧电压 u_a 时，电流为零，电弧熄灭。当电源电压改变极性重新达到再引弧电压 U_r 时，电弧中才再引燃，电流 i 渐增。这样瞬时熄弧时间较长，电弧很不稳定。图 4.1.4（b）电路中串入电感，电弧电流滞后于电源电压，电流为零时，下半波电源电压瞬时值已达到再引弧电压，电弧电流便可成为连续的，电弧燃烧稳定。可见，为使交流电弧的电流能够连续，交流电路中应接入足够大的电感。

4. 焊接电弧的引燃

焊接电弧的引燃有接触引燃与非接触引燃两种方式。

（1）接触引燃。接触引燃是电极（焊条或焊丝）与焊件在直接接触（短路）的状态下突然拉开（断路）而使电极与焊件间产生电弧的一种引燃方式。手工电弧焊都采用这种引燃方式。

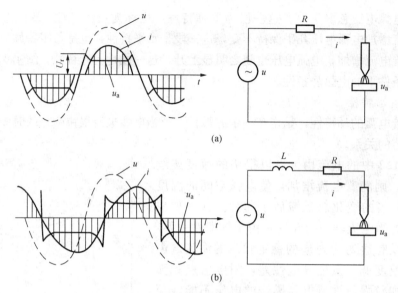

图 4.1.4　交流电弧电压电流波形

(a) 电阻性电路；(b) 电感性电路

（2）非接触引燃。非接触引燃是在电极与焊件间没有接触的状态下，在电极与焊件间加上 $10kV/cm$ 的高电压，使它们之间的空气击穿，产生气体游离，发展成电弧的引燃方式，多用于除手工电弧焊以外的各类弧焊机上。

4.1.3　弧焊电源

一、弧焊电源的作用及其基本组成

弧焊电源是电弧焊设备中的核心部分，是用来为焊接电弧提供电能并保证焊接工艺过程稳定的一种专用设备。

我国的工业电网采用三相四线制交流供电，频率为 $50Hz$，相电压为 $220V$，线电压为 $380V$。而电弧负载，在常用的电弧焊的区段上，电压约为 $20\sim40V$，电流在几十至上千安。工业电网的电压远高于一般电弧焊的需要，而且威胁焊接操作者的人身安全，因此在工业电网与焊接电弧负载之间必须有一种能量传输与变换装置，这就是弧焊电源。弧焊电源的首要功能是将电网电压降低到适合电弧工作的电压。弧焊电源的基本组成部分就是一降压变压器。根据变压器工作原理，降压变压器在降低电压的同时提供大的输出电流，这也恰好满足焊接电弧大电流特性的要求，一般焊接电源的输出电流在 $30\sim1500A$。变压器的另一个重要作用就是它的阻抗变换作用，大大降低了负载短路时对电网的冲击，因为在电弧焊中，电弧短路是不可避免的，甚至是一种焊接工艺上的特殊需要。

弧焊电源中的变压器有两种基本形式。一种是直接将工业电网电压降低的变压器，也称为工频变压器，这是传统弧焊电源的主要组成部分。在工频变压器中，独立作为交流电源使用的采用单相变压器，为直流电源配套的则多为三相变压器。另一种是工作在 $20kHz$ 的中频变压器，这种变压器必须借助专用的逆变电路才能工作，这就是所谓逆变电源。同等功率的 $20kHz$ 中频变压器的体积和重量仅为工频变压器的十几分之一。

二、对弧焊电源的基本要求

弧焊电源的负载是电弧，弧焊电源的电气性能应适应电弧负载的特性，即应满足弧焊工

艺对电源的下述要求：保证引弧容易、保证电弧稳定、保证焊接规范稳定、具有足够宽的焊接规范调节范围。

为满足上述工艺要求，弧焊电源的电气性能应考虑以下三个方面：

（1）对弧焊电源外特性的要求。

（2）对弧焊电源调节性能的要求。

（3）对弧焊电源动特性的要求。

上述几点是对弧焊电源的基本要求。此外，在特殊环境下（如高原、水下和野外焊接等）工作的弧焊电源，还必须具备相应的对环境的适应性。随着焊接工艺的发展，对弧焊电源还可能提出新的要求。

1. 对弧焊电源外特性的要求

弧焊电源的外特性是指在规定范围内，弧焊电源稳态输出电流与输出电压的关系。为了能稳定地向焊接电弧提供能量，要求电源的外特性曲线必须与电弧的静特性曲线有稳定交点，保证焊接电弧稳定燃烧和焊接参数稳定的稳定工作点。

图 4.1.5 中，弧焊电源外特性（曲线 1）与电弧静特性（曲线 2）相交于 A_0，A_1。如果弧长偶尔由 l 增加到 l_1，则工作点将由 A_0，A_1 移到 A_0'，A_1'。一旦弧长恢复到原来的长度 l，原来在 A_0' 点的电源电压高于电弧电压，因此焊接电流将增加，而电源电压将下降，一直恢复到 A_0 点为止。在 A_1' 点，当弧长恢复到原来弧长 l 后，电源电压高于电弧电压，焊接电流将增加，工作点不可能回到 A_1 点而是移到 A_0 点。因此说 A_0 点是稳定工作点，A_1 点是不稳定工作点。

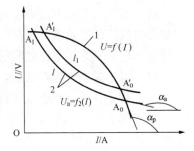

图 4.1.5　电源——电弧系统
稳定工作条件

在 A_0 点，电弧静特性的斜率为 $\tan\alpha_a$，电源外特性斜率为 $\tan\alpha_p$，可见

$$\tan\alpha_a < \tan\alpha_p \qquad\qquad (4.1.1)$$

称式（4.1.1）为电源——电弧系统稳定工作条件。也就是在电源外特性与电弧静特性交点处，电弧静特性斜率小于电源外特性斜率就是系统稳定工作的条件。符合上述稳定条件的工作点称为稳定工作点。

电源的外特性是一个非常重要的基本特性。尤其是弧焊电源的负载——焊接电弧的导电特性不同于一般线性电阻，而且由于受焊丝及工件熔化的影响，在不同的焊接过程中有很大的差异。为适应不同的弧焊方法，相应的弧焊电源应有不同的外特性。弧焊电源按其外特性不同分为下降特性电源和平特性电源两大类，如图 4.1.6 所示。

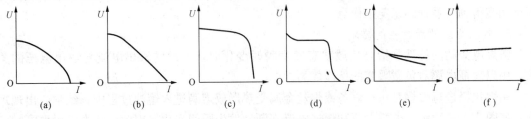

图 4.1.6　弧焊电源外特性
(a)、(b)、(c)、(d) 下降特性；(e)、(f) 平特性

下降特性是指当电弧长度变化等因素引起电弧电压变化时，焊接电流只有很小的变化。根据变化的程度不同，下降特性又分为缓降特性、陡降特性以及垂降特性三种。其中垂降特性又称之为恒流特性的伏安特性。下降特性的弧焊电源适合于非熔化极及焊丝熔化速度较慢的熔化极焊接方法，如钨极氩弧焊、手工电弧焊和埋弧焊等。

平特性是指电弧长度变化等因素引起焊接电流变化时，电弧电压保持恒定。平特性的弧焊电源适合于焊丝熔化速度较快的熔化极焊接方法，如 MIG，MAG 和 CO_2 气体保护焊等。

无论下降还是平特性的弧焊电源，都要求输出电流或输出电压有一定的调节范围，对于恒流特性电源，要求输出电流调节范围不小于额定输出值的 20%～100%。对于恒压特性电源，要求输出电压调节范围在 10～40V。

2. 对弧焊电源调节性能的要求

弧焊电源能输出不同工作电压、电流的可调性能称为电源的调节特性，它是通过电源外特性的调节来体现的。

对于不同的焊接方法，符合某种约定关系的负载电压与负载电流称为约定负载电压与约定焊接电流。约定负载电压与约定焊接电流必须是在无感电阻下测定的。几种电弧焊的约定负载电压与约定焊接电流之间的关系如下：

(1) 对于焊条电弧焊电源，$U=20+0.04I$。

(2) 对于 TIG（钨极气体保护电弧焊）电源，$U=10+0.04I$。

(3) 对于 MIG（熔化极惰性气体保护电弧焊）/MAG（熔化极活性气体保护电弧焊）电源，$U=14+0.05I$。

(4) 对于埋弧焊，下降特性的按 (1) 的规定，平特性的按 (3) 的规定。

式中，U——负载电压（约定电压）（V）；

$\quad\quad I$——负载电流（约定电流）（A）。

对于焊条电弧焊，电流超过 600A 时，约定负载电压保持 44V 不变；对于 TIG 焊，电流超过 600A 时，约定负载电压保持 34V 不变。

焊接时需根据被焊工件的材质、厚度与坡口形式等选用不同的焊接工艺参数，而与电源有关的焊接参数是电弧工作电压 U_f 和工作电流 I_f。为提供不同焊接工艺约定的负载电压和负载电流，电源必须具备可以调节的性能。弧焊电源的参数调节主要是通过改变外特性斜率或移动位置，使之与电弧静特性曲线有适合的稳定交点（稳定工作点，如图 4.1.5 中的 A_0点）来实现的。同时，对应于一定的弧长，只有一个稳定工作点。因此，为了获得一定范围所需的焊接电流和电压，弧焊电源的外特性必须可以均匀调节，以便与电弧静特性曲线在许多点相交得到一系列的稳定工作点。

3. 对弧焊电源动特性的要求

弧焊电源的动特性是指当负载状态发生瞬时变化时，电源的输出电流与输出电压的关系，用以表征电源对负载瞬变的反应能力。

用熔化极进行弧焊时，在焊条或焊丝金属受热形成熔滴进入熔池过程中，经常会出现短路，如图 4.1.7 所示。电弧电压和焊接电流不断地发生瞬间变化，因此焊接电弧对供电的弧焊电源来说是一个动态负载。弧焊电源的动特性的优劣，表征了焊接电源对负载瞬变特性的适应能力。要求弧焊电源的动特性能适应负载瞬变的特性。对不熔化极弧焊来说，由于它不

是靠电极本身的金属来填充熔池的，在焊接过程
中电极不熔化，而且常采用非接触方法引弧，电
弧长度、电弧电压和电流基本上没有变化，因
此，可以不考虑对电源动特性的要求。

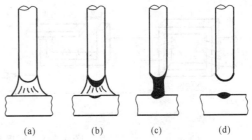

图 4.1.7　熔化极电弧焊焊接过程
(a) 引燃；(b) 电弧稳定燃烧；(c) 短路；(d) 断路

　　在逆变电源广泛使用以前，由于电源对控
制信号输入响应慢，通常只能采用在电源输出
端串联电感的方法调节对负载变化的响应，但
是不能达到对焊接过程的最佳控制效果。逆变
电源对控制信号具有足够高的响应速度，可通
过对反馈及给定量的控制，在其响应速度的范围内获得任意的动态响应特性，许多在传
统电源上被视为改善焊接工艺特性的控制难题迎刃而解，这也正是逆变弧焊电源应用日
益广泛的主要原因。

　　4. 弧焊电源的空载电压

　　弧焊电源空载电压 U_o 高则容易引弧，对于交流弧焊电源，空载电压高还能使电弧稳定
燃烧。但空载电压高则设备体积大、重量大、功率因数低，不经济。空载电压高也不利于焊
工人身安全。为此在确保容易引弧、电弧稳定的条件下空载电压应尽可能低些。《GB/
T15579—1995 弧焊设备安全要求》的第一部分"弧焊电源"中，对弧焊电源空载电压规定
如下：

　　(1) 在触电危险性较大的环境中使用的额定空载电压，直流弧焊电源小于 113V（峰
值）；交流弧焊电源小于 68V（峰值）、48V（有效值）。

　　(2) 在触电危险性不大的环境中使用的额定空载电压，直流弧焊电源小于 113V（峰
值）；交流弧焊电源小于 113V（峰值）、80V（有效值）。

三、各类弧焊电源的基本原理

　　弧焊工艺对弧焊电源提出的电特性要求为：合适的空载电压；合适的外特性形状；足够
大的参数调节范围和良好的动特性。

　　决定弧焊电源性能的关键因素包括弧焊电源的控制机构和采用的器件等。按照控制方法
的不同，弧焊电源可分为机械调节型、电磁控制型和电子控制型三类。下面将依次介绍这三
种类型弧焊电源的基本工作原理。

　　1. 机械调节型弧焊电源

　　机械调节型弧焊电源的特点是借助于机械移动装置来实现对弧焊电源外特性的调节。

　　机械调节型弧焊电源在原理上可由一台普通的变压器和一个可调电感串联构成，如图
4.1.8 所示。机械调节型弧焊电源又称弧焊变压器。

　　图 4.1.8 (a) 中的变压器是一个常规的变压器，它只起降压作用，具有恒压特性。串
联电感是为了获得恒流特性。电感 L 的大小可调，改变 L 的大小就可调节弧焊电源的外特
性。由图 4.1.8 (b) 的电路原理图及图 4.1.8 (c) 的向量图，可以得出输出电流与串联电
感的关系：

$$I_f = \frac{\sqrt{U_o^2 - U_f^2}}{\omega L} \tag{4.1.2}$$

式中　I_f——输出电流；

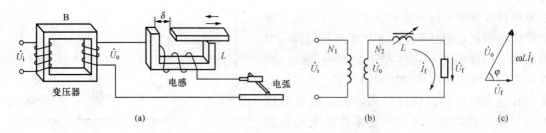

图 4.1.8 弧焊变压器的结构及电路原理
(a) 结构示意图；(b) 电路原理图；(c) 输出向量图

U_o——空载电压；

U_f——负载电压；

ω——电源角频率；

L——电感值。

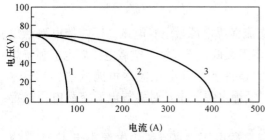

图 4.1.9 弧焊变压器的外特性曲线

由式（4.1.2）可以得到电感 L 变化时弧焊变压器的外特性曲线图，如图 4.1.9 所示。由式（4.1.2）及图 4.1.9 可以看到，调节电感 L 可以改变输出电流。在不同的输出电流位置上，电源的外特性是不同的。电流越小，外特性越陡，因为此时的电感值大，相当于电源内阻大，所以外特性变陡。电流越大，外特性越缓，因为此时的电感值小，相当于电源内阻小，所以外特性变缓。

为了获得满足电弧焊所需的陡降特性，需要较大的串联电感，其电感的体积、重量与变压器相当。为了节约材料，减少体积和重量，实际上在弧焊变压器中，除多站式电源外，很少使用独立的串联电感。而是采用特殊的结构设计，使变压器的一次与二次之间有较大的漏感，这个漏感可以起到与串联电感相同的作用，这也正是弧焊变压器与一般变压器在设计和结构上最大的不同。

改变等效电感（漏感）L 大小的机械调节方式有三种：移动铁心、移动绕组和改变绕组抽头匝数。由此，机械调节型弧焊电源可细分为如下几种：

(1) 动圈式弧焊变压器；

(2) 动铁式弧焊变压器；

(3) 抽头式弧焊变压器；

(4) 动圈式弧焊整流器；

(5) 动铁式弧焊整流器；

(6) 抽头式弧焊整流器；

(7) 滑动调节式弧焊整流器；

(8) 单相整流式脉冲弧焊电源。

弧焊变压器是一种最简单和常用的弧焊电源，它提供交流输出，通常用于手工电弧焊，其伏安特性为恒流特性。弧焊整流器提供直流输出，它是在相应的变压器后接上硅二极管整流桥并接入适当电感量的直流电抗器。脉冲弧焊电源提供脉冲输出。它们分别为交流电弧、直流电弧和脉冲电弧（包括高频脉冲电弧）提供能量。

机械调节型的弧焊电源都是靠机械移动来改变外特性和实现焊接参数调节的，既简单又可靠，但调节不灵活，笨重而耗料多，只能用在要求不高的场合。

2. 电磁控制型弧焊电源

电磁控制型弧焊电源由弧焊变压器和饱和电抗器串联组成，图4.1.10所示为串联饱和电抗器式弧焊变压器的工作原理示意图。

饱和电抗器由一个闭合铁心和两个绕组组成。N_k 为控制绕组（或称直流绕组、励磁绕组），所加电压为直流控制电压 U_k，流过该绕组的电流为控制（励磁）电流 I_k，N_j 为交流绕组，串联在交流电路中，主变压器的输出交流电压为 U，负载（电弧）为纯电阻

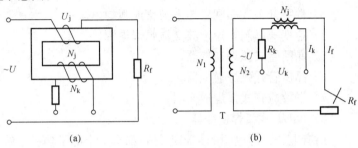

图 4.1.10　串联饱和电抗器式弧焊变压器工作原理示意图
(a) 示意图；(b) 电路原理图

R_f。可见，交流电压 U 经饱和电抗器降压后向负载（电弧）输出的电流有效值 I_f 由下式决定

$$I_f = \frac{U}{\sqrt{R_f^2 + X_L^2}}$$

式中　U——主变压器输出的交流电压有效值；

　　　R_f——交流电路负载电阻；

　　　X_L——饱和电抗器交流绕组的感抗。

电磁控制型弧焊电源依靠改变饱和电抗器的励磁电流 I_k 的大小，调节铁心饱和程度来实现对外特性曲线和参数的控制。

当在控制绕组 N_k 中加上励磁电流 I_k 时，便产生直流磁通。若 I_k 增加，铁心饱和程度增加，N_j 的感抗减少，在 N_j 的压降减少，I_f 增加，使下降特性的陡度减少；若 I_k 减小，则下降特性的陡度增加，从而实现对弧焊电源外特性的控制。

电磁控制型弧焊电源的特点是结构简单、坚固、工作可靠、耐用，但调节参数少，不精确，不灵活，动态响应速度慢，只适合要求不高的焊接场合。

3. 电子控制型弧焊电源

电子控制型弧焊电源，简称为电子弧焊电源，无论外特性还是动特性，都完全借助于电子线路（含反馈电路）来进行控制，包括对输出电流、电压波形的任意控制，而与本身结构没有决定性的关系。根据控制信号的不同，电子控制型弧焊电源可分为移相式、模拟式和开关式三种。

(1) 移相式。移相式通过移相来控制外特性，进一步分为：

1) 晶闸管式弧焊整流器；

2) 晶闸管电抗器式矩形波交流弧焊电源；

3) 晶闸管式脉冲弧焊电源。

(2) 模拟式。模拟式通过模拟信号控制外特性。进一步分为：

1）模拟式晶体管弧焊整流器；

2）模拟式晶体管脉冲弧焊电源。

（3）开关式。开关式通过改变开关频率或开关时间来控制外特性。根据开关电子器件及结构特点的不同，可分为如下几种：

1）开关式晶体管弧焊电源；

2）开关式晶体管脉冲弧焊电源；

3）数字开关式晶闸管矩形波交流弧焊电源；

4）逆变式晶闸管矩形波交流弧焊电源；

5）晶闸管式弧焊逆变器；

6）晶体管式弧焊逆变器；

7）场效应管式弧焊逆变器；

8）IGBT 式弧焊逆变器。

所有电子弧焊电源的共同点是，都有一个电子功率系统和一个电子控制系统。电子功率系统是指各种类型的电力电子功率变换电路，它决定了电子控制弧焊电源的基本性能（如动态响应时间等）。

电子弧焊电源一般都采用闭环反馈系统控制它的外特性、动特性。它的基本原理方框图如图 4.1.11 所示。

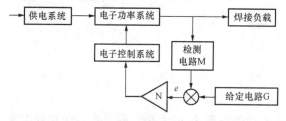

图 4.1.11　电子弧焊电源基本原理方框图

由图 4.1.11 可见，电源的输出是由电子功率系统和电子控制系统调节，并由检测电路 M 监控。从检测电路 M 取得的信号与给定电路 G 的给定值比较之后，将其差值 e 经放大器 N 放大，然后再送往电子控制系统和电子功率系统进行调整，从而实现了整个闭环电路的反馈控制。

给定电路可以给出一个可调的给定电压（标准电压），也可以给出一个对应于待定规范的变量函数（脉冲信号）；而反馈信号既可正比于输出电流，也可正比于输出电压，或是两者的适当组合，从而得到任意形状的外特性。

电子控制系统一般为纯模拟电路，用于产生所需要的静态和动态特性。其重要组成部分是静态单元和动态单元，它们可以预先确定弧焊电源的静态和动态特性。机械调节型和电磁控制型弧焊电源（又称传统弧焊电源）就没有这种单元。对于传统弧焊电源来说，其静态和动态特性取决于自身的结构形式——主变压器一、二次绕组和焊接回路的电感和电阻值。而对于电子弧焊电源来说，可以对外特性进行任意的控制。因为外特性曲线取决于输出空载电压、短路电流、目标工作点和特性曲线斜率，故通过简单改变控制信号就可以给出各种弧焊过程所需的外特性，并由闭环反馈系统来稳定实现。例如，熔化极气体保护焊（MIG/MAG）要求采用平特性，即小斜率特性曲线（0.5V/100A 至 5V/100A），此时，采用电压负反馈（反馈信号正比于输出电压），使反馈电压与给定电路的电压值比较，通过将差值放大并送往电子控制系统和电子功率系统进行调整，就可以在输出端获得平特性。又如，钨极惰性气体保护焊（TIG 焊）需选用恒流特性，即很大斜率特性曲线。此时，可用电流负反馈（反馈信号正比于输出电流）来获得恒流特性。对于焊条电弧焊或其他弧焊方法，要求下降特性或任意外特性，则需按一定比例取电压反馈和电流反馈信号的组合来获得所需要的外特性。

电子控制型弧焊电源的几种外特性曲线如图4.1.12所示。

图4.1.12中的外特性曲线a表示恒流特性；b表示平特性（恒压特性）；c表示下降特性或任意特性。这样产生的外特性已经不是功率系统本身的特性了，而是电子控制系统所确定的特性。

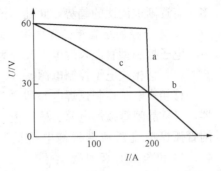

图4.1.12　电子弧焊电源的外特性曲线

电子控制型弧焊电源，充分体现了电子技术和电力电子技术的优越性，其特点如下：

（1）可以对外特性进行任意的控制，满足各种弧焊方法的需要；

（2）具有良好的动特性，反应时间短；

（3）可调节参数多，特别是脉冲式电子控制的弧焊电源，可以对电弧功率进行精密的控制和遥控；

（4）输出电压、电流稳定性好，抗干扰能力强，不易受网路电压波动和温度变化的影响；

（5）弧焊逆变器还具有效率高、体积小的特点；

（6）便于进行编程和采用微机控制，是全位置自动焊和弧焊机器人用的理想弧焊电源；

（7）电路比较复杂。

从上述特点可见，电子控制型弧焊电源是控制精密、性能优良的弧焊电源，可以应用于各种弧焊工艺方法，也可以对高合金钢、热敏感性大的合金材料或要求较高的工件进行焊接，特别适合用作管道全位置自动焊和弧焊机器人的弧焊电源。

四、直流弧焊电源

直流弧焊电源同样包括机械调节、电磁控制、电子控制三种类型，但目前采用的直流弧焊电源以电子控制型居多。

1. 机械调节型直流弧焊电源

机械调节型直流弧焊电源又称弧焊整流器，如"三. 各类弧焊电源的基本原理"中所述，弧焊整流器是在相应的弧焊变压器后接上硅二极管整流桥并接入适当电感量的直流电抗器构成的，如图4.1.13所示。

图4.1.13所示是抽头式弧焊整流器。所采用的变压器通常是正常低漏磁的单相或三相变压器，在变压器一次侧设有抽头，通过开关S改变变压器一次侧的抽头位置，改变变压器的变比，从而调节直流输出电压。在二次输出端加整流电路。这种抽头式电源目前还普遍用于细丝 CO_2 气体保护焊。因其简易、经济、可靠而且易于推广，得到了广泛的应用。国内外都有这种类型的产品。

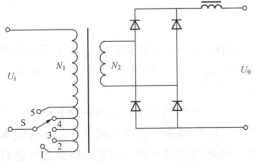

图4.1.13　抽头式弧焊整流器

2. 电磁控制型直流弧焊电源

电磁控制型直流弧焊电源的磁惯性很大，故调节速度慢，不灵活，体积大而笨重，耗料多，有逐渐被淘汰的趋势，此处不作介绍。

3. 电子控制型直流弧焊电源

电子控制型直流弧焊电源又分为移相式、模拟式和逆变式三种类型。

（1）移相式电子控制电源。

移相式电子控制弧焊电源即"三．各类弧焊电源的基本原理"中提到的晶闸管弧焊整流器，又称晶闸管弧焊电源。根据主电路的结构形式，晶闸管弧焊电源一般有三相桥式全控晶闸管弧焊整流器和带平衡电抗器双反星形晶闸管弧焊整流器两种主要形式，分别如图4.1.14 和图4.1.15 所示。

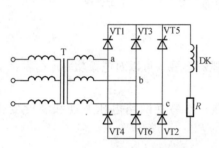

图 4.1.14　三相桥式全控晶
闸管弧焊整流器主电路

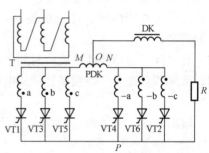

图 4.1.15　带平衡电抗器双反星形晶
闸管弧焊整流器主电路

图 4.1.14 所示是三相桥式全控晶闸管弧焊整流器主电路原理图。它主要由三相降压主变压器 T，晶闸管 VT1~VT6 构成的三相全控整流桥，电抗器 DK 等组成（控制电路未画出）。降压变压器 T 将工业电网电压降为几十伏，借助晶闸管桥的整流和控制，经输出电抗器 DK 滤波和调节动特性，从而输出所需用的直流焊接电压和电流。用触发电路控制并采用闭环反馈的方式来控制外特性，可获得平特性、下降特性等各种形状的外特性，并对焊接电压和电流进行无级调节。外特性和工艺参数的调节靠改变晶闸管触发脉冲的相位获得。除利用电抗器（电感有可调和不可调两种）调节动特性外，还可通过控制输出电流波形来控制金属熔滴过渡和减少飞溅。

图 4.1.15 所示为带平衡电抗器双反星形晶闸管弧焊整流器主电路原理图。T 为降压主变压器，PDK 为平衡电抗器，DK 为直流电抗器。这种结构的电路可在相同容量的晶闸管情况下输出大电流。

（2）模拟式电子控制电源。

模拟式电子控制电源是在硅整流器的直流回路中串入大功率晶体管组，通过调节晶体管的基极电流来控制晶体管的饱和阻抗，以获得所需的任意类型的外特性，并对电压、电流进行无级调节，也称晶体管弧焊电源、晶体管弧焊整流器。

晶体管弧焊电源主要有降压变压器 T、整流器 U、晶体管组和电子控制电路等组成，其主电路原理图如图4.1.16 所示。三相交流电经 T 降压和 U 整流，变成直流电。晶体管组本质上在主电路中起"线性放大调节器"的作用，通过闭环反馈对外特性和输出电流波形进行控制，输出电压和电流可以是直流或任意的脉冲波形。这种闭环反馈控制还可起电子电抗器的作用，代替带铁心的电抗器来控制动特性。

输出电压和电流的大小及变化规律取决于大功率晶体管组 VT_{rs} 所起的作用，而 VT_{rs} 又受控于给定电压 U_g、给定电流 I_g、反馈电压 mU_a 和反馈电流 nI。当给定值 U_g、I_g 为直流或脉冲形式（低频）、而 VT_{rs} 工作在线性放大状态时，则相应输出直流电或脉冲电。这就构成模拟式晶体管弧焊电源或脉冲晶体管弧焊电源。外特性形状取决于 mU_a 与 nI 的比值。

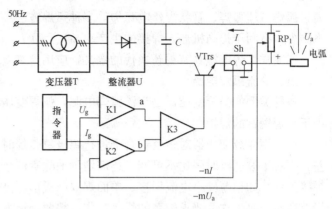

图 4.1.16 模拟式晶体管弧焊电源电路原理图

晶体管弧焊电源可以对外特性曲线形状进行任意的控制，以适应各种弧焊方法的需要。但是，这种电源的重量较大，成本高，维修较难。模拟式输出电流没有纹波，反应速度特别快，很适合用于熔化极气体保护焊，但耗电大，只适用于焊接质量要求高的场合。

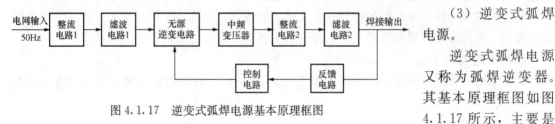

图 4.1.17 逆变式弧焊电源基本原理框图

（3）逆变式弧焊电源。

逆变式弧焊电源又称为弧焊逆变器。其基本原理框图如图 4.1.17 所示，主要是由整流电路 1（可控或不控的整流桥）、滤波电路 1、无源逆变电路，中频变压器、整流电路 2、滤波电路 2 及反馈电路、控制电路等组成。

单相或三相 50Hz 的交流电网电压经整流电路 1 整流和滤波电路 1 滤波，变换为直流电压；经过无源逆变电路后，又将直流逆变成几 kHz 至几十 kHz 的中频交流电；再分别经中频变压器、整流电路 2、滤波电路 2 的降压、整流与滤波就得到所需的焊接电压和电流。若需要交流输出电流，则中频变压器后不加整流和滤波电路。通常较多采用直流输出电流，故还可把它称为逆变弧焊整流器。借助于闭环反馈电路和无源逆变电路实现对外特性和电弧电压、焊接电流的无级调节。

逆变式弧焊电源中的逆变电路采用场效应管或绝缘栅双极晶体管（IGBT）等电力电子器件，工作频率可以在 20kHz 以上，工作时人耳听不到令人烦躁的噪声。

逆变式弧焊电源的特点如下：

1）高效节能。弧焊逆变器的效率可达 80%～90%，空载损耗极小，一般只有数十至一百余瓦，节能效果显著。

2）重量轻体积小。中频变压器的重量只为同等容量的传统弧焊电源降压变压器的几十分之一，整机重量仅为传统式弧焊电源的 1/5～1/10 左右。

3）具有良好的动特性和弧焊工艺性能。

4）调节速度快，所有焊接工艺参数均可无级调节。

5）具有多种外特性，能适应各种弧焊方法的需要。

逆变式弧焊电源可用于手工电弧焊、各种气体保护焊（包括脉冲弧焊、半自动焊）；等离子弧焊、埋弧焊、管状焊丝电弧焊等多种弧焊方法；还可用作机器人弧焊电源。由于焊接飞溅少，有利于提高机器人焊接的生产率。

逆变式弧焊电源具有更新换代的意义，应用愈来愈广泛。

五、交流弧焊电源

各种类型的弧焊变压器是交流弧焊电源，弧焊变压器的输出电流为近似的正弦波，一般用于普通钢材的焊接。

当采用弧焊变压器对铝及铝合金进行钨极氩弧焊时，由于电流过零点缓慢，电弧稳定性差，正负半波通电时间比不可调，还需增设消除直流分量的装置。特别对于一些要求较高的焊接工作，如铝薄件小电流焊接、单面焊双面成形、高强度铝合金焊接等，很难得到满意的焊缝质量。对于这些要求较高的焊接工作，需要交流方波弧焊电源。交流方波弧焊电源，输出电流为交流矩形波，电流过零点极快，使电弧稳定性好；通过电子控制电路，可使输出电流正负半波通电时间比和电流比都可以自由调节。

交流方波弧焊电源可用于碱性焊条手弧焊，电弧稳定、飞溅小；用于埋弧自动焊，焊接过程稳定，焊缝成形良好，焊接接头的力学性能好。

输出正弦波的弧焊变压器的原理在前文已经叙述过，在此主要讲述交流方波弧焊电源的基本原理。交流方波弧焊电源常用的电路形式主要有记忆电抗器式和逆变器式两种。

1. 记忆电感式交流方波电源

记忆电感式交流方波电源的电路如图 4.1.18 所示，它的输出电流波形近似为方波，如图 4.1.19 所示。

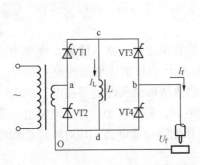

图 4.1.18 交流方波电源电路原理图

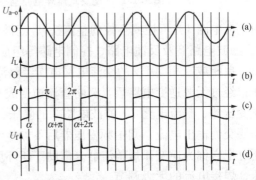

图 4.1.19 交流方波电源波形图

图 4.1.18 中，电感接在 c、d 之间，不是与电弧负载直接串联；电弧负载与整流器的交流输入端串联后连接到弧焊变压器二次侧。电感工作在直流状态，电弧负载工作在交流状态。

当输出回路中电感 L 足够大时，电感的储能作用使流过电感的直流电流脉动量很小，此时可以认为流过电感的电流 I_L 为恒定直流，电感的储能作用，就像一种记忆功能一样，保持交流电流幅值不变，故称为记忆电感式交流方波电源。由于交流负载是与直流电感构成串联回路，所以交流负载中的电流 I_f 幅值必然与直流电感中的电流相同，但电流 I_f 的极性随整流桥中晶闸管导通与截止的交替而变化，VT1、VT4 导通时 $I_f = I_L$，取正值；VT2、VT3 导通时 $I_f = -I_L$，取负值。I_f 的波形近似为方波，所以这种电源称为交流方波电源。另外，通过调节正负半波晶闸管的导通时间比例，还可以获得正负半波时间宽度不等的矩形波。

负载电压 U_f 中存在尖峰电压，这个尖峰电压是极为有利的，它提供了必须的稳弧脉冲，而且可使相位自动同步。

2. 逆变式交流方波及变极性电源

由直流电源再次逆变，可获得性能更为优良的交流方波电源，这种方波电源不但正负半波的持续时间比可在一个非常宽的范围内调节，其频率不受工业电网频率的限制，而且正负半波的幅值也可以分别调节。从电源的输出看，其极性和幅值随时可变，故称为可变极性电源。变极性电源有双电源和单电源两种实现方式。

图 4.1.20 是双电源方式，VT1~VT4 构成单相逆变桥。VT1、VT4 导通时，主电源向电弧提供电流 I_1；VT2、VT3 导通时，二极管 VD 也导通，主电源和辅助电源共同向电弧提供电流 $I = -(I_1 + I_2)$，波形如图 4.1.21 所示。在这种方式中，I_1 和 I_2 的幅值是由两个恒流电源分别设置的，故对这两个电源无特殊要求。

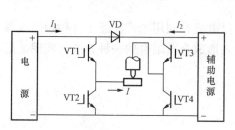

图 4.1.20 双电源变极性电源工作原理

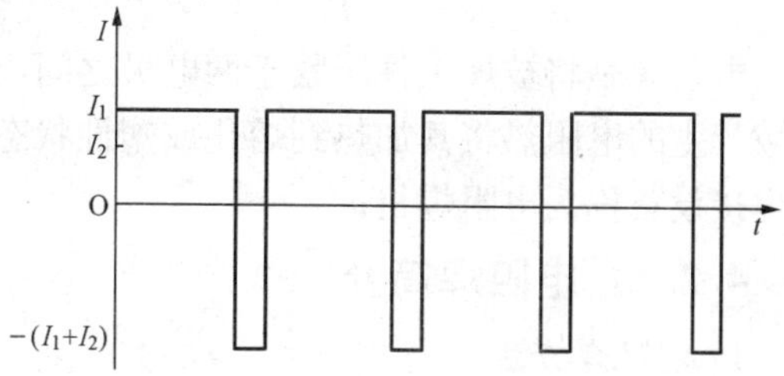

图 4.1.21 变极性输出波形

图 4.1.22 是单电源方式。如果在逆变桥的 VT1、VT4 与 VT2、VT3 切换时，同时调节直流电源输出电流的大小，则可获得与图 4.1.21 相同的变极性输出波形，如图 4.1.23 所示。此时要求直流电源有足够高的响应速度，否则在极性切换时，电流幅值不能随之迅速变化。

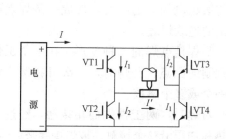

图 4.1.22 单电源变极性电源工作原理

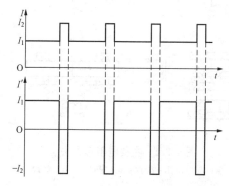

图 4.1.23 单电源变极性电源的波形图

变极性电源的一个最主要的应用是在铝合金的交流钨极氩弧焊或等离子弧焊中，工件在负的半波通过高而窄的电流波形，最大程度地满足阴极雾化的需要，同时又有效地降低钨极烧损。这对于提高交流电弧稳定性有重要价值。

实质上，逆变式交流方波电源是由通用直流弧焊电源与方波发生器（单相逆变电路）组成的。其交变频率的大小取决于逆变电路两组电力电子开关交替工作的频率；正负半波通电时间比例取决于逆变电路两组电力电子开关通断时间的比例。

六、脉冲弧焊电源

在焊接生产中，对于薄板、热输入敏感性大的金属材料，以及全位置施焊等工艺，需要采用脉冲电流进行焊接。

脉冲弧焊电源与一般弧焊电源的主要区别就在于所提供的焊接电流是周期性脉冲式的，它调节的工艺参数较多，例如，脉冲频率、幅值、宽度、电流上升速度和下降速度等，还可以变换脉冲电流波形，以便最佳地适应焊接工艺的要求。

脉冲电流可以采用许多方法来获得。归纳起来，可以采用如下四种基本方式来获得脉冲电流：①利用电子开关获得脉冲电流，②利用阻抗变换获得脉冲电流，③利用给定信号变换和电流截止反馈获得脉冲电流，④利用硅二极管整流作用获得脉冲电流。具体的电路此处不作介绍。

4.2 电 阻 焊 机

电阻焊是将被焊工件压紧于两电极之间，并通以电流，利用电流流经工件接触面及邻近区域产生的电阻热将其加热到熔化或塑性状态，使之形成金属结合的一种方法。实现电阻焊的焊接设备称为电阻焊机。

4.2.1 电阻焊简介

1. 电阻焊方法

电阻焊方法主要有 4 种，即点焊、缝焊、凸焊、对焊，图 4.2.1 是它们的示意图。

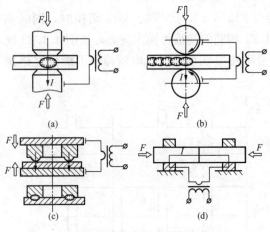

点焊时，工件只在有限的接触面上，即所谓"点"上被焊接起来，并形成扁球形的熔核。点焊又可分为单点焊和多点焊。多点焊时，使用两对以上的电极，在同一工序内形成多个熔核。

缝焊类似点焊。缝焊时，工件在两个旋转的滚轮电极间通过后，形成一条焊点前后搭接的连续焊缝。

凸焊是点焊的一种变形。在一个工件上有预制的凸点。凸焊时，一次可在接头处形成一个或多个熔核。

对焊时，两工件端面相接触，经过电阻加热和加压沿整个接触面被焊接起来。

图 4.2.1　主要电阻焊方法

(a) 点焊；(b) 缝焊；(c) 凸焊；(d) 对焊

2. 电阻焊优点

电阻焊有下列优点：

（1）熔核形成时，始终被塑性环包围，熔化金属与空气隔绝，冶金过程简单。

（2）加热时间短、热量集中，故热影响区小，变形与应力也小，通常在焊后不必安排校正和热处理工序。

（3）不需要焊丝、焊条等填充金属，以及氧、乙炔、氩等焊接材料，焊接成本低。

（4）操作简单，易于实现机械化和自动化，改善了劳动条件。

（5）生产率高，且无噪声无有害气体，在大批量生产中，可以和其他制造工序一起编到组装线上，但闪光对焊因有火花喷溅，需要隔离。

3. 电阻焊缺点

电阻焊有下列缺点：

（1）目前还缺乏可靠的无损检测方法，焊接质量只能靠工艺试样和工件的破坏性试验来检查，以及靠各种监控技术来保证。

（2）点、缝焊的搭接接头不仅增加了构件的重量，且因在两板间熔核周围形成尖角，致使接头的抗拉强度和疲劳强度均较低。

（3）设备功率大，机械化、自动化程度较高，使设备成本较高、维修较困难，并且常用的大功率单相交流焊机不利于电网的正常运行。

随着航空、航天、电子、汽车、家用电器等工业的发展，电阻焊越来越受到社会的重视，同时，对电阻焊的质量也提出了更高的要求。可喜的是，我国微电子技术的发展和大功率晶闸管、整流管的开发，给电阻焊技术的提高提供了条件。目前我国已生产了性能优良的二次整流焊机。由集成元件和微型计算机制成的控制箱已用于新焊机的配套和老焊机的改造。恒流、动态电阻、热膨胀等先进的闭环监控技术和点焊机器人已在生产中推广应用。这一切都将有利于提高电阻焊质量和自动化程度，并扩大其应用领域。

4.2.2　电阻焊机

电阻焊机包括点焊机、缝焊机、凸焊机和对焊机。有些场合还包括与这些焊机配套的控制箱。一般的电阻焊机由 3 个主要部分组成：

（1）以阻焊变压器为主，包括电极及二次回路组成的焊接回路。

（2）由机架和有关夹持工件及施加焊接压力的传动机构组成的机械装置。

（3）能按要求接通电源，并可控制焊接程序中各段时间及调节焊接电流的控制电路。

一、电阻焊设备的电气性能

电阻焊设备广泛地应用在各个工业部门，依据不同的用途和要求，品种很多，但从电气性能来看主要有：单相工频（50Hz）焊机、二次整流焊机，三相低频焊机和电容储能焊机等几种类型，最新研制的还有逆变式焊机（变频焊机）。

1. 单相工频焊机

电阻焊设备中，产量最多、使用最广的是单相工频焊机，焊机功率可由 0.5kV·A 到 500kV·A 甚至更大。这种焊机由电网直接供电给阻焊变压器，由于结构和原理上的限制，供电只能是单相形式。图 4.2.2 是工频焊机电路原理图。

单相工频焊机的主电路中，阻焊变压器的一次绕组与交流电力电子开关、级数调节器串联后接入电网，大功率焊机采用 380V 电压，小功率焊机采用 220V 电压。

交流电力电子开关周期性地通断，阻焊变压器周期性地通电和断电。交流电力电子开关的一个周期即是焊接通电时间（负载持续时间）与断电时间（空载时间）之和。焊接通电时间与全周期时间的比值介于 0~1 之间，一般用百分数表示。这个百分数称焊机的负载持续率。

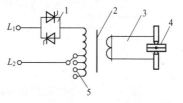

图 4.2.2　单相工频焊机电路原理图
1—交流电力电子开关；2—阻焊变压器；
3—二次回路；4—工件；5—级数调节器

　　级数调节器是用来将阻焊变压器一次线圈的不同匝数与电网连接的一种专用装置。阻焊变压器的一次线圈可按串联和并联方式进行各种组合，也可采用抽头形式。通过改变一次线圈的匝数可相应改变二次线圈的空载电压及输出功率。

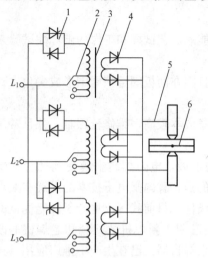

图 4.2.3　三相二次整流焊机电路原理
1—交流电力电子开关；2—级数调节器；
3—阻焊变压器；4—大功率硅整流器；
5—二次回路；6—工件

　　二次回路由阻焊变压器的二次线圈、导电体、软连接（纯铜带或多芯电缆）、电极臂、电极握杆、电极和工件组成。

　　二次回路中的焊接电流为正弦波或接近于正弦波。

　　2. 二次整流焊机

　　二次整流焊机的电路原理图如图 4.2.3 所示。阻焊变压器是三相变压器，二次整流焊机是三相对称负载，从电网取用三相平衡电流。阻焊变压器每相一次电路与单相工频焊机的一次回路相同。阻焊变压器的二次输出端接入大功率硅整流器，使得二次回路中流过的是整流后的直流电流。

　　3. 三相低频焊机

　　三相低频焊机是一种由特殊的、具有三相一次线圈和单相二次线圈的阻焊变压器构成的焊机。阻焊变压器的铁心截面一般都较大。图 4.2.4 是三相低频焊机电路原理图。

　　阻焊变压器一次线圈通过 3 组晶闸管与电网连接。控制电路使晶闸管 A1、B1 和 C1 轮流导通，每个晶闸管的工作区间如图 4.2.5 所示。在正确的导通顺序和导通时间下，电流以相同方向流过 3 个一次线圈。这就在二次线圈和二次回路中得到一个单向电流。晶闸管 A1、B1 和 C1 在预定时间到达后切断，而晶闸管 A2、B2 和 C2 按相同于 A1、B1 和 C1 的顺序和时间导通，于是在 3 个一次线圈和二次回路中得到一个反向流通的电流，反复进行，可在二次回路中得到一个低频率的焊接电流，其波形图如图 4.2.5 所示。

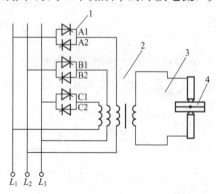

图 4.2.4　三相低频焊机电路原理
1—交流调压电路；2—阻焊变压器；
3—二次回路；4—工件

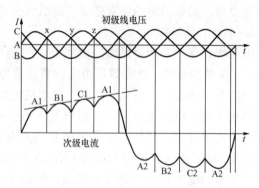

图 4.2.5　三相低频电流波形图

低频焊机有如下特点：

（1）由于是低频率脉动的焊接电流，因此二次回路的感抗很小，功率因数可提高到

0.95 左右。

（2）三相负荷，克服了电网负荷不平衡现象。

（3）这种焊机的控制电路设计精确，抗干扰能力强，焊接质量稳定可靠。因此用于精度要求高、工艺性要求稳定的航空和航天结构件的焊接。

4. 储能焊机

储能焊机由一组电容器、充电电路及一个阻焊变压器（有的储能焊机可以由电容器直接向工件放电，而没有采用阻焊变压器）组成。焊机可由单相或三相供电。由于储能焊能在瞬时获得大电流，同时电网电压的波动不产生直接影响，因此储能焊可用于对焊接热能要求严格的场合，例如精密仪器仪表零件、电真空器件、金属细丝以及异种金属工件的焊接。

5. 逆变式焊机（变频焊机）

逆变式电阻焊机是继逆变式电弧焊机之后于 20 世纪 80 年代中期发展起来的一项新品种。图 4.2.6 是逆变式焊机的电器原理图。逆变式焊机在采用机器人点焊操作的汽车工业中使用时优点尤为显著，可使机器人的负荷减轻，操作灵活，更便于采用连变压器式焊钳。当用于专用焊机时，能使结构更为紧凑。

逆变式焊机制造成本近年来显著降低，现约为工频焊机的 2 倍左右，但从生产效率、用电量、二次电缆及电极的消耗等综合运行费用来考虑是很有发展前途的一种新设备。目前在汽车工业中正在迅速得到推广应用。固定式逆变电阻焊机当前主要用于精密零件点焊或用于常规方法无法焊接的异种金属，有镀层或光亮层的工件。

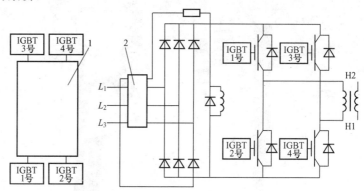

图 4.2.6 逆变式焊机电路原理图

1—调节器/驱动器；2—隔离接触器

逆变式焊机利用脉冲宽度调制方法（PWM）来调节焊接电流。这与其他几种焊机是不同的。逆变频率从经济性和实用性考虑选用 $400 \sim 600\mathrm{Hz}$。与工频焊机比较逆变式焊机有以下特点：

（1）焊接电流接近完全直流，热效率高，相同工件焊接电流可降低 40%。电极使用寿命提高。

（2）阻焊变压器重量和体积减少到 $1/3 \sim 1/5$。

（3）能提高控制精度并更快达到目标电流。工频焊机用晶闸管开关，在半周内只能控制接通时间，不能控制断开时间，且第一周电流以上一次焊接电流为基准向目标电流调整，故称为预测型控制。逆变式焊机用 IGBT 开关，能根据需要达到预定条件时切断电流，称为决定型控制。加上频率提高，故逆变式焊机达到目标电流的时间可比工频缩短 90% 以上。

（4）控制更为可靠。在发现故障，如短路或接地时，IGBT 开关可在 $3\mu\mathrm{s}$ 内切断，比晶闸管快得多。

二、电阻焊机实例

1. 点焊机和凸焊机

最简单和最通用的点焊机是摇臂式点焊机。这种点焊机是利用杠杆原理，通过上电极臂施加电极压力。上、下电极臂为伸长的圆柱形构件，既传递电极压力，也传递焊接电流。

图 4.2.7 是 SO432-5A 型气动摇臂式点焊机。摇臂式焊机的上电极是绕上电极臂支承轴作圆弧运动，当上电极和下电极与工件接触加压时，上电极臂和下电极臂必须处于平行位置。只有这样，才能获得良好的加压状态，如果电极臂的刚度不够，可能发生电极滑移。

图 4.2.8 是 DN-63 型直压式点焊机外形图，直压式焊机适用于点焊及凸焊。这类焊机的上电极在有导向构件的控制下作直线运动。电极压力由气缸或液压缸直接作用。图 4.2.9 是 TN-63 型凸焊机外形图。

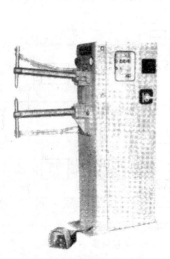  

图 4.2.7　SO432-5A 型　　　图 4.2.8　DN-63 型　　　　图 4.2.9　是 TN-63 型
气动摇臂式点焊机　　　　　直压式点焊机　　　　　　凸焊机

2. 移动式焊机

移动式焊机分为两类：①悬挂式焊机；②便携式焊机。图 4.2.10 是 C130S-A 型悬挂式点焊机外形图。图 4.2.11 是 KT826N4-A 型悬挂式点焊机外形图。C130S-A 型点焊机的阻焊变压器与焊钳是分离的，要通过水冷电缆传递焊接电流。由于阻焊变压器与焊钳之间的电缆增加了二次回路的阻抗，所以这种悬挂式焊机阻焊变压器的二次空载电压较固定式焊机高 2～4 倍。KT826M4-A 型悬挂式点焊机的阻焊变压器与焊钳是连成一体的，故与固定式焊机性能相似。

移动式焊机的控制箱可与阻焊变压器安装在一起悬挂在一定的空间位置，也可单独放置在地面，以便于调节。

便携式点焊机（图 4.2.12）用于维修工作。为达到简便、轻巧的使用目的，阻焊变压器采用空气自然冷却的形式，这样额定功率很小（2.5kV・A）负载持续率非常低（仅能每分钟使用 1 次），但瞬时焊接电流仍可达 7～10kA。

移动式焊机的最新发展是将焊钳安装在机械手上，通过计算机控制，使机械手按指令进行点焊操作，并可将多台机械手安装在生产线上同时对工件不同部位施焊，从而显著提高生产效率。

图 4.2.10　C130S-A
型点焊机　　　　图 4.2.11　KT826N4-A
型悬挂式点焊机　　　图 4.2.12　KT218 型
便携式点焊机

3. 多点焊机

多点焊机（图 4.2.13）是大批量生产中的专用设备，例如汽车生产线上针对具体冲压——焊接件而专门设计制造的多点焊机。

多点焊机一般采用多个阻焊变压器及多把焊枪根据工件形状分布。电极压力同安装在焊枪上的气缸或液压缸直接作用在电极上，为了达到较小的焊点间距，焊枪外形和尺寸受到限制，有时需要采用液压缸才能满足要求。

20 世纪 70 年代的多点焊机大多采用单面双点焊方式，有些大型的可焊数百点，但为了适应加速更新车型的需要，20 世纪 80 年代起已逐步发展成每个工位只完成 10～30 余点的多点焊机。同时为了保证焊点质量及控制或检测焊接电流，已从单面双点改用双面单点方式，有时也采用推挽式双面双点，还出现了机头固定，工作台将工件移动到所需焊接部位的柔性多点焊机。

4. 缝焊机

缝焊机除电极及其驱动机构外，其他部分与点焊机基本相似。缝焊机的电极驱动机构由电动机通过调速器和万向轴带动电极转

图 4.2.13　多点焊机
（DN13-6×100 型）

动。有 3 种普通类型的缝焊机：

（1）横向缝焊机　在焊接操作时形成的缝焊接头与焊机的电极臂相垂直的称横向缝焊机，这种焊机用于焊接水平工件的长焊缝以及圆周环形焊缝。

（2）纵向缝焊机　在焊接操作时形成的缝焊接头与焊机的电极臂相平行的称纵向缝焊机，这种焊机用于焊接水平工件的短焊缝以及圆筒形容器的纵向直缝。

（3）通用缝焊机　通用缝焊机是一种纵横两用缝焊机，上电缆可作 90°旋转，而下电极臂和下电极有两套，一套用于横向，另一套用于纵向，可根据需要进行互换。

5. 闪光对焊机和电阻对焊机

1 台标准的闪光对焊机包括：机架、静夹具、动夹具、闪光和顶锻机构、阻焊变压器和级数调节组以及配套的电气控制箱。电阻对焊机除了没有闪光过程外，其原理与闪光对焊机十分相似。典型电阻对焊机包括一个容纳阻焊变压器及级数调节组的主机架、夹持工件并传递焊接电流的电极钳口和顶锻机构。

最简单的电阻对焊机是手工操作的。自动电阻对焊机可以采用弹簧或气缸提供压力，这样得到的压力稳定，适合焊接塑性范围很窄的有色金属。

4.3　其他电焊机

其他电焊机有电子束焊机、激光焊机、钎焊机、电渣焊机及电渣压力焊机、高频焊机等等。

4.3.1　电子束焊机简介

电子束焊一般是指在真空环境下，利用会聚的高速电子流轰击工件接缝处所产生的热能，使被焊金属熔合的一种焊接方法。电子轰击工件时，动能转变为热能。

电子束焊机通常是由电子枪、高压电源、运动系统、真空系统及电气控制系统等部分组成。

电子束焊机主要有真空和非真空两种形式，如图 4.3.1 所示。电子枪需要在高真空下工作。

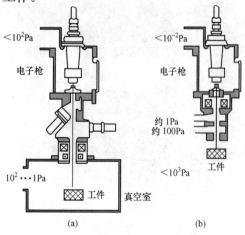

图 4.3.1　真空和非真空电子束焊接
(a) 真空；(b) 非真空

电子束是从电子枪中产生的。通常电子以热发射或场致发射的方式从发射体（阴极）逸出。在 25～300kV 的加速电压作用下，电子被加速到 0.3～0.7 倍的光速，具有一定的动能，经电子枪中静电透镜和电磁透镜的作用，电子会聚成功率密度很高的电子束。

这种电子束撞击到工件表面，电子的动能就转变为热能，使金属迅速熔化和蒸发。在高压金属蒸气的作用下熔化的金属被排开，电子束就能继续撞击深处的固态金属，很快在被焊工件上"钻"出一个锁形小孔（如图 4.3.2 所示）。小孔的周围被液态金属包围。随着电子束与工件的相对移动，液态金属沿小孔周围流向熔池后部，逐渐冷却、凝固形成了焊缝。也就是说，电子束焊接过程中的焊接熔池始终存在一个"匙孔"。"匙孔"的存在，从根本上改变了焊接熔池的传质、传热规律，由一般熔焊方法的热导焊转变为穿孔焊，这是包括激光焊、等离子弧焊在内的高能束流焊接的共同特点。

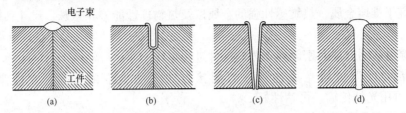

图 4.3.2 电子束焊接焊缝成形的原理

(a) 接头局部熔化、蒸发；(b) 金属蒸汽排开液体金属，电子束"钻入"母材，形成"匙孔"
(c) 电子束穿透工件，"匙孔"由液态金属包围；(d) 焊缝凝固成形

电子束传送到焊接接头的热量和其熔化金属的效果与束流强度、加速电压、焊接速度、电子束斑点质量以及被焊材料的性能等因素有密切的关系。

真空电子束焊接具有下列主要优缺点。

优点：

(1) 电子束穿透能力强，焊缝深宽比大，可达到 50：1，电子束焊接时可以不开坡口实现单道大厚度焊接，与弧焊相比可以大幅度节省辅助材料和能源。

(2) 焊接速度快，热影响区小，焊接变形小，电子束焊接速度一般在 1m/min 以上。

(3) 真空环境利于提高焊缝质量。真空电子束焊接不仅可以防止熔化金属受到氢、氧、氮等有害气体的污染，而且有利于焊缝金属的除气和净化，因而特别适于活泼金属的焊接。也常用电子束焊接真空密封元件，焊后元件内部保持在真空状态。

(4) 焊接可达性好。电子束在真空中可以传到较远的位置上进行焊接，只要束流可达，就可以进行焊接。因而能够进行一般焊接方法的焊炬、电极等难以接近部位的焊接。

(5) 电子束易受控。通过控制电子束的偏移，可以实现复杂接缝的自动焊接。可以通过电子束扫描熔池来消除缺陷，提高接头质量。

缺点：

(1) 设备比较复杂，费用比较昂贵。

(2) 焊接前对接头加工、装配要求严格，以保证接头位置准确，间隙小而且均匀。

(3) 真空电子束焊接时，被焊工件尺寸和形状常常受到真空室的限制。

(4) 电子束易受杂散电磁场的干扰，影响焊接质量。

(5) 电子束焊接时产生的 X 射线需要严加防护以保证操作人员的健康和安全。

由于有上述的优势，电子束焊接技术可以焊接难熔合金和难焊材料，焊接深度大，焊缝性能好，焊接变形小，焊接精度高，并具有较高的生产率。因此，在核、航空、航天、汽车、压力容器以及工具制造等工业中得到了广泛地应用。

4.3.2　激光焊机简介

激光是 20 世纪最伟大的发明之一，世界上第一台激光器问世于 1960 年，激光焊接是当今先进的制造技术之一。与一般的焊接方法相比，激光焊有如下特点。

(1) 聚焦后的功率密度可达 $10^5 \sim 10^7 \, \text{W/cm}^2$，甚至更高，加热集中，完成单位长度、单位厚度工件焊接所需的热输入低，因而工件产生的变形极小，热影响区也很窄，特别适宜于

精密焊接和微细焊接。

（2）可获得深宽比大的焊缝，焊接厚件时可不开坡口一次成形。激光焊缝的深宽比目前已达 12∶1，不开坡口单道焊接钢板的厚度已达 50mm。

（3）适宜于难熔金属、热敏感性强的金属以及热物理性能差异悬殊、尺寸和体积悬殊工件间的焊接。

（4）可穿过透明介质对密闭容器内的工件进行焊接。

（5）可借助反射镜使光束达到一般焊接方法无法施焊的部位，有的激光（波长 $1.06\mu m$）还可用光纤传输，可达性好。

（6）激光束不受电磁干扰，无磁偏吹现象存在，适宜于磁性材料焊接。

（7）不需真空室，不产生 X 射线，观察及对中方便。

激光焊的不足之处是设备的一次投资大，对高反射率的金属直接进行焊接比较困难。

目前，用于焊接的激光器主要有两大类，气体激光器和固体激光器，前者以 CO_2 激光器为代表，后者以 YAG（钇铝柘榴石，晶体结构与红宝石相似）激光器为代表。根据激光

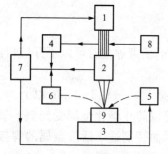

图 4.3.3　激光焊机的组成

1—激光器；2—光学系统；3—激光加工机；4—辐射参数传感器；5—工艺介质输送系统；6—工艺参数传感器；7—控制系统；8—准直用 He-Ne 激光器；9—工件

的作用方式激光焊接可分为连续激光焊和脉冲激光焊。随着设备性能的不断提高、结构的日益复杂，对接头性能和变形要求越来越苛刻，许多传统的焊接方法已不能满足要求，这使得激光焊接在许多场合具有不可替代的作用。

激光焊机由激光器、光学系统、激光加工机、辐射参数传感器、工艺介质输送系统、工艺参数传感器、控制系统、准直用 He-Ne 激光器等几部分组成。图 4.3.3 是激光焊接设备组成框图。

4.3.3　钎焊机简介

钎焊属于固相连接，它与熔焊方法不同，钎焊时母材不熔化，采用比母材熔化温度低的钎料，加热温度采取低于母材固相线而高于钎料液相线的一种连接方法。当被连接的零件和钎料加热到钎料熔化，利用液态钎料在母材表面润湿、铺展、与母材相互溶解和扩散，在母材间隙中润湿、毛细流动、填缝而实现零件间的连接。实际钎料填缝过程如图 4.3.4 所示。

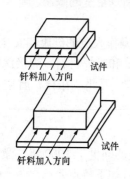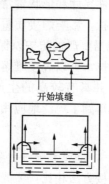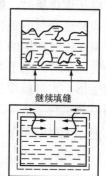

图 4.3.4　实际钎料填缝过程示意图

根据使用钎料的不同，加热温度不同，钎焊一般分为：

（1）软钎焊——钎料液相线温度低于 450℃；

（2）硬钎焊——钎料液相线温度高于 450℃。

此外，某些国家将钎焊温度超过 900℃ 而又不使用钎剂的钎焊方法（如真空钎焊、气体保护钎焊）称作高温钎焊。

同熔焊方法相比，钎焊具有以下优点：

（1）钎焊加热温度较低，对母材组织和性能的影响较小。

（2）钎焊接头平整光滑，外形美观。

（3）焊件变形较小，尤其是采用均匀加热（如炉中钎焊）的钎焊方法，焊件的变形可减小到最低程度，容易保证焊件的尺寸精度。

（4）某些钎焊方法一次可焊成几十条或成百条钎缝，生产率高。

（5）可以实现异种金属或合金、金属与非金属的连接。

但是，钎焊也有它本身的缺点，钎焊接头强度比较低，耐热能力比较差，由于母材与钎料成分相差较大而引起的电化学腐蚀致使耐蚀力较差及装配要求比较高等。

钎焊方法通常是以所应用的热源来命名的，根据热源或加热方法的不同，钎焊可分为火焰钎焊、感应钎焊、炉中钎焊、浸渍钎焊、电阻钎焊等等。随着新热源的发展和使用，近年来出现了不少新的钎焊方法，各种钎焊方法如图 4.3.5 所示。

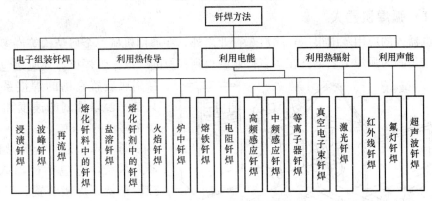

图 4.3.5　钎焊方法分类示意图

图 4.3.6 所示是电阻钎焊机的原理图。

其中利用电能的电阻钎焊又称为接触钎焊。它是依靠电流通过钎焊处电阻产生的热量来加热工件和熔化钎料的。电阻钎焊分直接加热和间接加热两种方式。

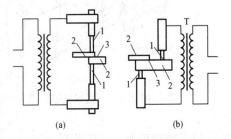

图 4.3.6　电阻钎焊机原理图

(a) 直接加热；(b) 间接加热

1—电极；2—焊件；3—钎料

直接加热电阻钎焊，钎焊处由通过的电流直接加热，加热很快，但要求钎焊面紧密贴合。加热程度视电流大小和压力而定，加热电流在 6000～15000A，压力在 100～2000N 之间。电极材料可选用铜、铬铜、铝、钨、石墨和铜钨烧结合金。直接加热的电阻钎焊由于只有工件的钎焊区域被加热，因此加热迅速，但对工件形状及接触配合的要求高。

间接加热电阻钎焊，电流可只通过一个工件，另一工件的加热和钎料的熔化是依靠被通电加热的工件的热传导来实现的。间接加热电阻钎焊的加热电流介于 100～3000A 之间,电极压力为 50～500N。间接加热电阻钎焊灵活性较大,对工件接触面配合的要求较低,但因不是依靠电流直接通过加热的,整个工件被加热,加热速度慢。适宜于钎焊热物理性能差别大和厚度相差悬殊的工件,而且对钎焊面的配合要求可适当降低。

4.4　焊接机器人及焊接专机

焊接机器人是应用最广泛的一类工业机器人,在各国机器人应用中焊接机器人大约占总数的 40%～60%。工业机器人作为现代制造技术发展的重要标志之一和新兴技术产业,已为世人所认同,并正对现代高技术产业各领域以至人们的生活产生重要影响。

1962 年美国推出了世界上第一台 Unimate 型和 Versatra 型工业机器人。我国工业机器人的发展起步较晚,但从 20 世纪 80 年代以来进展较快,1985 年研制成功华字型弧焊机器人,1987 年研制成功上海 1 号、2 号弧焊机器人,1987 年又研制成功华字型点焊机器人,都已初步商品化,可小批量生产。1989 年,我国以国产机器人为主的汽车焊接生产线投入生产,标志着我国工业机器人实用阶段的开始。

目前主要有弧焊机器人和点焊机器人用于实际生产。

4.4.1　弧焊机器人

弧焊机器人的应用范围很广,除汽车行业之外,在通用机械、金属结构等许多行业中都有应用。这是因为弧焊工艺早已在诸多行业中得到普及的缘故。弧焊机器人应是包括各种焊接附属装置在内的焊接系统,而不只是一台以规划的速度和姿态携带焊枪移动的单机。

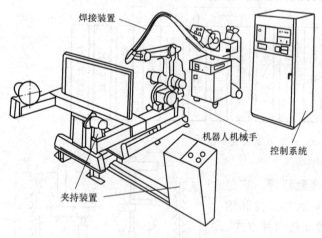

图 4.4.1　弧焊机器人系统的基本组成

图 4.4.1 是一套完整的弧焊机器人系统,它包括机器人机械手、控制系统、焊接装置、焊件夹持装置。夹持装置上有两组可以轮番进入机器人工作范围的旋转工作台。

弧焊机器人系统还应有行走机构及小型和大型移动机架,通过这些机构来扩大弧焊机器人的工作范围,图 4.4.2 所示是一种移动机架。同时还具有各种用于接受、固定及定位工件的转胎、定位装置及夹具,图 4.4.3 所示是各种弧焊机器人专用转胎。

在最常见的结构中,弧焊机器人固定于基座上(见图 4.4.1),工件转胎则安装于其工作范围内,为了更经济地使用弧焊机器人,至少应有两个工位轮翻进行焊接。

弧焊机器人的操作普遍采用示教方式,即通过示教盒的操作键引导到起始点,然后用按键确定位置、运动方式(直线或圆弧插补)、摆动方式、焊枪姿态以及各种焊接参数。同时还可通过示教盒确定周边设备的运动速度等。焊接工艺操作包括引弧、施焊熄弧、填充火口等,亦通过示教盒给定。示教完毕后,机器人控制系统进入程序编辑状态,焊接程序生成后

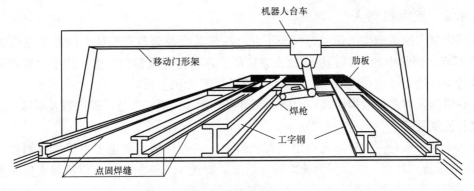

图 4.4.2　弧焊机器人倒置在移动门架上

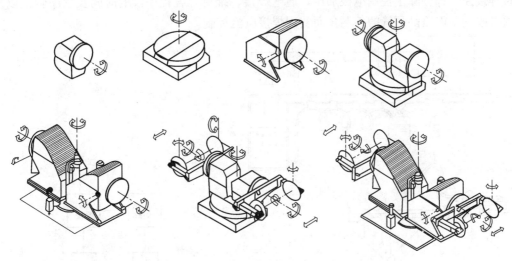

图 4.4.3　各种弧焊机器人专用转胎

即可进行实际焊接。

　　适合机器人应用的弧焊方法如图 4.4.4 所示。

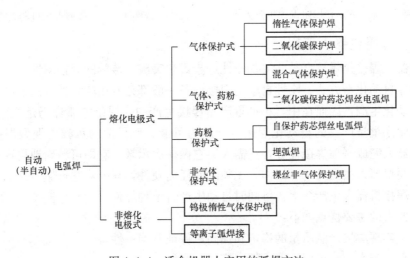

图 4.4.4　适合机器人应用的弧焊方法

4.4.2　点焊机器人

点焊机器人的典型应用领域是汽车工业。一般装配每台汽车车体大约需要完成 3000～4000 个焊点，而其中的 60% 是由机器人完成的。在有些大批量汽车生产线上，服役的机器人台数甚至高达 150 台，机器人已经成为汽车生产行业的支柱。

点焊机器人有多种结构形式，大体上都可以分为 3 大组成部分，即机器人本体、点焊焊接系统及控制系统。

图 4.4.5 所示是一种分离式焊钳点焊机器人。点焊焊接系统主要由焊接控制器、焊钳（含阻焊变压器）及水、电、气等辅助部分组成，如图 4.4.6 所示。点焊机器人控制系统由本体控制部分及焊接控制部分组成。本体控制部分主要是实现示教再现，焊点位置及精度控制；焊接控制部分除了控制电极加压、通电焊接、维持等各程序段的时间及程序转换以外，还通过改变主电路晶闸管的控制角而实现焊接电流控制。

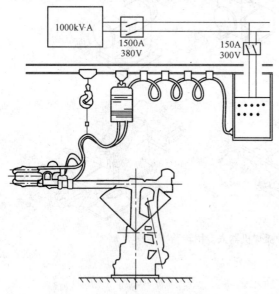

图 4.4.5　分离式焊钳点焊机器人

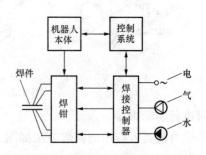

图 4.4.6　典型点焊机器人焊接系统

4.4.3　焊接机器人应用

采用机器人焊接是焊接自动化的革命性进步，它突破了传统的焊接刚性自动化方式，开拓了一种柔性自动化新方式。刚性自动化焊接设备一般都是专用的，通常用于中、大批量焊接产品的自动化生产，因而在中、小批量产品焊接生产中，焊条电弧焊仍是主要焊接方式。焊接机器人使小批量产品的自动化焊接生产成为可能。就目前的示教再现型焊接机器人而言，焊接机器人完成一项焊接任务，只需人给它做一次示教，它即可精确地再现示教的每一步操作，如要机器人去做另一项工作，无须改变任何硬件，只要对它再做一次示教即可。因此，在一条焊接机器人生产线上，可同时自动生产若干种焊件。

焊接机器人的主要优点如下：

（1）易于实现焊接产品质量的稳定和提高，保证其均一性。

（2）提高生产率，一天可 24h 连续生产。

（3）改善工人劳动条件，可在有害环境下长期工作。

（4）降低对工人操作技术难度的要求。

（5）缩短产品改型换代的准备周期，减少相应的设备投资。

（6）可实现小批量产品焊接自动化。

（7）为焊接柔性生产线提供技术基础。

近年来焊接机器人的数量增加很快，特别是在汽车制造业。我国焊接机器人在各行业的分布情况如图 4.4.7 所示。汽车制造和汽车零部件生产企业中的焊接机器人占全部焊接机器人的 76%，是我国焊接机器人最主要的用户。汽车制造厂的点焊机器人多，弧焊机器人较少；而零部件厂弧焊机器人多，点焊机器人较少。该行业中点焊与弧焊总的比例约为 3：2。其他行业大都是以弧焊机器人为主，主要分布在工程机械（10%）、摩托车（6%）、铁路车辆（4%）、锅炉（1%）等行业。焊接机器人分布在全国各个经济地区，但主要集中在东部沿海和东北地区。东部的上海和东北的长春这两个汽车城是我国拥有焊接机器人最多的城市。从图 4.4.7 中还能看出，我国焊接机器人的行业

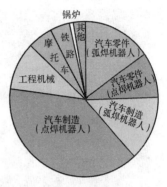

图 4.4.7 全国焊接
机器人的行业分布

分布不均衡，也不够广泛。今后应重点放在扩大应用领域，使更多行业用上焊接机器人。

当前企业使用的焊接机器人工作站大多是用示教-再现型的机器人，不具备自适应能力，因此要求工件的装配尺寸必须稳定。近期我国有一些铁路车辆厂开始引进带有激光视觉传感器的焊接机器人，不仅能自动寻找和跟踪接缝，有的还能对坡口（间隙）宽度的变化自动进行一定的自适应调节。今后带有视觉传感器的焊接机器人将会不断增多，这是一个重要的发展方向，特别是对大型工件的焊接。

4.4.4 焊接专机的应用

焊接专机是一种刚性或半刚性的自动化焊接设备，不同于柔性自动化的焊接机器人。在选择上必须根据企业生产情况和产品要求来选择是用专机还是用机器人。不能笼统认为机器人是高水平的自动化，而专机是较低水平的自动化。根据实践经验，选择的原则如表 4.4.1 所列。

表 4.4.1　　　　　　　　焊接机器人和焊接专机的特点对比与选择原则

内　容	焊接机器人	焊接专机
对产品生产批量的要求	可以小批量甚至单件	要求大批量
对产品改型周期的要求	可以短	要求长
设备适应改型的能力	容易（柔性自动化）	困难（刚性自动化）
焊件上焊缝的数量	可以较多	希望较少
每条焊缝长度	可以很短	希望较长
每条焊缝形状	最适合复杂的空间曲线	适合直线或圆形焊缝
对工件尺寸及装配精度的要求	较严（可用跟踪寻位技术来弥补）	严（一般不配备跟踪系统）
焊接效率	主要取决于焊枪移位的次数（即焊缝数），移位越多效率越高	主要取决于一条焊缝的长度，焊缝越长效率越高
投资额与回收期	一般较高、稍长	一般较低、较短

　　我国的焊接专机大多在大批量生产的企业,如在冰箱与空调压缩机的焊接生产线、汽车装焊生产线、管子生产线、汽车零部件生产线、摩托车零部件生产线等场合。图4.4.8和图4.4.9为冷藏集装箱铝合金T型底板焊接专用生产线和汽车消音器焊接专用设备。

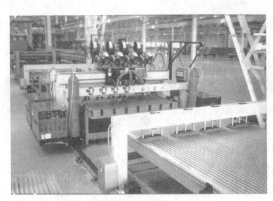 

图4.4.8　集装箱铝合金T型底板焊接生产线　　　图4.4.9　汽车消音器焊接专机

4.5　电焊机的节电技术

　　电焊机的使用量大、面广,使用特点是负载与空载交替进行。而影响焊接节能的因素除焊接方法、焊接设备、焊接工艺和焊接材料外,还与焊接工件的备料、准备、装配、焊后处理等多种因素密切相关,这里仅介绍企业普遍采用的一些简要节能方法。

　　一、积极推广使用电焊机空载自动装置,减少电焊机空载损耗

　　电焊机在进行焊接时,由于负荷变化的间隙性和不规则性,其空载时间往往多于负载时间。因此,电焊机除有一定的空载有功损耗外,还因空载时功率因数只有0.1~0.3,使无功功率损耗亦非常大。据测试,一台AX-320型14kW直流电焊机,空载有功损耗达2.2kW,无功功率损耗达5.7kvar。而一台AX500型26kW直流弧焊机,其空载时有功损耗达2.7kW,无功损耗则达10.8kvar。为降低电焊机空载时的损耗,许多企业都积极采用了电焊机空载自停断电装置。一些常用空载自停断电装置简介如下。

　　1. 简易型交流电焊机空载自停装置

　　简易型交流电焊机空载自停装置,它是利用一只380/60V控制变压器、时间继电器和接触器组成的一种电焊机自停装置。其接线原理如图4.5.1所示。

　　图中TC表示控制变压器,其容量为25VA。在焊接引弧时,时间继电器KT被电极及工件短路而释放,其动断触点KT闭合,接通了接触器KA,从而使KA1、KA2闭合,焊接变压器TH通电开始焊接。当电焊机空载(停止焊接)时,焊接变压器TH的空载电压加到时间继电器KT上,使KT开始动作,经过延时,动断触点KT断开,从而使接触器KA失电,触点KA1和KA2断开,切断了焊接变压器的电源,实现了空载自停。

　　2. 硅整流直流电焊机空载自停装置

　　硅整流直流电焊机空载自动装置是应用晶体管控制电路组成的一种自停断电装置,接线原理如图4.5.2所示。其工作原理:当合上电源开关S后,时间继电器KT经动断触点K通电吸合,而交流接触器KA亦同时起动,电焊机带电。倘此时未进行焊接,时间继电器通过延时动作，使动断触点 KT 断开，接触器 KA 失电，使电焊机又恢复断开状态。倘合上电源开关后，焊条与焊件接触，电流互感器 TA 则发出信号，经二极管 VD6 半波整流、电阻 R_1 降压和稳压管 VD 稳压后，正极直流信号经限流电阻 R_2 加到三极管 V 的基极上，其负极与 V 的发射极相连，由于基极电位高于发射极电位，使三极管 V 导通。高灵敏继电器 K 通电，使动断触点 K 断开，时间继电器 KT 断电释放，继而使动断触点 KT 闭合，交流接触器 KA 有电，电焊机开始焊接。只要焊机连续进行焊接，则电流互感器次极始终有感应电压使三极管 V 处于导通状态，保持焊机运行。若停焊时间超过时间继电器锁定延时时间，则动断触点 KT 延时断开，KA 失电，焊机自动切除电源。电焊机空载自停断电装置种类繁多，市场多有销售。如 JHEC 型、KYH-1 型电焊机节电控制器等，企业可根据焊机工作特性相应选用。

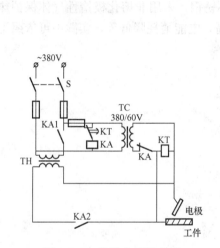

图 4.5.1　简易电焊机自停
装置接线原理图

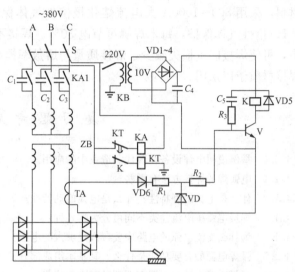

图 4.5.2　硅整流直流电焊机自停装置接线原理图

二、积极采用节能型焊机

积极采用节能型交流弧焊机或硅整流焊机，大力推广采用 CO_2 气体保护焊机，降低焊机损耗。用 CO_2 气体保护焊机代替手工弧焊机，可使耗电量降低 50%，使生产率提高 1.2～2.4 倍。每台焊机每年可节电 6000kW·h 左右，是焊接节电技术发展的方向，值得大力推广应用。

三、电焊机加装移相电容器进行无功补偿

由于交流弧焊机的功率因数很低，因此有必要安装移相电容器进行无功补偿。如果通过接入移相电容器后将功率因数由 0.45～0.6 提高到 0.60～0.70，则输入视在功率约减少 20%，一次侧配线损耗也降低到约 64%。交流弧焊机接入移相电容器后，按 10 年寿命期限计算可减少电能的费用，相当于焊机的价格。扣除电容器的费用，其节约的费用还是相当大的。它不仅节约电费，而且改善了供电网络的品质因数，节省了输配电线路的损耗。

四、合理设计焊接结构，正确选择焊接工艺及焊机额定容量

在进行产品焊接结构设计时，应尽量使焊接工作量减到最少，或采用铸焊、锻焊联合结构。在确定焊机容量时，额定电流不宜过大，当焊件选用 250A 额定电流焊机可以时，若选

用 400A 额定电流焊机，则焊机容量将由 18kV·A 增大到 32kV·A，从而使一次电流增大，线损增大，浪费了电能。在焊接工艺选择上，应在满足工艺要求前提下，尽量减少焊接电流，以利于减少焊接能量损耗。在操作工艺上，如焊接 12mm 厚的不锈钢，采用小孔法等离子弧焊，其焊接电流需 250A，氩气流量为 3500l/h；而采用减气压法等离子弧焊，焊接电流只需 200A，氩气流量为 2900l/h，后者比前者节电 20%，节省氩气 17%。采用电阻点焊时，则应尽量采用大电流以缩短通电时间；在通电方式上，应采用直接通电方式，以减少线路损耗等。

五、大力推广应用节能焊接材料，提高焊接质量，降低电能消耗

推广使用节能的焊接材料，保证焊接质量，减少焊接时的能量损失，提高焊接效率，这也是焊接节能的一个重要途径。如利用高效铁粉代替普通焊条，一般可节电 50%。焊接铝铜材料，采用 800~1000A 大电流熔化极惰性气体保护，可节电 50%。焊接铜合金，采用 Ar+He 惰性气体保护，每米焊缝可节电 30%。焊接不锈钢，采用非熔化极惰性气体保护热丝焊，可使焊接能量损失减少，焊接质量与熔敷率提高，电能消耗降低等，实践中可依照不同焊接材质予以采用。

复 习 思 考 题

4.0.1 举例说明电焊设备在现代制造业中的应用。

4.1.1 电弧焊的焊接方法有哪些？

4.1.2 什么是电弧的静特性？什么是电弧的动特性？

4.1.3 焊接电弧按电流种类不同可分为哪几种？

4.1.4 为什么交流电弧的电路中要接入足够大的电感？

4.1.5 弧焊电源的首要功能是什么？其基本组成部分是什么？

4.1.6 弧焊电源中的变压器有哪两种基本形式？

4.1.7 对弧焊电源外特性的要求是什么？

4.1.8 电源-电弧系统稳定工作的条件是什么？

4.1.9 弧焊电源按其外特性不同分为哪两大类？

4.1.10 什么是弧焊电源的调节特性？

4.1.11 什么是弧焊电源动特性？

4.1.12 对不熔化极弧焊是否要考虑对电源动特性的要求？为什么？

4.1.13 《GB/T15579—1995 弧焊设备安全要求》中对弧焊电源空载电压是如何规定的？

4.1.14 弧焊工艺对弧焊电源提出的电特性要求有哪些？

4.1.15 按照控制方法的不同，弧焊电源可分为哪三种类型？

4.1.16 机械调节型弧焊电源有哪几种机械调节方式？

4.1.17 机械调节型弧焊电源中的弧焊变压器与一般变压器在设计和结构上最大的不同是什么？

4.1.18 机械调节型弧焊电源、电磁控制型弧焊电源、电子控制型弧焊电源的静态特性和动态特性分别取决于什么因素？

4.1.19 直流弧焊电源包括哪几种类型？目前应用较多的是哪种类型？

4.1.20 逆变式弧焊电源主要是由哪几部分组成的？为什么逆变式弧焊电源应用愈来愈广泛？

4.1.21 交流方波弧焊电源的输出电流有何特点？

4.1.22 交流方波弧焊电源的用途是什么？交流方波弧焊电源常用的电路形式主要有哪几种？

第5章　直流用电设备及直流电源

直流用电设备的种类很多，例如直流电动机、直流电弧炉、直流电焊机、电解、电镀等。其中用电量最大的是电解和电镀。

例如生产电解铝的交流单耗，预焙槽比较先进的指标是 15000kW·h/t，2005 年我国的限额是 15500kW·h/t；自焙槽比较先进的指标是 15500kW·h/t，2005 年我国的限额是 16000kW·h/t。生产烧碱的交流单耗，隔膜法比较先进的指标是 2500kW·h/t，2005 年我国的限额是 2500kW·h/t；离子膜法比较先进的指标是 2350kW·h/t，2005 年我国的限额是 2350kW·h/t。电解铝和电解烧碱都属九种高耗电产品之列。

为直流用电设备提供电能的直流电源，绝大多数情况下采用电力电子变换装置将交流电转换为直流电。有关直流电源的工作原理已在第 1 章中介绍。还有很多场合使用蓄电池作为直流电源。

本章介绍的直流用电设备有电解和电镀，直流电源有蓄电池。

5.1　电　　　解

电解是一种由来已久的生产工艺，它利用直流电流引起的化学反应进行生产。用电解法进行生产的产品种类很多，例如电解烧碱、电解铝、电解铜……。

虽然这些产品的性质不同，但电解本身的工作原理是一样的。下面以电解烧碱、电解铝为例，介绍电解的生产过程、所用设备和用电概况，以及有关节电的途径。

5.1.1　电解烧碱

烧碱是重要的化工原料，除用于化学工业本身以外，还广泛应用于印染、纸浆、肥皂、合成洗涤剂以及石油、炼制等工业部门。

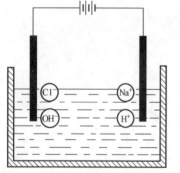

图 5.1.1　电解烧碱示意图

生产烧碱的原料是食盐（氯化钠 NaCl）和水（H_2O），借助于直流电流通过食盐水电解液进行化学反应生成烧碱，如图 5.1.1 所示。电解法生产的烧碱又称为氯碱。电解烧碱的生产方法有隔膜法、离子变换膜法和水银法等，我国多数采用隔膜法。

一、电解烧碱生产的基本原理

在盛食盐水电解液的电解槽中，存在下述离子：钠离子 Na^+、氯离子 Cl^-、氢离子 H^+、氢氧根离子 OH^-。当电极插入氯化钠水溶液中并接通直流电源时，带正电荷的 Na^+ 和 H^+ 向阴极移动，带负电荷的 Cl^- 和 OH^- 向阳极移动，并分别在阴极和阳极上得、失电子（e），而变成不带电的中性原子。

在阴极上，由于氢离子比钠离子易于得到电子而先放电，变成氢原子。两个氢原子再结合成氢分子，放出氢气。

$$H^+ + e \!=\!=\! H$$
$$2H \!=\!=\! H_2 \uparrow$$

在阳极上，由于氯离子比氢氧根离子容易失去电子而先放电，变成氯原子。两个氯原子结合成氯分子，放出氯气。

$$Cl^- - e \!=\!=\! Cl$$
$$2Cl \!=\!=\! Cl_2 \uparrow$$

上述全部反应的化学方程式为

$$2NaCl + 2H_2O \!=\!=\! 2NaOH + Cl_2 \uparrow + H_2 \uparrow$$

NaOH 即为烧碱。

根据上述化学方程式，可以算出理论上电解产生 1t 烧碱（100％NaOH），同时生产 0.866t 氯气（100％）和 0.025t 氢气（100％），需要消耗 100％的 NaCl1.463t。

电解制碱时，在阳极上产生氯气，阴极上产生氢气和氢氧化钠。这些产物如果不把它们隔离分开，将会按下式进行反应：

$$2NaOH + Cl_2 \!=\!=\! NaClO + NaCl + H_2O$$

产生次氯酸钠，次氯酸钠还会进一步变成氯酸钠，就得不到所需要的氯和碱；如果不把氢气和氯气隔开，还会发生爆炸事故。

为了解决上述问题，在电解槽的阴阳极之间设置了多孔渗透性的隔膜材料，把电解槽分为阳极室和阴极室两部分，这种采用隔膜的电解方法称"隔膜法电解"。图 5.1.2 所示是立式隔膜电解槽示意图。隔膜材料能让离子（Na^+、Cl^-、H^+、OH^-）和水分子通过，却阻止阴阳极电解产物的混合。因此，在隔膜电解槽阳极室产生的氯气，不会进入阴极室，经阳极室上方氯气支管导出；在阴极室产生的氢气，也不会进入阳极室，由阴极箱氢气支管导出，氢氧化钠溶液经阴极室下方导出。

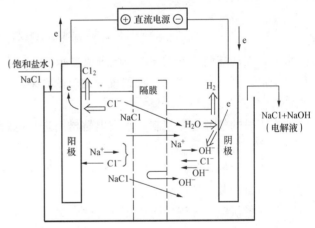

图 5.1.2　立式隔膜电解槽示意图

二、电解烧碱的生产流程

隔膜法电解烧碱工艺流程是由盐水精制、电解、氯气和氢气处理、液氯、碱液蒸发等工序组成，有的工厂还有固碱工序。隔膜法制氯碱工艺流程如图 5.1.3 所示。

电解烧碱车间由盐水工段，电解工段，氯、氢处理工段，蒸发工段，蒸煮工段等几个生产工段和辅助性的电解槽制作、检修等工段组成。这些工段的工作性质和任务如下所述。

1. 盐水工段

电解烧碱以食盐作原料。食盐中含有氯化镁、氯化钙、硫酸钙、硫酸钠和其他杂质，对电解是有害的。盐水工段的主要任务就是把固体食盐溶化成饱和溶液，再经过化学和机械的处理，将杂质除去，制成符合电解生产所需要的精制盐水。精制盐水再进行预热和重饱和后送往电解槽。入槽盐水温度应加热到 70～80℃，使其尽量接近槽温。进槽盐水如采用酸性

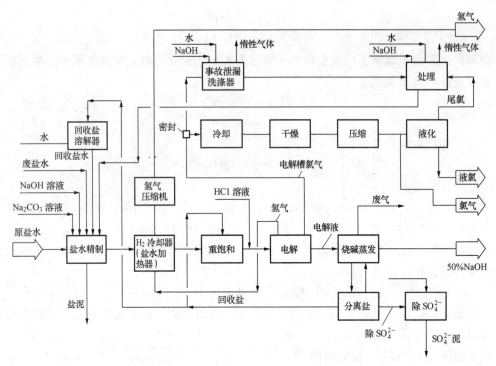

图 5.1.3 隔膜法电解制氯碱工艺流程

盐水时，加盐酸调节 pH 值，一般进槽盐水 pH 值为 3~5。利用电解槽产生的氢气与盐水进行热交换，可以节约蒸气，收到较好的节能效果。

2. 电解工段

本工段的任务是将精制盐水在电解槽内进行电解，制得淡碱液、氯气和氢气。

3. 氯、氢处理工段

这个工段的任务是将电解槽出来的高温湿氯气进行冷却，并用浓硫酸脱水干燥，然后压缩送往液氯和其他氯产品工序。

为保护氯碱厂环境，防止氯气外逸，氯碱工厂都设有氯气事故泄漏洗涤器。当电解过程发生事故时，氯气即进入泄漏洗涤器，与此同时氯气被循环碱液所吸收，以防外逸。

高温氢气经冷却、压缩后送往有关的车间和工段制成产品。

4. 蒸发工段

电解工段生产的淡碱液，含氢氧化钠（NaOH）仅 10％左右，同时还含有大量未经电解的食盐和水分，所以蒸发工段的任务是通过加热、蒸发、浓缩，以制得浓碱液供生产固体烧碱。蒸发过程通常使用强制循环的多效蒸发器，多采用三效、四效顺流流程生产 50％液碱。同时将蒸发浓缩过程中结晶出来的氯化钠加以分离后制成盐泥浆供盐水重饱和使用。

5. 蒸煮工段

对生产固体烧碱的工厂，还要通过在管式蒸发器中加热进行浓缩制成固碱或粒碱、片碱。

6. 电解槽制作检修工段

这个工段的任务是制作电解槽阳极、吸附隔膜和电解槽的安装拆卸。

三、立式吸附隔膜电解槽

立式吸附隔膜电解槽根据阳极材料不同，可分为石墨阳极电解槽和金属阳极电解槽。由于金属阳极电解槽与石墨阳极电解槽相比具有能耗低、电流密变高、阳极寿命长、隔膜寿命长、减少公害等明显优点，近年来在国内得到迅速发展。

金属阳极电解槽的结构如图 5.1.4 所示，它由槽盖、阴极箱体、阳极片和底板以及隔膜等组成。

金属阳极电解槽的槽盖采用钢衬胶槽盖，高度合适、盐水进口分布合理，盖顶有氯气出口，侧部有盐水进口、氯气压力表接口、阳极液位计接口，槽盖借自重或用法兰连接阴极箱。

阴极箱由箱体、阴极网袋及导电铜板组成。立式吸附隔膜电槽的阴极，目前大多采用钢丝编织成网袋，故称为阴极网袋。阴极

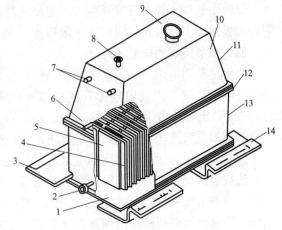

图 5.1.4　金属阳极隔膜电解槽

1—阳极组合件；2—电解口出口；
3—阴极连接钢排；4—阴极网袋；
5—阳极片；6—阴极水位表接口；
7—盐水喷嘴插口；8—氯气压力表接口；
9—氯气出口；10—氢气出口；
11—槽盖；12—橡皮垫床；
13—阴极组合件；14—阳极连接钢排

箱体是用钢板焊成的无底无盖的长方形框。在箱体上有氢气和电解液出口管，外侧有导电铜板，使电流均匀分布在阴极网袋上。由于中空状金属阳极对电解质溶液具有导通作用，所以阴极网袋就不再设置循环通道，如图 5.1.5 所示。

金属阳极由阳极片和钛铜复合棒焊接而成。阳极片采用 1~1.5mm 钛板冲压扩张成菱形网片，其延伸率 140%，钛铜复合棒的棒体为铜棒在里，外包钛皮，其一端滚有细纹。盒式菱形网片焊在钛铜复合棒上。阳极片的宽度从 240mm 到 560mm 不等，高度从 700mm 到 800mm，厚度从 29mm 到 37mm 不等，每只电解槽阳极片的数量随槽型而异。阳极片经处理后，涂上钉钛涂层。这种阳极不仅机械强度高，导电性能好，而且形状稳定。

电解槽的底板由钛-钢-铜三板叠合而成。最上层为 2mm 钛板作为防腐层；中层为 20mm 钢板，作为支承；下层为 16mm 铜板，作为阳极导电板。阳极片通过钛铜复合棒一端螺栓连接在铜导电板上，如图 5.1.6 所示。

图 5.1.5　隔膜电解槽阴极

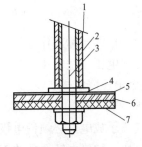

图 5.1.6　隔膜电解槽阳极支持结构

1—钉钛氧化物涂层；2—钛阳极；3—钛铜复合棒；
4—钛垫圈；5—橡胶层；6—钢板；7—铜导板

隔膜由长度不等的石棉纤维按一定配比制成的石棉绒浆液，用真空抽吸方法将石棉绒吸附在阴极网袋上，设置在阴极室和阳极室之间。

四、电解烧碱的电量消耗

电解是利用电能来完成化学反应获得产品的，因此电耗是电解生产的一个重要技术经济指标。电解烧碱生产耗电较多，其中直流电能消耗约占 97%～98%，交流动力用电约占 2%～3%，电费约占生产成本的 50%。

当电解质溶液通入电流时，电解质即进行分解，在电极附近析出电解产物。在电解过程中生成物质的量与通过电解质的电量之间的关系，可以用法拉第定律表示。

法拉第定律指出，在电解过程中，电极上所产生物质的量，与通过电解质溶液的电量成正比，即与电流强度及通电时间成正比。通过的电量越多，电解生成的产物就越多，要增加电解产物量，就要提高电流强度或延长通电时间。

法拉第定律的数学表达式为

$$m = \frac{M_B \cdot Q}{n \cdot F} = \frac{M_B \cdot I \cdot t \cdot k}{n \cdot F}$$

式中　m——电极上析出物质的质量，g；

　　　M_B——物质以原子为基本单元的摩尔质量，g；

　　　Q——电量，C；

　　　F——法拉第常数，96500C/mol；

　　　I——电流强度，A；

　　　t——通过电流的时间，s；

　　　n——电极反应时一个原子得失的电子数；

　　　k——电解槽个数。

在电解过程中，电解质溶液中常含有一些其他离子，当这些离子放电时也会消耗一部分电量，电解时发生的副反应以及电路漏电等因素也要消耗一定的电量，供电系统中的整流元件、整流变压器、调压器、电抗器、交直流母线等也要消耗一定的电量。所以真正用于生成产品的电量要比实际供给的电量少。由于这些原因，实际电解生产中获得的产物量要比按法拉第定律计算的理论产量少。把通过一定电量时，生成物的实际产量 $Q_{实际}$ 与理论产量 $Q_{理论}$ 之比称为电流效率。电流效率的数学表达式为

$$\eta_{(电流效率)} = \frac{Q_{实际}}{Q_{理论}} \times 100\%$$

五、槽电压

槽电压即电解槽的实际工作电压，是一项重要的技术指标，与能耗有极其密切的关系。槽电压由理论分解电压、过电压、金属导体电压降、电解质溶液电压降、隔膜电压降（离子膜电压降）、接触电压降组成。

1．理论分解电压

电解时要使离子放电，必须使电极具有一定的电压，电解质开始分解时所必须的最低电压，叫做分解电压。如果电解质的浓度、温度一定，那么离子放电所需的理论分解电压也一定，理论分解电压在数值上等于阳极放电电位与阴极放电电位之差，即

理论分解电压＝阳极放电电位－阴极放电电位

隔膜法电解烧碱的理论分解电压约为 2.22V。

2. 过电压

电解时实际放电电位比理论放电电位高，把这个差值称为过电压。

美国虎克公司采用金属阳极和活性阴极代替石墨阳极和铁网阴极，电流密度为 1550A/m^2 时，阳极过电压由 0.33V（石墨阳极）下降到 0.02V（金属阳极）；电流密度为 2000A/m^2 时，阴极过电压由 0.291V（铁网阴极）下降到 0.091V（活性阴极），过电压下降在一定程度上节省了生产成本。

3. 第一类导体的电压降

第一类导体是指金属和石墨等，这样的导体在电流通过时只引起导体本身的温度升高，而不发生任何化学变化。母线、阳极、阴极箱等都是第一类导体。由于这些导体具有电阻，电流通过时就要引起压降，称为第一类导体的电压降。

为了降低第一类导体的电压降，须选用电阻率小的材料做导体，工业上采用最多的是铜，其次是铝。同时选择合适的电流密度，电流密度越大，电压损失也越大，电流密度太小，虽然电压损失是少了，但要浪费导体材料，反而不经济。电解生产中铜母排设计的电流密度为 1.25～1.75A/mm^2，铝母排为 0.75～0.9A/mm^2，电解槽上阴阳极铜导板和连接铜导板的电流密度则在 2A/mm^2 以下为宜；减少导体长度，使电解槽间距离尽量缩短，电解槽安装紧凑；控制导体温度不宜过高。

4. 电解质中的电压降

电解过程中，由于电解质溶液具有电阻，电流通过电解质溶液时，必须克服它的阻力，从而造成电压的损失，其电压降的计算也符合欧姆定律。

为了减少电解质溶液中的电压损失，尽量缩短阴极和阳极之间的距离，并把电解质溶液维持在较高的温度和浓度下进行电解，以增加溶液的电导率。

5. 隔膜电压降（离子膜电压降）

电流通过电解槽中的隔膜，也会造成电压降。据测定，在正常运转情况下，隔膜电阻为 2.5～4.0Ω/cm^2，隔膜电压降为 180～300mV。

隔膜电压降与隔膜厚度（如石棉用量）、吸附质量、隔膜孔隙率、渗透率、盐水质量、电解槽操作以及运转时间有关。因此，要降低隔膜电压降，需保证盐水质量，以防止杂质堵塞隔膜，同时注重隔膜吸附质量。降低隔膜厚度也是降低隔膜电压降的一个重要措施。

6. 接触电压降

在电解槽连接、阳极组装和阴极制造过程中，导体接触和连接的地方有电阻，当电流通过时，在连接和接触处就产生电压降。接触电压降与接点的组装质量、接点的接触面积、接触面的清洁以及接触紧密的程度有关。不同材料，其接触面允许的电流密度不同，如果超过允许的范围，接触面发热，接触电压降就升高。

以下列出几种材料接触允许的电流密度（电流 2000A 以上）

铜-铜：0.1～0.12A/mm^2

铝-铝：0.05～0.09A/mm^2

铜-铝：0.07～0.09A/mm^2

铜-铁：0.04～0.06A/mm^2

为了降低接触电压降，必须保证阳极组装制造的质量，保证阴极箱的制造质量；槽间铜排连接接触好，接触面清洁、平整，控制在允许电流密度之下，螺丝拧得紧。

一般氯碱厂规定连接槽间铜板的接触电压降要小于 35mV。

综上所述，电解槽的槽电压由六个部分组成，其中理论分解电压数值为最大，是构成槽电压的主要部分，其次是电解质和膜的电压降。

表 5.1.1 是食盐水溶液电解时各类电解槽槽电压分布情况。

表 5.1.1　　　　　　　　　　　电解槽槽电压分布情况

各类槽电压降	隔膜电槽（石墨）	隔膜电槽（金属）	离子膜电槽
电流密度/A/m^2	1550	1550	3000
理论分解电压/V	2.22	2.22	2.23
阳极过电压/V	0.33	0.02	0.30
阴极过电压/V	0.27	0.27	0.03
电解质溶液电压降/V	0.49	0.49	0.22
膜电压降/V	0.30	0.30	0.35
电槽结构电压降/V	0.36	0.17	0.16
槽电压/V	4.00	3.49	3.29

六、电解烧碱供电

1. 大功率整流电源

电解烧碱需要直流电源供电，传统直流电源一般多采用三相桥式整流电路或双反星形中点带平衡电抗器的整流电路，完整的供电结构框图如图 5.1.7 所示。图中降压变压器系工厂主变电所内的变压器，用于将电网高压降低；调压变压器用以调节电压保持恒流；整流变压器用以降低电压以保证整流后有符合电解生产所需的直流，根据所用的整流电路有双绕组变压器或三绕组变压器，而电解槽都是作串联连接的。

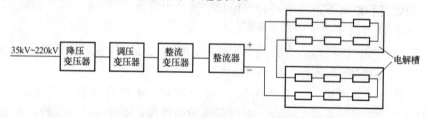

图 5.1.7　电解烧碱的供电结构框图

图 5.1.8　ZH、ZE、KH、KE 系列电解电化学用大功率整流器设备的外型图

图 5.1.8 是 ZH、ZE、KH、KE 系列电解电化学用大功率整流器设备的外型图。该装置直流输出电压的调节，对于一般整流管整流器采用感应式调压器调压，直流电压可以从零调至额定值，也可以选用整流变压器，带有载或无载开关作电压粗调，自饱和电抗器作电压细调。其调节范围从额定值的 50% 以上任意调至电压额定值。

对于晶闸管整流装置，分有载和无载粗调，晶闸管进行细调，调压范围可以从零调至额定值。

直流输出有 6、12、24、36 或 48 相；整流主回路接线，在直流输出电压≥200V 时一般为三相桥式，直流输出电压＜200V 时为双反星形带平衡电抗器连接方式。

ZH、ZE、KH、KE 系列电解电化学用大功率整流器设备的型号说明如图 5.1.9 所示。

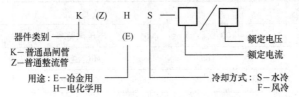

图 5.1.9　ZH、ZE、KH、KE 系列电解电化学
用大功率整流器设备型号说明

如型号为 ZHS8000/200-1250 的电解电化学用大功率整流器设备，采用整流二极管，用于电解，水冷方式，其直流输出电流 8kA，直流输出电压 200～1250V，整流设备主电路采用三相桥式结构。外型尺寸 2500×1500×2000mm³。

又如型号为 KES100000/100-500 的电解电化学用大功率整流器设备，采用晶闸管，用于电镀，水冷方式，其直流输出电流 100kA，直流输出电压 100～500V，整流设备主电路采用双反星形带平衡电抗器结构。外型尺寸 4000×2000×2600×2mm³。

ZH、ZE、KH、KE 系列电解电化学用大功率整流器设备分集成模拟控制和单片机数字化控制电路进行调压。控制方式分开环（手动）和闭环（自动）两种，并可随时互为转换。功率因数约等于 0.9。采用单片机数字触发电路时，可与计算机进行联络，实现中央监控。该装置设有桥臂电流显示，单个整流元件过载、过流都会发出声光报警。同时设有过电压，过电流，欠相，欠支路，水压，流量，水温、油温过热，浪涌电流等保护、显示和报警电路。

2. 大功率逆变电解电源

随着电力电子技术的发展，出现了新一代节能、高性能电解电源——IGBT 大功率逆变电解电源。图 5.1.10 是某型号逆变电解电源的外型图。

IGBT 大功率逆变电解电源采用 IGBT（绝缘栅双极晶体管）及高频谐振逆变控制技术，产品体积小、重量轻、高效节能，比普通电源节能 30%，功率因数可做到 0.95。电源具有稳压、低纹波、软起动等功能，抗冲击能力强、输出波形平稳、电解质量稳定、电压电流调节范围宽，恒流恒压自动切换并对电网电压有

图 5.1.10　某型号逆变电解电源外型图

自动补偿功能。防触电、过热、电压异常等多种保护功能，工作时安全可靠。该系列产品是专门为恶劣的强腐蚀环境设计的全封闭式电源，广泛用于铜箔厂、氯碱厂大电流低纹波电解。亦可用于其他化工行业大电流电解。某型号 IGBT 大功率逆变电解电源的主要技术参数如表 5.1.2 所示。

表 5.1.2　　　　　　　　　　　逆变电解电源技术参数

机　型		波　形	直流或脉冲
输入电压/V	220V±15%，380V±15%	负载调整率	1%
输入功率/kV·A	0.5～300	电源效率	≥90%
频率/Hz	50～60	功率因数	0.95

续表

机　　　型		波　　形	直流或脉冲
输出电流/A	0～400（任选）	电压调整率	1%
输出电压/V	0～18	环境温度	−20～40℃
电流电压调节范围	5%～100%（任选）	输出特性	恒流/恒压（任选）
恒流/恒压精度	1%		

3. 电解烧碱对供电的要求

电解烧碱对供电的要求如下：

（1）电解烧碱生产的用电量大，所以要求高压（35kV 或 110kV）供电。

（2）要求供电电压稳定、不间断（这类工厂是经年连续生产的），因此常从电网引来两路或三路独立电源。电压稳定，连续生产，不仅对生产有利、槽的使用寿命延长，还可降低直流损耗。反之，电压、电流的波动对正常生产影响很大。如果电流波动频繁，就会造成氯、氢气和电解流量的波动，使正常生产受到破坏，还容易破坏隔膜。严重时会因氢氯混合而引起爆炸。

（3）严禁突然停电。生产过程中如遇突然停电，会造成氯气外溢，直接影响操作人员、甚至工厂周围居民的健康安全，造成环境污染。

七、电解烧碱的节电途径

1. 提高整流效率

目前我国大多数电解烧碱厂采用变压器与调压器合一的硅整流装置，其整流效率可达 95%～96%，功率因数可达 0.91～0.93。但若整流设备的额定整流电压与实际运行电解槽的数量不相适应（实际槽数太少、整流设备容量过大），就会造成整流设备的损耗与输出功率之比增加，使整流效率和功率因数大大降低。所以要提高整流效率，首先要有一个合适的整流装置。即使整流效率已相当高的硅整流装置，也还可以在整流装置的元器件上作些改进，例如采用大功率晶闸管可控整流器代替硅整流器，电抗器的铁心采用铁损小的材料等。

2. 降低槽电压、减小直流电压损失

从表 5.1.1 中可以看出，在组成槽电压的各部分中，以理论分解电压、过电压和电解液中的电压等为最大。但是理论分解电压基本上是不变的，因此要降低槽电压，主要应着眼于降低过电压和电解液中的电压降。

（1）减小过电压　主要从电极材料上考虑，从表 5.1.1 中可以看出，用金属阳极代替石墨阳极可使阳极过电压大大降低。

（2）减少电解液中的电压降　要减小这个电压降就得降低电解液的电阻，办法是提高电解槽的温度，控制好电解液的浓度。

（3）降低隔膜电压　目前所用隔膜是由石棉制成的，如在石棉中加入一定数量的氟系树脂，就可减少石棉用量，使隔膜变薄，从而使隔膜电阻降低，减小了隔膜电压。

3. 采用金属阳极电解槽

采用金属阳极可使阳极过电压大大减小，且其电流密度比同型号的石墨阳极高，从而可提高电流效率，提高生产率、降低电耗。并且还可以延长槽的使用周期、减少副反应。据资料介绍，用金属阳极电解槽代替石墨电极电解槽，每吨烧碱可节电 530kW·h。

4. 保证盐水质量

供应电解槽的盐水，要求其为饱和的精制盐水。否则，如盐水的浓度低，碱性高，氯气容易在阳极处溶解，造成剧烈的副反应。如钙、镁杂质多，将会堵塞隔膜、不利于盐水渗透。又如电解液的浓度越高，由阴极向阳极迁移的氢氧根离子越多，阳极室副反应剧增。

5. 合理保持盐水温度并加强对电解槽保温

这有利于降低电解液的氯气溶解，减少副反应，还可降低电解液的电阻。盐水预热温度一般应保持在 80～85℃。

6. 降低碱损失

在生产过程中，不可避免要损失一些碱。其中一部分用来除去原料（盐水）中的镁离子，这是工艺需要，是合理的消耗，另一部分是在生产过程中因跑、冒、滴、漏等引起的损失．以及成品碱中超过质量标准所带走的。生产中碱损失的存在，直接影响产品电耗。

要降低碱损失，首先要提高设备的完好率，杜绝跑、冒、漏等现象。控制并回收盐水中氢氧化钠含量；防止跑碱事故，加强蒸发工段的操作。

7. 选择合适的电流密度

电流密度大，槽电压增高的幅度大，造成直流电耗增加；电流密度小，直流电耗降低，但会使产量减少，影响工厂的经济效益。所以每个工厂要根据自己的具体条件，综合平衡、全面核算，选择经济合理的电流密度，以期达到高产低电耗。

除以上这些方面以外，就是要加强电解槽的管理工作，例如认真调整电解液的浓度、定期检修、提高修槽和组装质量；提高电解槽的设备完好率、减少泄漏等。

5.1.2　电解铝

铝是一种白色金属，质轻、强度大，抗氧化性强。铝的熔点为 660℃，沸点为 2500℃。铝在 20℃时的电阻系数为 $0.0265\Omega mm^2/m$。

铝因其质轻、抗腐蚀性强、具有对各种形式加工的适应性、制造加工费用低、外观美观等特点，广泛应用于建筑业、电力行业、包装业、汽车结构、海上应用、航空航天、家用电器、加工设备、纺织设备、煤矿机械、移动式灌溉管与工具等领域。

近年来，随着国民经济高速发展，我国电解铝工业发展迅猛，铝产能与产量不断增长，国内涌现出一批 160kA～320kA 容量的节能、环保预焙阳极铝电解槽。由沈阳铝镁设计研究院、河南神火集团有限公司等单位完成的 156 台 350kA 特大型预焙阳极铝电解槽于 2005 年初全部完成通电焙烧，顺利启动，目前运行正常，生产稳定。350kA 特大型预焙阳极铝电解槽属亚洲最大，世界第 2 槽型，电流效率达到 94.15%，直流电耗每吨铝 13474kW·h，可年产 14 万吨电解铝，综合技术达到国际先进水平，标志着我国电解铝技术具备了参与世界竞争的实力。

一、电解铝生产的基本原理

电解铝的生产是在电解槽中进行的，电解铝以氧化铝（Al_2O_3）为主原料，阳极糊（由焦粉、焦粒和沥青组成）、冰晶石（$3NaF·AlF_3$）、氟化铝以及其他氟化物，如氟化镁、氟化钙等为基本材料。其中以炼铝的熔剂冰晶石、氟化铝熔体为电解质，碳素材料为电极。

当直流电流经阳极通过高温熔融状态下的电解质流向阴极时，引起电解质的电离，形成三种正离子和五种负离子：

$$Al^{3+}、Al^+、Na^+、O^{2-}、AlO^-、F^-、AlF_4^-、AlF_6^{3-}$$

这些正负离子在外电场作用下，分别向阴极和阳极移动，形成阴极反应和阳极反应。

阴极反应　根据正离子的顺序，Al^{3+} 在阴极上先放电，

$$Al^{3+}+3e \Longrightarrow Al$$

当电流密度和温度过高，或电解质中铝离子浓度过低时，可能 Na^+ 也同时放电：

$$Na^++e \Longrightarrow Na$$

阳极反应　向阳极移动的负离子中，以含氧离子电位最负，将先放电。在含氧离子足够时，含氟离子将不放电。

电解槽的化学反应是：

$$Al_2O_3 + \frac{3}{2} C \Longrightarrow 2Al + \frac{3}{2} CO_2 \uparrow$$

$$Al_2O_3 + 3C \Longrightarrow 2Al + 3CO \uparrow$$

电解的结果是：

（1）阴极上得到铝；

（2）阳极上生成 CO_2 和 CO 气体；

（3）电解质 Al_2O_3 被不断消耗掉。

阴极副反应　铝在电解质中熔解；钠的析出；阴极对电解质的选择吸收；碳化铝的生成。

阳极副反应　亦即阳极效应，是熔融盐电解所固有的一种特殊现象，当电解质中 Al_2O_3 含量低于 2% 时，其阳极上发生阳极效应。其外观的特征是：在阳极周围发生弧光放电的小火花，并带有特殊的劈啪响声；阳极与电解质之间离开一条小缝，电解质成小滴从小缝里沿阳极向上飞溅；电解质停止沸腾，一氧化碳气体成分显著增加，火苗颜色变成蓝紫色；槽电压突然升高到 30~40V，甚至更高，与槽并联的信号灯发亮。

发生阳极效应时，会出现不生成铝的现象，且因槽电压升高，电能损耗增加。但效应过后的一段时间内，产铝量会增高。阳极效应一般多发生在电流效率高的电解槽中。

二、电解铝的生产流程

电解铝的基本生产流程如图 5.1.11 所示。

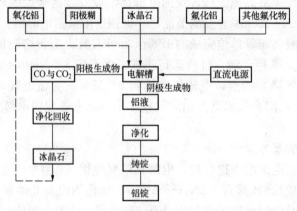

图 5.1.11　电解铝的基本生产流程

三、电解槽

电解槽一般是一个钢结构的有底槽壳，槽壳四壁衬以耐火砖、石棉板、碳素材料。槽底

铺石棉板、保温砖。阴极用钢棒做成，阳极用碳素材料造成，其结构形式有：侧部导电自焙阳极电解槽；上部导电自焙阳极电解槽；预焙阳极电解槽。2005 年起我国用三年时间基本淘汰自焙槽。

预焙阳极电解槽的阳极由焦粉、焦粒和沥青组成的阳极糊，经挤压成型后，放在碳素窑中用 1300℃高温焙烧，将挥发物全部烧掉，成为坚硬而导电性良好的碳素烧结，即成预焙阳极。

预焙阳极的电压降比自焙阳极一般低 150~200mV，因此每吨铝的电耗约可低 800~1000kW·h。而且便于回收净化有害气体，易于实现机械化自动化。目前我国集中建设预焙阳极生产企业。预焙槽，特别是 160kA 及以上大型预焙槽已经成为中国电解铝工业的主体产能。

电解槽正常生产前，先要经过焙烧和开动。焙烧的目的是焙烧阳极锥体和烧结阳极糊和底糊。但不论哪种槽，在焙烧时，都有提高槽腔、槽衬温度，使槽衬干燥，热胀均匀，以利于开动。电解槽的开动是对电解槽通电，使预先装入槽内的物料熔化，并达到一定的槽温。

焙烧与开动的质量直接关系到原材料、电力的消耗，并且对正常生产和电解槽的使用寿命等都有一定影响。

四、电解铝用电概况

电解铝厂是耗电很大的企业，一座年产 50000T 电解铝厂每年耗电 8~9 亿 kW·h，需要功率达 100MW。电耗占成本的 50%左右。电解铝生产所需要的直流电能也是由交流电经整流后获得的，电解过程中电能的消耗与电解烧碱相类似。

电解铝生产消耗的电能约占总电耗的 90%，而另 10%则用于动力，如厂房通风、排烟、运输、供水、压风、供气及照明等。

电解铝，包括电解烧碱以及各种电解生产和电镀生产在内，它们所需的直流电，目前基本上采用大功率整流器设备将交流电经整流后获得，如上文中介绍的 ZH、ZE、KH、KE 系列电解电化学用大功率整流器设备。由于整流装置一次波形畸变，一次基波电流与一次电压有相位移等影响，使电解电镀供电系统的无功增大，功率因数降低。所以需要安装大量电容器进行无功补偿，以使功率因数提高到 0.95 以上。

另一需要重视和必需设法解决的是由于整流引起的畸变所致的高次谐波对电网的影响。随着直流用电的增长，整流装置高次谐波对电网的危害也正日渐严重。

近年来出现的高频开关直流电源，如上文中介绍的高频大功率电解电源，采用高频谐振逆变控制技术，功率因数高，对电网的谐波污染小，无干扰。

五、槽电压

电解铝的槽电压由反电动势、阳极电压降、阴极电压降、电解质电压降、母线压降等项组成。

1. 反电动势

从理论上计算，碳阳极的分解电压在 1.07~1.19V 之间（950℃生成 CO_2 时），而实际上一般在 1.5~1.7V 之间，比理论计算值高 0.4~0.6V。这是由于电解槽中阳极上产生过电压所致。因此，将实际测得的分解电压值称"反电动势"。反电动势是分解电压、极化电压和过电压三个数值之和，其大小决定于阳极材料的性质。而过电压的大小则与阳极电流密度有关，它随电流密度增大而升高。同时它还与电解质成分、电解温度等有关。

2. 阳极电压降

电流从阳极棒尖流到阳极掌底，即通过阳极体内电阻所造成的压降，与电流在阳极内的分布均匀程度，与通过阳极体内的路程长短等有关。

3. 阴极电压降

这部分压降由电流通过铝液本身、铝液—碳块—碳块本身—阴极棒及阴极棒本身所造成的，一般 400mV 左右。

4. 电解质压降

电流通过电解质电阻时所造成的压降。这部分压降约占电解槽工作电压的三分之一左右，它与阳极和阴极间的距离、电解质电阻有关。

5. 母线电压降

电解槽上的导电部分与母线连接处的接触电阻，以及母线本身电阻所造成的电压降。

6. 由于各种反应所造成的电压降

六、供电要求

电解铝厂属一类用户。电解铝生产系连续生产，负载稳定，耗电量大，对供电要求如下：

（1）必须有两个以上的独立电源，供电连续不能间断，可靠性高。

（2）交流供电电压采用 220kV 或 110kV。

220kV 或 110kV 交流电压经降压变电所降至 10kV 后，再经调压变压器、整流变压器和电力电子变换装置将交流电变为直流电向电解槽供电。

直流供电线路按系列供电，一般一个系列约 168 台电解槽，各槽之间采用串联形式。这样可使通过每台电解槽的电流相同。每台电解槽上的电压约在 4.6~4.8V 范围内波动。

七、电解铝的节电途径

1. 降低电解槽平均电压

要降低槽平均电压，可分别采取以下措施：

（1）降低阳极电压降　采用质量好的阳极糊；增大阳极锥体高度；缩短阳极棒距离，加长加粗阳极棒以改善电流的均匀分布。

（2）降低阴极电压降　增加槽底保温层，提高碳块温度；掌握适当的碳块糊料配比，例如添加 30％的人造石墨；正常生产时保持适当温度和分子比，添加表面活性物质，开动槽时要保持适当温度，避免生成大量沉淀，使电流分布均匀。

（3）降低电解质电压降　这部分电压降的大小影响电解温度、阳极效应和 Al_2O_3 的浓度。近年来，采用在电解质中添加 2~5％锂盐的方法，这不仅可以减小电阻率，还可降低电解温度 15~20℃，提高电流效率，降低电耗 1％~3％，同时减少氟化物排放量 20％~40％，使铝产量增加 1％。

（4）降低各接触点和铝母线的电压降　电解槽中从阳极母线到阴极母线间的接触点能用焊接的尽量用焊接，有些接点只能采用螺丝连结的，则必需压接紧密和清洁干净，接触处不能有松动；适当加大母线截面；降低阴极母线温度和保持良好的自然通风。

2. 提高电流效率

提高电流效率是增产节电的一种经济办法，其效果是很显著的，现以年产铝锭 25000t 的工厂为例来观察一下：如在 160 台电解槽上提高电流效率 1％，每天可增产铝 800kg；如每槽的平均电压为 4.4V，电流效率从 87% 提高到 88%，每吨铝可节电 170kW·h。

要提高电流效率必须保持槽温合适，温度过高，电流效率降低。而温度降低，会使槽内沉淀增多，对电流效率也不利；保证合适的分子比，适当增大阴极电流密度，但增大过多，会影响 Na^+ 放电，对生产反而不利。规整槽膛，使边部结壳不延伸到阳极板底下，又不让铝液表面摊开。

总之，电解生产的节电关键在于减少热损失。

5.2 电 镀

电镀是利用电化学方法对零件进行表面加工的一种工艺。电镀时零件为阴极，镀液中的金属离子在直流电的作用下沉积在零件表面形成均匀、致密的金属镀层。

电镀必需的条件是外加直流电源，镀液、镀件及阳极组成的电镀装置。

电镀的目的是通过改变零件表面的外观和物理化学性质，达到装饰性、耐蚀性和耐磨性等各种技术性能。还可以根据具体的工艺要求施加某种功能性镀层，如焊接性、电能性、磁能性、光能性镀层等，充分扩大金属材料的应用范围。

电镀已经遍及国民经济各个生产和科学领域中。尤其在机器制造、国防、电讯、交通、轻工业等行业已成为不可缺少的一部分。在化工生产中电镀广泛应用于提高各种轴类、套类等零部件的耐磨、抗腐蚀性能；在使用于各种高压垫圈的密封防腐以及各种机械磨损和加工工件的修复尺寸等方面起到越来越重要的作用。

5.2.1 电镀的基本原理

电镀是在电镀槽中进行的。电镀槽中置有电极和电镀液，电极通以直流，与直流电源正极相连的称阳极，与电源负极相连的称阴极，所用的电镀液必需具有被镀金属的离子。现以硫酸镀铜为例说明电镀的基本原理，其示意图如图 5.2.1 所示。

硫酸镀铜用的电镀液主要成分是硫酸铜 $CuSO_4 \cdot 5H_2O$ 和硫酸 H_2SO_4。

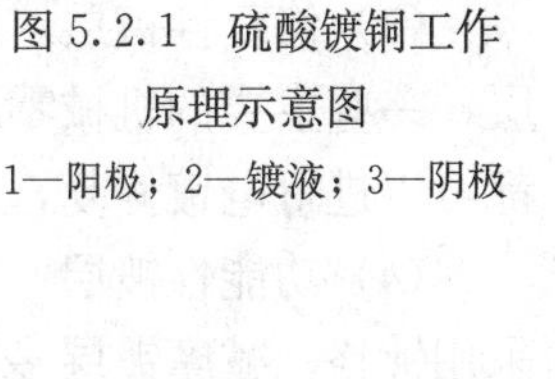

当电极接通直流电源以后，就有电流从阳极经电镀液流向阴极。当电镀液有电流通过时，镀液被分解（这一过程称电解），镀液中的正离子（H^+、Cu^{2+}）跑向阴极，在阴极得到电子而被还原，有铜和氢析出。在阴极上的这一化学反应称阴极反应；镀液中的负离子（OH^- 和 SO_4^{2-}）跑向阳极并失去电子，如为铜阳极，则析出氧气和发生铜的溶解。在阳极上的这一化学反应称阳极反应。

图 5.2.1 硫酸镀铜工作原理示意图
1—阳极；2—镀液；3—阴极

阴极反应　$Cu^{2+} + 2e = Cu$
$2H^+ + 2e = H_2 \uparrow$

阳极反应　$Cu - 2e = Cu^{2+}$
$4OH^- - 4e = 2H_2O + O_2 \uparrow$
$2SO_4^{2-} + 2H_2O - 4e = 2H_2SO_4 + O_2 \uparrow$

以阳极上溶解的铜补充了镀液中铜离子的消耗。如在阴极上挂有待镀的零件，铜就在零件表面上沉积，从而达到镀铜的目的。至于镀层质量的优劣，则与许多因素有关，原则上可归纳为电镀液、电镀规范、基体的化学性质、析氢等几个方面对镀层有影响。

5.2.2　电镀的分类及作用

电镀的分类是以镀层的情况为依据的，镀层的分类可采用三种形式。

1. 按电化学性质分类

按电化学性质分类可分为阳极性镀层和阴极性镀层。

（1）阳极性镀层　镀层金属的电位比基体金属的电位负的镀层叫阳极性镀层。如钢铁件上的镀锌层，当形成腐蚀微电池时镀锌层电位负于基体电位，所以首先腐蚀的是镀锌层，对钢铁件起电化学保护作用。对阳极性镀层，镀层的厚度对防护能力有决定性影响。

（2）阴极性镀层　镀层金属相对于基体金属的电位是正的，镀层是阴极，叫阴极性镀层。如钢铁件上的铜镀层，镍镀层等。对于这些镀层一旦形成腐蚀微电池首先腐蚀的是作为阳极的基体金属，是从里往外腐蚀的。所以阴极性镀层只能起到机械保护作用。对于阴极性镀层特别重要的是孔隙率要低，要有更大的厚度。

值得注意的是金属的电位是随着介质的不同而发生变化的。如锌对钢铁而言，在一般条件下是"阳极镀层"，但在 $70 \sim 80 ℃$ 的热水中随电位发生变化形成了"阴极性镀层"。又如镀锌层在大气中是很好的防护性镀层，但是在海水中由于它在氯化物溶液中不稳定，却失去了保护作用。因此海洋仪器都不用镀锌层防护。

2. 按用途分类

按用途分类可分为防护性镀层、防护-装饰性镀层，修复性镀层、功能性镀层。

（1）防护性镀层　防止基体金属在大气或其他环境中发生腐蚀的镀层叫防护性镀层。如钢铁件上的锌、镉、铅、锡等镀层。在一般大气条件下钢铁零件均采用镀锌进行防护。此镀层用途广泛，约占电镀产量的 50% 以上。在潮湿和海洋性大气中可用镀镉层保护。对于紧固件的防护选用镉锡合金，如在化工生产中高压垫圈密封防腐等。锡镀层对有机酸有很好的耐蚀性，它不仅防锈力强，且产生的腐蚀化合物对人体无害，大量用于食品加工业。

（2）防护-装饰性镀层　既能防止基体金属发生腐蚀又具有美观的镀层称为防护-装饰性镀层。如钢铁件上的铜-镍-铬复合镀层，镍铁-铬复合镀层，铜锡合金套铬的镀层等。

它要求镀层既能防腐蚀，又具装饰性。这类镀层往往是先镀"底层"，再镀"表层"，有时还有"中间层"。多层电镀利用它们彼此的长处对其进行搭配使用，弥补了彼此的缺陷。如铜-镍-铬系镀层，先镀上铜做底层，再镀镍做中间层，以提高耐蚀性，外层是微带蓝色的光亮铬，有很好的装饰性。此类镀层在仪器仪表、小汽车、自行车工业中大量使用。

（3）修复性镀层　可使局部磨损的工件局部或整体加厚或恢复尺寸的镀层叫修复性镀层。一些主要的机械零部件如，火车，汽车，石油化工机械上的大轴、曲轴、齿轮和花键等都可以进行电镀修复，以延长使用寿命。

（4）功能性镀层　主要有耐磨和减摩镀层。借提高表面硬度以增加它的抗磨损能力，多采用镀铬；减摩镀层多用于滑动接触面上可减少滑动摩擦。

（5）反光镀层、防反光镀层　如装饰性镀铬、镀银等属反光镀层；镀黑铬、黑镍等属防反光镀层。

（6）热加工镀层　如防渗碳镀铜，防渗镀锡等。

（7）导电镀层　对于导电性要求较高的电器元件要求镀银、金钴合金等。

（8）导磁镀层　如镀镍铁合金、镍钴合金等，常用在录音机、电子计算机等设备的储存系统。

（9）高温抗氧化镀层　如镀铬、铂铑合金等。还有耐酸镀层用于抵抗硫酸和铬酸的腐蚀镀铅等。

3. 按镀层的组合形式分类

按镀层的组合形式分类可分为简单结构、多层组合结构、复合镀层。

（1）简单结构　只镀单层镀层。

（2）多层组合结构　多层镀层可由不同金属镀层组成，如铜-镍-铬三层结构；也可由相同金属组成，如高耐蚀性双层镍-高硫镍-光亮镍等。

（3）复合镀层　是以金属为基，非金属或金属微粒为散相，组成弥散结构的镀层，即复合镀层，具有高耐磨，高耐蚀性。

5.2.3　电镀设备

电镀设备包括电气设备、机械设备、固定槽设备、通风设备和过滤设备。

一、电气设备

电气设备包括配电线路、配电盘、电镀电源、汇流条等。

大多数的电镀设备都使用电压为 6～12V 的不同功率的直流电源。只有铝及其合金在阳极氧化时需要电压为 60～120V 的直流电源。

电镀的直流电源，基本采用整流电路将工业交流电变换为直流电，如 5.1 节中介绍的 ZE、KE 系列电解电化学用大功率整流器设备。

随着电力电子技术的发展，近年来出现了许多高频脉冲开关电镀电源。如 HT 系列高频脉冲开关电镀电源，用于镀金、银、镉、铜、锌等不同材料的电镀。HT 系列高频脉冲开关电镀电源有 10A、100A、1000A、1500A、2000A、3000A 等多种规格。图 5.2.2、图 5.2.3 所示是其中两种型号的外型图。

图 5.2.2　HT10A 高频脉冲开关　　　　　图 5.2.3　HT3000A 高频
　　　　　电镀电源　　　　　　　　　　　　　脉冲开关电镀电源

脉冲开关电源作为开关电源衍生产品，其应用于电镀与直流电镀相比有如下特点。

（1）电源体积小，重量轻，效率高，控制精度高。

（2）输出电流为方波高频脉冲电流，脉冲电源可通过控制输出电压的波形、频率和占空比及平均电流密度等参数，改变金属离子的电沉积过程，使电沉积过程在很宽的范围内变化，从而在某种镀液中获得具有一定特性的镀层。脉冲镀镍代替直流镀镍可获得结晶细致的镀层，能使镍层的孔隙率与内应力降低，硬度增高，杂质含量降低，并可采用更高的电流密度，提高镀覆速度，使被镀物体表面细腻，光泽度高。

（3）输出电压、电流可调，限压、限流可调，大大提高客户使用灵活性，并有远程操作功能。

（4）保护功能齐全，输入过压保护，输出过热、过流保护，并有报警功能。

（5）功率因数高，对电网的谐波污染小，无干扰。

（6）省电。

（7）采用了防盐雾酸化的措施，增加电源在恶劣环境下的使用寿命。

其他参数对比如表 5.2.1 所示。

表 5.2.1　　HT 系列高频脉冲开关电镀电源与晶闸管整流器的比较（1000A12V）

	高频脉冲开关电镀电源	可控硅整流器
变压器重量	1kg	95kg
控制元件	IGBT	晶闸管
控制方式	PWM 调制	移相触发
工作频率	20kHz	50Hz
纹波系数	<2%	<5%
稳压系数	<1%	<5%
冷却方式	风冷	油冷/风冷
整机效率	90%以上	70%
对电网干扰	小，易消除	大，不易消除
节能效果	明显省电 20%~50%	差
体积	小（530×450×220）mm³	大（900×1010×550）mm³
重量	36kg	180kg
工作限度	可满负荷操作	不能满负荷操作

HT 系列高频脉冲开关电镀电源的规格型号可根据客户的需要配制，输出范围：电压 0~24V 时电流 0~5000A（常规）、0~30A（试验）；电压 0~100V 时电流 0~200A（电泳）。

二、机械设备

机械设备有整平设备、喷沙清理设备、滚光筒等几种，用于对待镀件进行表面处理，以使镀件表面平整、镀层均匀、耐磨、耐腐蚀，外表美观。

三、固定槽设备

镀槽是电镀的主要设备，槽子种类很多，用于盛装电解液、酸液、碱液和水。镀槽的规格应根据生产零件的情况而定，槽太深时，更换电解液、捞取零件等不便。槽太宽时，操作不方便，抽风效果不好。

槽的结构根据生产情况，工艺性质的不同而异，现介绍几种槽子的结构形式。

1. 冷水槽

冷水槽一般是用碳钢焊接制造，或用硬聚氯乙烯塑料板焊接制成长方形容器，其结构见图 5.2.4。

这种槽子上部设有溢水口，下部留有排水口。溢水口是为了排除水面上的脏物，排水口是留作换水清洗槽子用，也可不留。用于酰洗后的水槽，用塑料制作，碳钢制作的内壁需进行橡胶衬里或玻璃钢衬里。

2. 热水槽

热水槽与冷水槽结构相似，不同之处是装有加热设施，它的溢水口尺寸要比冷水槽稍大一些。多用碳钢焊接而成。如需做防腐处理可内衬软塑料、玻璃钢或衬橡胶板（S1001）。

3. 化学除油槽（碱槽）

化学除油槽的溶液为碱性溶液，其工作温度为 70~80℃，该槽多用碳钢制作，由于温度较高，镀槽外壁应有保温隔热层。其结构如图 5.2.5 所示。

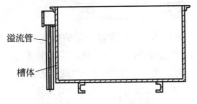

图 5.2.4　冷水清洗槽

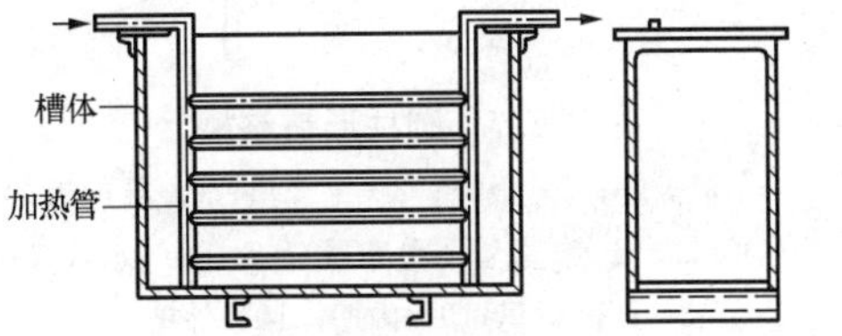

图 5.2.5　化学除油槽

4. 电化学除油槽和碱性镀槽

由于盛装碱性溶液可用碳钢焊接制作，可不做防腐处理，但它们是使用电流的槽子，在安装时要进行绝缘处理，镀槽与基础之间要垫绝缘材料。其结构和绝缘处理如图 5.2.6 所示。

5. 酸性溶液镀槽

酸性溶液腐蚀性较强，用碳钢制作的镀槽必须做

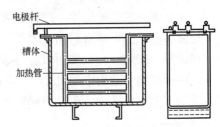

图 5.2.6　电化学碱性镀槽

好防腐蚀处理，内衬软聚氯乙烯塑料板、衬玻璃钢或衬硬橡胶板（S1001）等，也可用硬聚氯乙烯硬塑料板焊接制作。其加热管可选钛管或氟塑料制的加热管进行加热。

6. 镀铬槽

根据用途可制成长方形或圆柱形。长方形适用于装饰性零件镀铬，装载量较大；圆柱形镀槽适用于尺寸较大、镀层厚度要求精确的机械零件。如：杆、轴、轴套等功能性镀铬（硬铬），槽上装 4 个或 6 个阳极，座挂 4 块或 6 块阳极板，可防止镀件产生椭圆和锥度。

镀铬时采用的电流密度较高，应根据电源的负荷设计镀槽的容积，溶液通过的电量一般不能超过 1.5A/l。可用碳钢焊接制作，需进行防腐处理，一般镀铬溶液可内衬铅板或搪铅或衬钛。复合镀铬溶液应用质量分数 70% 和质量分数 30% 锡的合金焊条进行搪铅处理，可提高衬里层的耐蚀性能。

为使镀液温度稳定，镀铬槽需加热和冷却，采用蒸气水浴加温较好。将装镀液的槽子放入另一个较大的槽子中，而在两槽之间形成水套。蒸气及水由底部的扩散管（分布器）导入水套，外槽上部设有溢水管，用胶管连接与排水沟相通，溢流水进入排水沟。镀槽温度较

高，应有保温隔热层。圆柱形镀铬槽结构如图5.2.7所示。加热管与镀铬槽连接如图5.2.8所示。

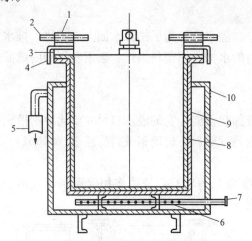 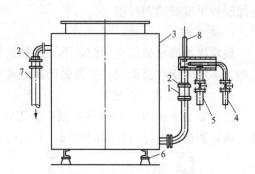

图 5.2.7　圆柱形镀铬槽

1—阳极极座；2—极杆；3—绝缘垫；4—导电板；
5—溢流口；6—扩散管（分布器）；7—蒸汽水入口；
8—耐酸衬里；9—内槽；10—外槽

图 5.2.8　加热管与镀铬槽连接

1—高压胶管；2—夹紧箍；3—镀铬槽；
4—蒸汽管；5—水管；6—镀槽底绝缘垫；
7—溢流胶管；8—插温度计套管

7. 阴极移动电镀槽

根据电镀工艺的要求，镀锌、镀铜、镀镍等镀种和除油工序要求阴极不断的运动，有水平往复移动或上下垂直移动。水平移动适用于各种镀槽，垂直移动适用于除油槽。这样就要求在镀槽上安装一种能使阴极进行移动的装置（图5.2.9）。

阴极移动装置由电动机1，减速器2，偏心轮3，连杆4等组成。由连杆4带动阴极杆5在滚轮6上往复运动。阴极移动装置与支架之间要进行有效的绝缘。

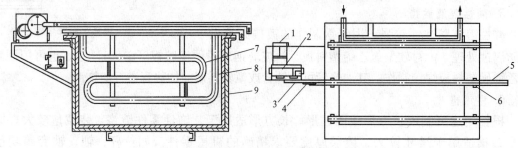

图 5.2.9　电镀槽阴极移动装置

1—电动机；2—减速机；3—偏心轮；4—连杆；
5—阴极杆；6—滚轮；7—加热管；8—衬里层；9—钢槽

镀槽种类很多，以上几种是常用的镀槽结构。对于大尺寸的槽子，则应根据实际情况考虑加强其结构强度。镀槽的加热排管也可制成移动式的放入镀槽底部，当过滤或清理时取出，清理完后再放入。

四、通风设备和过滤设备

在镀前处理和电镀过程中散发大量对人体和设备有害的气体及粉尘等，生产设备及工作地点必须安装局部排风。整个电镀车间内也必须有良好的进风和排风系统。应根据生产规模和电镀种类、结构选择适当的通风设备。

通风机有离心式和轴流式两种，电镀生产中常用的是低压和中压离心式通风机，风量大、效果好。

排风罩有条缝式排风罩，根据镀槽的宽度不同，有单侧和双侧排风罩。有金属制作的（需进行防腐蚀处理）、硬聚氯乙烯塑料和玻璃钢制作的。条缝式排风罩吸风效果好，排风量大。

通风管道可用硬聚氯乙烯塑料板、玻璃钢和薄铁板制作。结构形式有矩形、圆形和正方形的。

过滤电镀溶液的过滤机，有板框式压滤机和筒式过滤机。筒式过滤机较压滤式过滤机结构简单，使用方便，在电镀生产中应用较多。可根据生产情况选择适当的型号。

5.2.4　电镀供电

向电镀生产供电的装置由于电镀车间有腐蚀性、酸性或碱性的溶液，以及在生产过程中产生的蒸气和飞沫对大多数金属和纤维质绝缘都有腐蚀作用，对电器很有害，所以安装在电镀车间里的电器必须采用防腐型，否则应安装在单独的房间内。

又由于电镀车间的环境潮湿，因此电压在 36V 以上的裸导体必须采取防护措施，否则人体触及会有一定危险。车间内的电线管最好采用明敷。直流母线和金属支架等，都应涂上防腐油漆。

以上两项是电镀供电极为重要之点。

5.3　蓄　电　池

蓄电池是将电能转换成化学能，再将化学能转换成电能的一种电源设备。它的基本结构是盛于容器中的电解液和置于电解液中的正负电极组成的整体。

电池可分为一次电池和二次电池。一次电池是一次性应用的电池；二次电池是多次反复使用的电池，这里的"二次"实际上是多次的意思，二次电池又称为可充电电池或蓄电池。

作为直流电源，蓄电池在通信、照明（事故照明）、汽车起动、动力牵引、国防、电力系统、自动控制、仪器仪表等各方面都有着广泛的应用。

5.3.1　阀控式密封铅酸蓄电池

阀控式密封铅酸 VRLA（Valve Regulated Lead Acid 简称 VRLA）蓄电池是目前广泛应用的蓄电池。

自 1859 年法国的普兰特用腐蚀的铅箔形成活性物质，首次实现了实用的铅酸蓄电池以来已有 147 年的历史。在这期间，虽然不断地有新体系涌现，诸如铁-镍蓄电池，镉-镍蓄电池，铅-银蓄电池，氢-镍蓄电池、锂离子二次蓄电池等，但至今，在产量上、应用领域上铅酸蓄电池仍然占主导地位。这是由于铅酸蓄电池具有如下的优点。

（1）除锂离子二次电池外，在常用体系蓄电池中，铅酸蓄电池的电压最高，为 2.0V；碱性蓄电池的电压为 1.2V；锌-银蓄电池的电压为 1.65～1.1V；

（2）较廉价，在世界范围内均可生产低倍率和高倍率放电的电池，价格为镉-镍蓄电池的 1/3～1/5；

（3）可制成小至 1A·h，大至几千安·时的各种尺寸和结构的蓄电池；

（4）高倍率放电性能良好，可用于引擎起动，能以 3～5 倍率、9～10 倍率，甚至高达 26～27 倍率的电流放电；

（5）高低温性能良好，可在－40～60℃条件下工作；

（6）电能效率高达 60%；

（7）易于浮充使用，没有记忆效应；

（8）易于识别荷电状态。

但是，普通的铅酸蓄电池存在下述明显缺点：铅密度大，使其比能量低，理论比能量为 240W·h/kg，实际只有 10～50W·h/kg；维护复杂，充电速度慢；使用寿命较镉-镍和铁-镍蓄电池短；制成小尺寸比较难（镉-镍碱性电池可制成 0.5A·h）；放电态长期保存会导致电极的不可逆硫酸盐化；所产生的酸雾污染环境；在某些结构和用途中，由于氢化锑和氧化砷析出而引起公害。

科学技术的发展给古老的铅酸蓄电池带来蓬勃的生机。铅酸蓄电池在近代有了重大改革，性能有了极大飞跃。主要标志是 20 世纪 70 年代发展的阀控式密封铅酸蓄电池 VRLA。美国 Gates Energy Products Inc. 首创超细玻璃纤维吸液式全密封技术，发展了 VRLA 蓄电池。近十来年，又进一步提出双极性 VRLA 蓄电池和水平式电极 VRLA 蓄电池。

目前 VRLA 蓄电池整体采用密封结构，不漏液、不污染，可回收，使用安全可靠，能量高、成本低、寿命长（10 年）、容量更大（是普通铅酸蓄电池的两倍）。对于新发展的双极性和水平式 VRLA 蓄电池，C/3（C 为蓄电池容量）放电比能量≥50W·h/kg，正常运行时无须对电解液进行检测和调酸加水，又称为"免维护"蓄电池。它已被广泛地应用到电力、邮电通信、船舶交通、应急照明等许多领域。

VRLA 蓄电池已逐渐取代了普通铅酸蓄电池。

5.3.2 铅酸蓄电池分类及用途

铅酸蓄电池按其用途不同可分为四大类，见表 5.3.1 所列。

表 5.3.1 铅酸蓄电池的分类及用途

类别	起动用铅酸蓄电池	动力牵引用铅酸蓄电池	固定型铅酸蓄电池	其他用途铅酸蓄电池
用途	公共汽车、载重卡车、内燃机车、船舶以及其他内燃机起动、点火和照明	各种蓄电池车、电动搬运车、叉车、铲车、矿用电动车、海港起重机等动力电源	发电厂、变电所操纵配合电屏合闸、安全保护装置、位号指示、紧急照明、无线电通讯、电子计算机、车站、建筑物等	航标灯、矿灯、轨道信号灯、集鱼灯、电子仪器、携带式工具

5.3.3 蓄电池常用技术术语

1. 充电

蓄电池从其他直流电源获得电能叫充电。

2. 放电

蓄电池向外电路输出电能叫放电。

3. 浮放电

蓄电池和其他电源并联对外电路输出电能叫浮放电。

4. 安时容量

蓄电池的容量是以安培小时（A·h）为单位的，所以称为安时容量。蓄电池的安时容量 Q 为

$$Q = I_F \cdot t_F \tag{5.3.1}$$

式中　I_F——蓄电池放电电流（A）；

　　　t_F——蓄电池放电时间（h）。

5. 电量效率（安时效率）

输出电量与输入电量之比称电量效率，也称安时效率，用 η_Q 表示：

$$\eta_Q = \frac{Q_F}{Q_C} \times 100\% = \frac{I_F \cdot t_F}{I_C \cdot t_C} \times 100\% \tag{5.3.2}$$

式中　Q_F——蓄电池放电电量（A·h）；

　　　Q_C——蓄电池充电电量（A·h）；

　　　I_C——蓄电池充电电流（A）；

　　　t_C——蓄电池充电时间（h）。

6. 电能效率（瓦时效率）

输出电能与输入电能之比称电能效率，也称瓦时效率，用 η_W 表示：

$$\eta_W = \frac{U_F \cdot Q_F}{U_C \cdot Q_C} \times 100\% \tag{5.3.3}$$

式中　U_F——蓄电池平均放电电压（V）；

　　　U_C——蓄电池充电电压（V）。

7. 自放电率

由于蓄电池本身局部作用而造成蓄电池容量的消耗，这一容量损失与搁置不用前的容量之比，称蓄电池的自放电率 q_{ZF} 为

$$q_{ZF} = \frac{Q_1 - Q_2}{Q_1} \times 100\% \tag{5.3.4}$$

式中　Q_1——搁置前放电容量（A·h）；

　　　Q_2——搁置后放电容量（A·h）。

8. 使用寿命

工业蓄电池可分为两类：一类为深循环使用的蓄电池，另一类为浮充使用的"备用电源"蓄电池。蓄电池每充电、放电一次，叫做一次充放电循环。循环使用的蓄电池在保持输出一定容量的情况下以深循环次数来表示其使用寿命，而浮充使用的蓄电池以使用年限表示其使用寿命，蓄电池只有 80% 容量时认为其寿命终止。

5.3.4　蓄电池的结构

一、普通铅酸蓄电池的结构

铅酸蓄电池主要由正极群（又称正极板组）、负极群（又称负极板组），电解液和容器等组成。

根据不同用途和外形结构可分为以下两种。

固定型：有开口式、封闭式、防酸隔爆式、消氢式等。

移动型：有汽车起动用、摩托车用、蓄电池车用（又称电瓶车用）、火车用、船舶用、

特殊用等。

1. 极板

极板由活性物质（正极板由铅粉和硫酸制成；负极板由铅粉、硫酸钡、木素、硫酸制成）和支撑活性物质的骨架组成。极板的骨架即板栅，又称格子体，它在电池中有两个主要作用，一是作为电极活性物质的载体，二是起到传导电流和使电流均匀分布的作用。其结构如图 5.3.1 所示。

极板又分为涂膏式和管式两种。涂膏式极板是将铅膏涂填在板栅上，管式只有正极板是把铅粉灌入或半铅膏挤入玻璃丝套内，套管分单管式和排管式两种，均呈多孔性，用玻璃纤维或涤纶之类合成纤维编织并经树脂固化制成。

2. 电池槽

电池槽是放置电极、电解液的容器，用硬质橡胶、玻璃或塑料等耐酸、绝缘性能好的材料制成。

3. 隔板

隔板用微孔橡胶隔板或烧结式塑料隔板、玻璃纤维隔板、软质塑料隔板、玻璃纤维纸隔板、纸基或合成纤维浸渍树脂隔板等制成。

隔板在铅酸蓄电池中的作用有以下几点。

（1）使正、负极板隔开，使它们不致引起短路。

（2）隔板与极板紧靠在一起，可以防止极板弯曲和活性物质脱落。

（3）阻挡由正极板栅合金中溶解下来的锑离子向负极迁移，从而减少铅酸蓄电池的自放电。

正负极板群与隔板的示意图如图 5.3.2 所示。

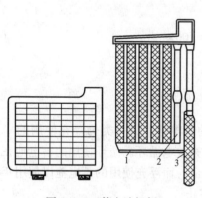

图 5.3.1　蓄电池极板
1—封底；2—筋条；3—套管

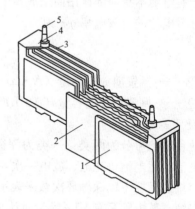

图 5.3.2　板群与隔板安装示意图
1—负极群；2—隔板；3—正极群；
4—汇流群；5—极柱

除上述几个主要部件外，还有电池盖、液孔塞、连接条、封口剂、防酸帽和消氢装置等部件。固定型防酸蓄电池外形如图 5.3.3 所示。

4. 电解液

铅酸蓄电池的电解液是浓硫酸溶液和蒸馏水按一定比例混合配制的。所用浓硫酸和蒸馏水的纯度要高，因为它直接影响到蓄电池的寿命。并且在安装时还需特别注意，勿让电解液带入杂物（如铁、氯、铜、锰、砷、锑、氮、氨、有机物质和各种盐类等）。电解液的比重根据地区温度不同，使用场合不同都要作适当的调整。例如在寒冷地区使用时比重会高些；起动用的电池比重也要高些；而固定型的电池的比重则可以低些。

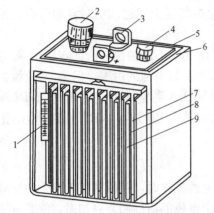

图 5.3.3　固定型防酸式电池外形

1—温度计；2—防酸帽；3—接线柱；
4—液孔塞；5—封口剂，6—槽；7—负
极板；8—隔板；9—管式正极板

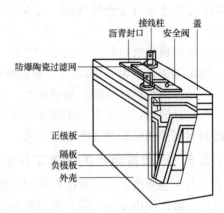

图 5.3.4　阀控式免维护铅酸电池
的基本结构

二、阀控式密封铅酸蓄电池的结构及特点

VRLA 蓄电池的基本结构如图 5.3.4 所示。它由正负极板、隔板、电解液、安全阀、气塞、外壳等部分组成。正极板上的活性物质是二氧化铅（PbO_2），负极板上的活性物质为海绵状纯铅（Pb）。电解液由蒸馏水和纯硫酸按一定比例配制而成。蓄电池槽中装入一定密度的电解液后，由于电化学反应，正、负极板间会产生约为 2.1V（单体 VRLA 蓄电池）的电动势。

铅酸蓄电池密封的难点就是充电时水的电解。当充电达到一定电压时（一般在 2.30V/单体以上）在蓄电池的正极上放出氧气，负极上放出氢气。一方面释放气体带出酸雾污染环境，另一方面电解液中水分减少，必须隔一段时间进行补加水维护。VRLA 蓄电池就是为克服这些缺点而研制的产品，其产品特点为如下。

（1）极板之间不再采用普通隔板，而是用超细玻璃纤维作为隔膜，电解液全部吸附在隔膜和极板中，VRLA 蓄电池内部不再有游离的电解液；由于采用多元优质板栅合金，提高气体释放的过电位。即普通蓄电池板栅合金在 2.30V/单体（25℃）以上时释放气体。采用优质多元合金后，在 2.35V/单体（25℃）以上时释放气体，从而相对减少了气体释放量。

（2）让负极有多余的容量，即比正极多出 10% 的容量。充电后期正极释放的氧气与负极接触，发生反应，重新生成水，使负极由于氧气的作用处于欠充电状态，因而不产生氢气。这种正极的氧气被负极铅吸收，再进一步化合成水的过程，即所谓阴极吸收。

（3）为了让正极释放的氧气尽快流通到负极，必须采用和普通铅酸蓄电池所采用的微孔橡胶隔板不同的新型超细玻璃纤维隔板。其孔率由橡胶隔板的 50% 提高到 90% 以上，从而使氧气易于流通到负极，再化合成水。另外，超细玻璃纤维隔板具有将硫酸电解液吸附的功能，因此即使 VRLA 蓄电池倾倒，也无电解液溢出。由于采用特殊结构设计，控制气体的产生。在正常使用时，VRLA 蓄电池内部不产生氢气，只产生少量氧气，且产生的氧气可在 VRLA 蓄电池内部自行复合，由电解液吸收。

（4）采用密封式阀控滤酸结构，电解液不会泄漏，使酸雾不能逸出，达到安全、保护环境的目的，VRLA 蓄电池可以卧式安装，使用方便。

（5）壳体上装有安全排气阀，当 VRLA 蓄电池内部压力超过阈值时自动开启，保证安全工作。

在上述阴极吸收过程中，由于产生的水在密封情况下不能溢出，因此 VRLA 蓄电池可免除补加水维护，这也是 VRLA 蓄电池称为"免维护"蓄电池的由来。但是，"免维护"的含义并不是任何维护都不做，恰恰相反，为了提高 VRLA 蓄电池的使用寿命，VRLA 蓄电池除了免除补充水，其他方面的维护和普通铅酸蓄电池是相同的，VRLA 蓄电池的正确使用方法只有在使用维护中才能探索出来。

5.3.5　铅酸蓄电池的基本工作原理

化学电源主要由正极、负极和电解质构成。蓄电池工作时，正极和负极发生的反应均为可逆反应，因此使用蓄电池后，可用充电方式使两个电极的活性回复到初态，使蓄电池具有再次使用的功能。蓄电池的重要特征就是反复充放电，蓄电池的工作状态有充电和放电两种。当蓄电池充电时，电能转变为化学能贮存在蓄电池中，同时伴随放热过程。蓄电池放电时，化学能转变为电能，实现向负荷供电，伴随吸热过程。虽然蓄电池反应过程总带有热量传输，但实际蓄电池反应式中，往往省略热量变化，只关心物质组成的变化。

当蓄电池的正、负极与直流电源的正负端相连接后，电源向蓄电池供给电流，经过蓄电池内部的电化作用，在它的正、负极上建立起电动势，并贮存起一定的电能，这个过程称为蓄电池的充电。充电后的蓄电池的正、负极与外电路相连后，在外电路中就有电流通过，把贮存的电能提供给外电路，而蓄电池本身贮有的电能则不断减少，这个过程称为蓄电池的放电，放电也是通过蓄电池内部的电化作用来完成的。

在充电时，正极由硫酸铅（$PbSO_4$）转化为二氧化铅（PbO_2）后将电能转化为化学能储存在正极板中；负极由硫酸铅（$PbSO_4$）转化为海绵状铅（海绵状 Pb）后将电能转化为化学能储存在负极板中。

在放电时，正极由二氧化铅（PbO_2）变成硫酸铅（$PbSO_4$）而将化学能转换成电能向负载供电；负极由海绵状铅（海绵状 Pb）变成硫酸铅（$PbSO_4$）而将化学能转换成电能向负载供电。

以上所说的铅酸蓄电池工作原理的全部内容可以用如下电化学反应方程式来表示：

$$PbO_2 + Pb + 2H_2SO_4 \Leftrightarrow 2PbSO_4 + 2H_2O$$

当上述电化学反应式由左向右进行时，是铅酸蓄电池的放电反应。当上述电化学反应式由右向左进行时，是铅酸蓄电池的充电反应。

事实上，铅酸蓄电池在充电时会有气体析出，因为在其完成正常充放电过程的同时，伴随着许许多多其他的化学反应，在电解液中含有 Pb^+、H^+、OH^-、SO_4^{2-} 等带电离子，特别在充电末期，铅酸蓄电池正负极分别还原为 PbO_2 和 Pb 时，部分 H^+ 与 OH^- 会在充电状态下产生 H_2 与 O_2 两种气体，其方程式如下：

$$2H^+ + 2OH^- = 2H_2\uparrow + O_2\uparrow$$

蓄电池放完电后，需要立即对它再次充电，使正、负极板分别恢复到原来的二氧化铅和绒状铅，再次建立起电动势，以待再次放电。

5.3.6　蓄电池的工作方式

蓄电池的工作方式，实际上是蓄电池工作期间进行充电和放电的方式。蓄电池采取什么样的方式向负载供电，又以什么样的方式补充放掉的电能，是要根据蓄电池的具体用途、充电电源（交流市电）等情况而定的，现举例如下。

1. 充放制工作方式

这种方式是由甲、乙两组蓄电池轮换进行工作，即一组放电时，另一组进行充电，充完电后作为备用，两组电池充电和放电交替循环使用。

这种工作方式适用于交流市电不可靠、不稳定的场合。其优点是供电质量高，安全可靠。

2. 定期浮充制工作方式

定期浮充制又称半浮充制，是定期地用整流设备和电池并联供电的一种工作方式，即在部分时间里由整流设备与蓄电池并联供电。就这样在向负载供电的同时，整流设备对蓄电池进行小电流充电，作为补充电池已放出的容量和自放电的消耗，在另一部分时间里则由蓄电池单独供电。

这种工作方式适宜于蓄电池容量小或负载变化较大的场合。当负载小时，由蓄电池单独供电、负载大时用浮充供电。

3. 连续浮充制工作方式

这是整流设备与蓄电池持续并联供电（连续浮充供电）的一种工作方式。在浮充过程中，负载电流全部由整流设备供给，并且还对蓄电池作补充充电，而蓄电池只起着平滑滤波的作用。只有当市电停电或整流设备发生故障时，才由蓄电池对负载供电。

这种工作方式适宜于市电供电可靠、电压又稳定的场合。其优点是蓄电池的容量可以减小；使用寿命长；因直流电能直接由整流设备输出，而不经过蓄电池的转换，所以电源设备的效率高；维护工作简单。缺点是输出直流中含有一定的脉动成分。

不论哪一种工作方式，要保证蓄电池处于良好状态，延长使用年限，做好日常维护是一个重要环节。不同工作方式的蓄电池，维护时各有重点，要分别对待之。

复 习 思 考 题

5.0.1　电解铝和电解烧碱都属九种高耗电产品之列，它们的交流单耗如何？

5.1.1　电解烧碱的原料是什么？

5.1.2　隔膜法电解烧碱的工艺流程包括哪些工序？

5.1.3　金属阳极电解槽的结构由哪几部分组成？

5.1.4　电解烧碱的电量消耗情况如何？法拉第定律的主要内容是什么？

5.1.5　电解过程中电极上所产生物质的量与通过电解质溶液的电量关系如何？

5.1.6　什么是电解槽的槽电压？槽电压由哪几部分电压降组成？其中哪部分电压降数值最大？

5.1.7　电解烧碱的节电途径有哪些？

5.1.8　电解烧碱对供电的要求是什么？

5.1.9　目前我国预焙阳极铝电解槽的最大容量是多少？为哪家公司拥有？

5.1.10　电解铝的主原料是什么？

5.1.11　电解铝企业的电费占成本的百分比是多少？电解铝的供电要求是什么？

5.1.12　电解铝的节电途径有哪些？

5.2.1　硫酸镀铜用的电镀液主要成分是什么？

5.2.2　电镀设备是由哪些设备构成的？

5.2.3　高频脉冲开关电源应用于电镀与直流电镀相比有何特点？

5.2.4　本节介绍了哪几种电镀槽？

5.2.5　电镀车间为什么必须安装通风设备？通常选用哪种类型的通风机？

5.2.6　电镀供电的两项极为重要之点是什么？

5.3.1　蓄电池的基本结构是什么？

5.3.2　目前广泛应用的蓄电池是哪一种？

5.3.3　铅酸蓄电池按用途分为哪几类？

5.3.4　关于蓄电池有哪些常用技术术语？

5.3.5　工业蓄电池可分为哪两类？它们的寿命分别用什么表示？

5.3.6　阀控式密封铅酸蓄电池有何特点？

5.3.7　简述铅酸蓄电池的基本工作原理。

5.3.8　蓄电池的重要特征是什么？蓄电池的工作状态有哪两种？

5.3.9　铅酸蓄电池在充、放电时分别产生怎样的电化作用？

5.3.10　什么是蓄电池的浮放电？

5.3.11　什么是蓄电池的连续浮充制工作方式？什么情况下采用这种工作方式？

第6章　电 气 照 明

电气照明是最先进的现代照明方式，它是由电能转化为可见光能而发出光亮。电气照明器包括电光源和灯具两个部分。电光源指发光的器件，如灯泡和灯管等；灯具包括引线、灯头、插座、灯罩、补偿器、控制器等。

照明需要耗电，照明耗电在每个国家的总发电量中占有不可忽视的比重。目前，中国照明用电约占社会总用电量的 12% 左右。

1991 年 1 月，美国环保局（EPA）首先提出实施旨在节约能源、保护环境、提高照明质量的"绿色照明"概念，我国在 1996 年 10 月全面启动绿色照明工程。

本章介绍电气照明的基本概念和常用术语、主要的电光源、节能电光源及新型电光源、照明灯具、照明供电以及绿色照明等问题。

6.1　照明的基本概念和常用术语

电气照明是将电能转化为可见光能而发出光亮。

光是由光源以电磁波形式向周围空间传播的一种能量。

在电磁波谱中，波长为 380~780nm 的电磁波，作用于人的视觉器官能产生视觉，这部分电磁波叫可见光。可见光按波长依次排列可以得到可见光谱，通常将可见光分为红（780~630nm）、橙（630~600nm）、黄（600~570nm）、绿（570~490nm）、青（490~450nm）、蓝（450~430nm）、紫（430~380nm）等 7 种单色光。

一、常用的光度量

在照明工程中，常用的光度量有光通量、发光强度、照度和亮度。

1. 光通量

光通量是按照 CIE（国际照明委员会，Commission International d'Eclairage，简称 CIE）标准观察者的视觉特性来评价光的辐射通量的，其定义为单位时间内光辐射能量的大小，用符号 ϕ 表示。

光通量的单位是流明（lm）。光通量是根据人眼对光的感觉来评价光源在单位时间内光辐射能量的大小的。例如：一只 200W 的白炽灯泡比一只 100W 的白炽灯泡看上去要亮得多，这说明 200W 灯泡在单位时间内所发出光的量要多于 100W 的灯泡所发出的光的量。

光通量是说明光源发光能力的基本量。例如：一只 220V、40W 的白炽灯泡其光通量为 350lm，而一只 220V、36W、6200K 的 T8 荧光灯的光通量约为 2500lm，这说明荧光灯的发光能力比白炽灯强，这只荧光灯的发光能力是这只白炽灯的 7 倍。

2. 发光强度（光强）

发光强度简称光强，它表示光源向空间某一方向辐射的光通密度。所以，一个光源向给定方向的立体角 $d\omega$ 内发射的光通量 $d\phi$ 与该立体角之比，称为光源在给定方向的光强，用符号 I 表示，其表达式为

$$I = \frac{\mathrm{d}\phi}{\mathrm{d}\omega} \tag{6.1.1}$$

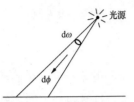

图 6.1.1　发光强度的定义

立体角的定义是任意一个封闭的圆锥面所围的空间，如图 6.1.1 所示。

发光强度的单位是坎德拉（cd），坎德拉是国际单位制的基本单位之一，其他光度量单位都是由光强的单位推导出来的。

发光强度是用来描述光源发出的光通量在空间给定方向上的分布情况的。当光源发出的光通量一定时，光强的大小只与光源的光通量在空间的分布密度有关。例如：桌上有一盏 220V，40W 白炽灯，其发出的光通量为 350lm，该裸灯泡的平均光强为 350/4π=28cd。若在该灯泡上面装上一盏不透光的平盘型灯罩之后，桌面看上去要比没有灯罩时亮许多。在此情形下，灯泡发出的光通量并没有变化，但加了灯罩之后，光通量经灯罩反射后更为集中地分布在灯的下方，向下的光通量增加了，相应的光强提高了，亮度也就增加了。

3. 照度

被照物体表面上一点的照度等于入射到该表面包含这点的面元上的光通量 $\mathrm{d}\phi$ 与面元的面积 $\mathrm{d}A$ 之比。简单地说就是被照面上单位面积入射的光通量。用 E 表示，其表达式为

$$E = \frac{\mathrm{d}\phi}{\mathrm{d}A} \tag{6.1.2}$$

照度的单位为 lx（勒克斯）。

能否看清一个物体，与这个物体单位面积所得到的光通量有关。所以，照度是照明工程中最常用的术语和重要的物理量之一，在当前的照明工程设计中，一直将照度值作为考察照明效果的量化指标。为了对照度有一个大概的概念，下面举几个常见的例子。

1）在 40W 白炽灯下 1m 远处的照度约为 30lx，加搪瓷伞形白色灯罩后可增加为 70lx。

2）满月晴空的月光下为 0.2lx。

3）晴朗的白天室内为 100～500lx。

一般情况下，1lx 的照度仅能辨别物体的轮廓；照度为 5～10lx 时，看一般书籍比较困难；短时阅读的照度不应低于 50lx。

4. 亮度

亮度是描述发光面或反光面上光的明亮程度的光度量，并且，亮度考虑了光的辐射方向，所以它是表征发光面在不同方向上的光学特性的物理量。

亮度与被视物体的发光强度或反光面的反光程度有关，还与发光面或反光面的面积有关。亮度的国际单位制单位是坎德拉/米² （cd/m²）。通常情况下：

1）40W 荧光灯的表面亮度约为 7000cd/m²；

2）无云的晴朗天空平均亮度约为 5000cd/m²；

3）太阳的亮度高达 1.6×10^9 cd/m² 以上。

注意：一般当亮度超过 1.6×10^5 cd/m² 时，人眼就感到难以忍受了。

二、物质的光学性质

光通过介质（空气、液体、固体等）传播时，一般都发生吸收、折射、透射、反射和偏振等现象。研究这些现象对照明工程设计是有实际意义的，因为照明环境（照明分布）是光

源发出的光经过传播过程而最后形成的。很明显，吸收、折射、反射和透射等现象对照明分布具有决定性的影响。

1. 光的吸收

光在介质中传播时其强度将越来越弱，在这个过程中有一部分光的能量转变为其他形式的能量（例如热能），这就是介质对光的吸收。

2. 光的折射和透射

（1）光的折射　光从一种介质射入另一种介质时，若光的入射方向不是垂直于上述两种介质分界面，则在分界面处将有一部分光被反射回原来的介质，另一部分将射入另一种介质中，但传播方向改变了，这种现象称为光的折射。

（2）光的透射　光从一种介质射入另一种介质，并从这种介质穿透出来的现象叫光的透射。

3. 光的反射

光从一种介质传播到另一种介质时，有一部分或全部自分界面射回原来的介质，这种现象叫做光的反射。在光的反射中，光的传播方向和能量可能发生变化，但光所包含的单色成分的频率是不会改变的。

4. 物质的光谱选择性

任何物质在光的照射下都可能发生光的吸收、反射或透射等现象，且其对光的吸收、反射和透射特性都与光的波长有关，也就是光的波长不同时，各种物质吸收、反射和透射的情况也可能不同，这种现象称为物质对光有光谱选择性。

图 6.1.2　光的折射、
透射、反射

三、电光源的技术特性参数

在选择、替代和使用电光源时，必须掌握评价电光源的技术特性参数。从照明节电角度出发，电光源的技术特性参数主要有：发光效率、光源寿期、光源颜色和有关的电气性能。

1. 发光效率

光源消耗单位电功率所发出的光通量，即电光源输出的光通量 ϕ 与它取用的电功率 P 之比称为电光源的发光效率 η_s，简称光效，单位是 lm/W：

$$\eta_s = \frac{\phi}{P} \tag{6.1.3}$$

光效是表征光源经济效果的参数之一。在输出相同的光通量时，光效高的电光源比光效低的电光源节省电能。

在能完成相同的照明功能条件下，要优先选用光效高的电光源替代光效低的电光源。

2. 光源寿命

光源寿命，又称光源寿期。电光源的寿命通常用有效寿命和平均寿命两个指标来表示。

（1）有效寿命　指灯开始点燃至灯的光通量衰减到额定光通量的某一百分比时所经历的点灯时数。一般这一百分比规定在 70%～80% 之间。

（2）平均寿命　指一组试验样灯，从点燃到其中的 50% 的灯失效时，所经历的点灯时数。

寿命是评价电光源可靠性和质量的主要技术参数，寿命长表明它的服务时间长，耐用度高，节电贡献大。对照明用户来讲，他们希望购置有效寿命比较长的灯种。

3. 光源的颜色

光源的颜色，简称光色。它用色温和显色指数两个指标来度量。

（1）光源的色温。

当某一光源的颜色与某一温度下黑体的颜色相同时，黑体的温度即为这种光源的颜色温度，简称色温，单位为开尔文，记作 K。

光源的色温是灯光颜色给人直观感觉的度量，与光源的实际温度无关。不同的色温给人不同的冷暖感觉，高色温有凉爽的感觉，低色温有温暖的感觉。一般地说，在低照度下采用低色温的光源会感到温馨快活；在高照度下采用高色温的光源则感到清爽舒适。在比较热的地区宜采用高色温冷感电光源，在比较冷的地方宜采用低色温暖感的电光源。因此，可根据各自的环境条件和爱好，选择适宜色温的电光源。

（2）显色指数。

显色指数用来定量评定光源显色性的优劣，光源的显色性是指在该光源照射下物体表面显示的颜色与在标准光源照射下显示的颜色相符合的程度，即光源显现物体颜色的特性。

光源的显色指数是指在待测光源照射下，物体的颜色与物体在日光下所显示的颜色相符合的程度。显色指数最大值为 100。一般认为：显色指数为 80~100 的光源其显色性较好，50~79 之间显色性一般，小于 50 为显色性较差。

几种常见电光源的显色指数见表 6.1.1。

表 6.1.1   几种常见电光源的显色指数

光源	显色指数	光源	显色指数
白炽灯	97	高压汞灯	22~51
日光色荧光灯	75~94	高压钠灯	21
白色荧光灯	55~85	金属卤化物灯	53~72

显色性是选用电光源的一项重要因素，对于显色性要求很高的照明用途更是如此。例如，美术品、艺术品、古玩、高档衣料等的展示销售，为避免颜色失真，就不宜采用显色性比较差的电光源。但是，在显色性能要求不高，而要求彩色调节的场所，可利用显色性的差异来增加明亮提神的气氛。如汞灯以绿色为主，白炽灯以红光为主，它们分别照到绿色和红色物体上就更加鲜艳，对于追求装饰性和娱乐性的某些场合，可选择与装饰色调相匹配的灯种，或采用混合照明。

4. 光源起动性能

光源的起动性能是指灯的起动和再起动特性，它用起动和再起动所需要的时间来度量。一般地讲，热辐射电光源的起动性能最好，能瞬时起动发光，也不受再起动时间的限制；气体放电电光源的起动特性不如热辐射电光源，不能瞬时起动。除荧光灯能快速起动外，其他气体放电灯的起动时间最少在 4min 以上，再起动时间最少也需要 3min 以上。不能承受起动和再起动约束的场合，像住宅、商厦、宾馆、酒楼、康乐场所等的室内照明只能选用普通白炽灯、卤钨灯和荧光灯。

5. 闪烁与频闪效应

（1）闪烁 用交流电点燃电光源时，在各半个周期内，光源的光通量随着电流的增减发生周期性的明暗变化的现象称为闪烁。闪烁的频率较高，通常与电流频率成倍数关系。一般情况下，肉眼不宜觉察到由交流电引起的光源闪烁。

（2）频闪效应 在以一定频率变化的光线照射下，观察到的物体运动呈现静止或不同于实际运动状态的现象称为频闪效应。具有频闪效应的光源照射周期性运动的物体时会降低视觉分辨能力，严重时会诱发各种事故，所以，具有明显闪烁和频闪的光源其使用范围将受到限制。

6.2　照明电光源

电光源泛指各种通电后能发光的器件，而用作照明的电光源则称作照明电光源。

6.2.1　照明电光源概况

根据发光原理不同，电光源可分成热辐射式电光源和气体放电电光源两大类。

电光源是当今照明的主体，自 1879 年白炽灯问世以来，其发展经历了三代。照明电光源的发展简况、主要灯种性能比较及主要灯种节电效果比较分别见表 6.2.1、表 6.2.2、表 6.2.3。

一、第一代　热辐射电光源

辐射电光源利用钨丝发热而发光。代表产品为白炽灯和 20 世纪 60 年代开发的卤钨灯。其特点如下。

优点：结构简单、光色好、发光柔和稳定、成本低，使用方便。

缺点：光效低、耗电大、寿命短，逐步为节能电光源取代。

二、第二代　气体放电电光源

气体放电电光源自 20 世纪 30 年代起开发，较白炽灯发光机理不同（辉光放电），发光效率有质的飞跃。代表产品如下所示。

（1）荧光灯（1938 年问世），光效高于白炽灯 5 倍，作一般照明。

（2）低压钠灯，光效高于白炽灯十几倍，光色单一（黄光），只能作道路、隧道照明；

（3）高压气体放电电光源（高压汞灯、大功率氙灯等），功率大、光效高，用作场馆和泛光照明。

表 6.2.1　　　　　　　　　　　　　照明电光源发展简况

类别		灯　种	开发年代*	光效 (1m/W)	平均寿命 (h)	优　缺　点	应用
第一代	热辐射电光源	白炽灯	1879	9~34	1000~2000	光线柔和、稳定，成本低；光效低、寿命短	室内外
		卤钨灯	60~70	20~50			
第二代	气体放电电光源	荧光灯	1938	40~50	5000	光效较高、显色性提高	室内
		低电钠灯	30~40	150 以上		色单一、显色性差	道路、隧道
		高压汞灯大功率氙灯	50~60	40~60			室内、泛光照明
第三代		细管径荧光灯 (T8、T5、T4)	70~95	50~105	5000~20000	三基色、体积小、寿命长；功率小	室内
		紧凑型荧光灯	70 末				
		高压钠灯	66~80	90~130		显色性好（>60）；光色多、光效高；寿命长	道路、场馆照明工程
		金属卤化物灯	60~90	80~125			

续表

类别	灯种	开发年代*	光效(1m/W)	平均寿命(h)	优缺点	应用
新光源	耦合放电 高频无极灯	90	55~65	>40000	光效高、显色性好、寿命长；功率小	室内外
	耦合放电 螺旋一体灯			10000		
	耦合放电 陶瓷金卤灯				光效高、光性能稳定	
	介质放电 紫外光源	90末		6000~12000	光效高、性能稳定	研制中
	表面放电 平面荧光灯		27		光均匀、无汞、低温性能好；光效低	
	微波放电 微波金卤灯	90末	80~110	>30000	启动快、光稳定、寿命长；功率低、成本高	
	微波放电 微波准分子灯					
	微波放电 微波硫灯				光效高、寿命长；结构复杂、成本高	

* 年代除标明外是指20世纪。

三、第三代　节能气体放电光源

节能气体放电光源自20世纪60~70年代起开发，代表产品有以下几种。

1. 细管径荧光灯（T8、T5、T4）

2. 紧凑型荧光灯（电子节能灯）

细管径荧光灯和紧凑型荧光灯较普通荧光灯光效高（从40~50lm/W提高到50~105lm/W）、显色性好、寿命长且结构紧凑、通用性好，已成为室内照明的主体。

3. 高强度气体放电光源（HID）

如高压钠灯（HPS）、金属卤化物灯（MH），20世纪60年代研制、80年代形成规模生产。较高压汞灯光效高（1~1.5倍），显色性好（显色指数>60），寿命6000h以上，广泛用于道路、场馆、大型照明工程等。

四、新光源

1. 20世纪80~90年代已开发出一批新型节能气体光源

气体光源包括：无汞荧光灯、高频无极荧光灯、平面荧光灯、高显色性高压钠灯、陶瓷金属卤化物灯、微波硫灯。

2. 几种未来新型光源

未来新型光源包括涂有光触媒的荧光灯、长余辉残光型荧光灯、可变色荧光灯、四基色荧光灯。

表6.2.2　　　　　　　　　主要灯种性能比较

灯种	功率（W）	光效（lm/W）	显色指数（Ra）	平均寿命（h）	频闪效应	表面亮度
白炽灯	5~1000	9~34	90~100	500~1000	不明显	大
普通荧光灯	3~125	40~50	>60	2000~5000	明显	小

续表

灯种	功率（W）	光效（lm/W）	显色指数（Ra）	平均寿命（h）	频闪效应	表面亮度
紧凑型荧光灯 （电子节能灯）	3~26	50~105	>60	6000~8000	无	小
HID灯 （HPS、MH）	35~1000	55~140	60~90	20000	不明显	大

表 6.2.3   主要灯种节电效果比较

灯 种	替代光源	节电比例（%）	使用、替代情况	备 注
T12 荧光灯	白炽灯	70~73	室内外照明，无条件替代	粗管径
T8 荧光灯	T12 荧光灯	10~20	室内照明，逐步替代	细管径
T5、T4 荧光灯	T8 荧光灯	20~30	同 上	细管径
紧凑型荧光灯	白炽灯	70~83	室内照明（调光要求除外）	电子节能灯
高压钠灯（HPS）	高压汞灯	56~60	道路、场馆，逐步替代	
金属卤化物灯（MH）	高压汞灯	42~46	商场、宾馆，逐步替代	

6.2.2 热辐射电光源

一、白炽灯

白炽灯的结构如图 6.2.1 所示，由灯丝、支架、引线、泡壳和灯头等部分组成。

白炽灯灯丝在有电流通过时产生的热效应使灯丝的温度升高，当灯丝炽热到白炽状态时，就会发出可见光。

由于灯丝温度很高，所以灯丝要用高熔点材料，现在都用钨来制作。白炽灯工作时的高温，会使灯丝逐渐蒸发而变细，直至熔断，直接影响到灯泡寿命。为了抑制蒸发，一般灯泡在制作时，先将泡壳内部抽成真空，然后再充以氩或氮或氩氮混合气等惰性气体。只有少数小功率灯泡是真空的。

白炽灯工作时，灯丝温度随电压 U 而变化，因此其光通量 ϕ、光效率 η、电流 I、功率 P、寿命 τ、电阻 R 等都将随之变化。图 6.2.2 是充气白炽灯的工作特性。

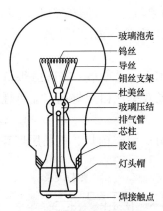

图 6.2.1 白炽灯的结构图

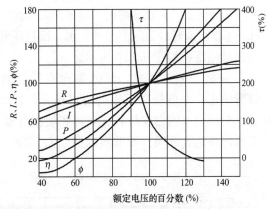

图 6.2.2 白炽灯光电参数与电源电压的关系曲线

从图 6.2.2 中可以看出，电压变化对灯泡的寿命影响最大，当电压增加 5% 时，其寿命将缩短一半；反之，电压减少 5％，寿命几乎增加一倍。这是因为电压高，灯丝温度增加，直接影响到灯丝的蒸发率。但从发光效率来看，温度越高，发光效率也越高。

　　当电源电压突然以较大的幅度下降时，虽然光通量输出也较大幅度地降低，但却不至于猝然熄灭，因此常采用调压方式对白炽灯进行调光控制，如局部照明用的调光灯和影剧院用的调光灯一般均用白炽灯。此外，某些重要场合的照明往往采用白炽灯，就是利用白炽灯瞬时点燃和在电压波动中不致猝然熄灭的特点来保证其照明的连续性。

　　其实，白炽灯即使在正常条件下工作，其特性也在不断变化。这是由于灯丝的不断蒸发（并沉积在玻璃壳内壁使之发黑），使光通量、电流和功率也随之下降。

　　至于在使用过程中，灯的通断次数对高光效的灯（如放映灯）的寿命也有影响。但对低光效、长寿命的灯，则影响不大。

　　普通白炽灯的结构简单、成本低廉、使用方便、显色性能好、点燃迅速、容易调光、易于制造，是应用最广的灯种。但它的能量转换效率低，大部分能量转化为红外辐射损失，可见光不多，发光效率低和使用寿命短，这是它的主要缺点。

　　近些年发展起来的涂白白炽灯、氪气白炽灯和红外反射膜白炽灯，在提高发光效率和延长使用寿命方面有了进一步的改善。涂白白炽灯是在灯泡的玻璃壳上涂以白色的无机粉末，可提高 5％的发光效率，比普通白炽灯发光柔和、感觉舒适。氪（Kr）气白炽灯是以导热率低的氪气替代普通白炽灯的氩（Ar）气和氮（N）气等气体作为充填气，可减少灯丝的热损失和气化速率，发光效率可提高 10％，使用寿命能延长一倍。红外线反射膜白炽灯是在灯泡玻璃表面镀上透光的红外线反射膜，把灯丝反射的红外线再反射回灯丝，借提高灯丝温度来提高发光效率，可节电 1/3 以上。这些新的白炽灯种，依靠在光效和寿命方面的优势，正在部分地取代普通白炽灯。

二、卤钨灯

　　白炽灯灯丝的蒸发，影响了白炽灯的寿命，这是白炽灯致命的弱点。为了解决这一弱点，人们在灯泡内充以适量的卤族元素（如碘、溴等）和惰性气体，使之成为卤钨循环白炽灯，简称卤钨灯。

　　卤钨灯工作时，高温灯丝蒸发出来的钨，在泡壁附近温度较低的区域里与卤素化合成卤化钨。当卤化钨向灯丝扩散时，又在高温下分解成卤素和钨，在灯丝周围形成一层钨蒸气，并以沉积的方式回到灯丝上，有效地抑制了钨的蒸发。而卤素则又可参与另一次循环反应。这种循环不断进行，不仅可减轻或消除泡壁的发黑，而且还可保证灯泡在较高的温度下工作。

　　管状卤钨灯的结构如图 6.2.3 所示。

　　卤钨灯因抑制了钨的蒸发，灯的寿命有所提高（可达 1500～2000h，普通白炽灯约1000h）；灯管的工作温度提高，辐射的可见光量增加，使发光效率比白炽灯高，显色性也较白炽灯好；与同功率的白炽灯相比，体积要小得多。

　　卤钨灯可用作泛光照明（即非室内照明）、放映灯、摄影灯、汽车前灯、机场用灯等照明灯光。

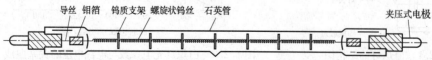

图 6.2.3　管状卤钨灯的结构示意图

卤钨灯工作温度高，但不能用任何人工冷却的措施，否则会破坏卤钨循环。其次是安装时要保持水平状态，否则会影响正常运行与灯的寿命。这两点是使用时必需注意的。

6.2.3 气体放电光源

气体放电光源是利用电流通过气体（或蒸气）而发光的光源，它们主要以原子辐射形式产生光辐射。

按放电形式的不同，气体放电光源可分为辉光放电灯和弧光放电灯。辉光放电灯的特点是工作时需要很高的电压，但放电电流较小，一般在 $10^{-6}\sim10^{-1}$ A，霓虹灯属于辉光放电灯。弧光放电灯的特点是放电电流较大，一般在 10^{-1} A 以上。照明工程广泛应用的是弧光放电灯。

弧光放电灯按管内气体（或蒸气）压力的不同，又可分为低气压弧光放电灯和高气压弧光放电灯。低气压弧光放电灯主要包括荧光灯和低压钠灯。高气压弧光放电灯包括高压汞灯、高压钠灯和金属卤化物灯等。相比之下，高气压弧光放电灯的表面积较小，但其功率却较大，致使管壁的负荷比低气压弧光放电灯要高得多（往往超过 3W/cm^2），因此又称高气压弧光放电灯为高强度气体放电灯，简称 HID 灯。

一、气体放电光源的特性

气体放电具有负的伏安特性，即放电电流增大时，维持放电所必须的电压反而降低。弧光放电的负伏安特性是一种不稳定的工作特性，若将其单独接到电源上，将会导致电流无限制的减小或增加，直到灯管熄灭或被电流击穿而损坏为止。所以，必须用具有正伏安特性的限流装置来抵消这种负伏安特性，才能保证其稳定工作。

各种气体放电灯一般都配备相应的电气附件，以保证光源的起动和工作特性。放电灯常用的附件有镇流器、起辉器和补偿电容等。

镇流器的基本功能是防止电流失控、保证放电灯在其正常的电特性下工作。由于镇流器具有上升的伏安特性，当回路电流增大时，镇流器的电压降增大，作用于灯管上的电压减小，因此电流便能够稳定。镇流器的种类主要有电阻镇流器、电感镇流器、电容镇流器和电子镇流器等。

电阻镇流器可用于直流电源供电的气体放电灯，但会引起较大的功率损耗，使灯的总效率降低。所以，在交流供电的情况下一般不使用电阻镇流器。

电感镇流器用于工频交流供电的气体放电灯，它不但起限流的作用，而且在起动时能产生一个高压脉冲，使灯管顺利起动；设计正确的电感镇流器能使电源电压和灯管电流之间产生 $55°\sim65°$ 的相位差，以减少工作电流波形的畸变，从而保证放电灯能更稳定地工作。电感镇流器在工作中消耗的功率比电阻镇流器小很多，一般为灯管功率的 $10\%\sim30\%$，但电感镇流器会使电路的功率因数降低。

电容镇流器一般用于高频交流电而不适用于工频交流电。在高频电源中，电容镇流器具有很好的性能，并且需要的电容量较小，镇流器尺寸较小。

电子镇流器是 20 世纪 80 年代引进我国的，经过多年的研究和改进，目前大量使用这种环保节能产品。其优点主要有：环境适应性强，在 $150\sim250$ V 状态下均可正常工作，环境温度较低的情况下都能使灯一次快速起辉，可延长灯管使用寿命；节能效率高，电子镇流器本身损耗很小，再加上灯管工作条件改善了，故发出同样的光通量所消耗的电功率也相应减少；功率因数高到 0.90 以上，对电网无污染，对办公设备无干扰；外形美观新颖、结构紧凑、重量轻、安装方便；安全可靠性高、无闪烁、无噪声。

气体放电灯采用电感镇流器时，照明线路的总功率因数就会降得很低，一般为 0.33～0.52。利用电容器可方便地使功率因数得到校正，通常可将总功率因数提高到 0.85 以上。

注意高强度气体放电灯一般都需要针对各生产厂家的光源配备适合的电气附件，不宜随意选用，也不宜相互代用（如把荧光高压汞灯的镇流器用到钠灯上），否则，将会大大影响光源的起动特性、工作特性和使用寿命。

二、荧光灯

荧光灯俗称日光灯，它的发光原理与白炽灯完全不同，属于低气压汞蒸气弧光放电灯。荧光灯与白炽灯相比，其最突出的优点是发光效率高（约为白炽灯光效的 5 倍）、使用寿命长（约为白炽灯寿命的 3～5 倍）、光色好。所以，从 20 世纪 30 年代产生至今，荧光灯光源业已经形成一个庞大的工业体系，产品种类繁多，仍在不断的发展之中。目前，荧光灯的应用十分广泛，已成为主要的一般照明光源。

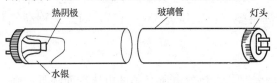

图 6.2.4　荧光灯管的构造

1. 荧光灯结构及工作原理

（1）结构

荧光灯由两个灯头、两个热阴极和内壁涂有荧光粉的玻璃管组成，见图 6.2.4。

灯管由玻璃制成，内壁涂有荧光粉，两端装有钨丝电极，灯管抽成真空后封装气压很低的汞蒸气和惰性气体（如氩、氖、氪等）。

在交流电源下，灯管两端的电极交替起阴极（供给电子）和阳极（吸收电子）的作用，故有时将电极统称为阴极。阴极通常用钨丝绕成螺旋形状，并在上面涂有电子发射物质（以钡、锶、钙等金属为主的氧化物），这些金属氧化物具有较低的溢出功，以便使阴极在较低的温度下就能产生热电子发射。

灯管的电极与两根引入线焊接并固定在玻璃芯柱上，引入线与灯的两根管脚连接，在灯具中管脚与灯座连接以引入电流。

管内的汞蒸气和惰性气体可减少电极的蒸发和帮助灯管起燃。

荧光灯中荧光粉的作用是把它所吸收的紫外辐射转换成可见光。在最佳辐射条件下，普通荧光灯只能将 3％左右的输入功率通过放电直接转变为可见光，63％以上转变为紫外辐射。这些紫外线射向灯管内壁的荧光粉时，将发生光致发光，产生可见光辐射。多年来使用最广泛的荧光粉是卤磷酸钙荧光粉，它的价格比较低，发光效率较高，易于大量生产，但显色性稍差，显色指数一般为 50～70 左右。

管内壁涂的荧光粉不同，相应的荧光灯的光色（色温）和显色指数也不同。如果单独使用一种荧光物质，可以制造某种色彩的荧光灯，如蓝、绿、黄、白、淡红和金白等彩色荧光灯。有些荧光粉只要改变其构成物质的含量，即可得到一系列的光色，如日光色、冷白色、白色、暖白色等荧光灯。若把几种荧光物质混合使用，可得到其他的光色，如三基色荧光灯等。三基色荧光粉含有钇（Y）、铕（Eu）、铈（Ce）等稀土元素，并由红粉、绿粉（其主要作用是提高光源的光效）和蓝粉三种荧光粉按一定的比例制成，其发光效率和显色性均比卤磷酸钙荧光粉大为提高，光效可达 100lm/W 以上，显色指数在 80 以上甚至达到 90。改变这三种荧光粉的混合比例，还会制造出其他不同光色的新型高效光源，如有类似灯泡暖光效果的三基色荧光灯（2700～3000K）、有春意盎然的中性白色光的三基色荧光灯（4000～

5000K），有清爽明亮的日光色三基色荧光灯（6200～6700K）等等。由于三基色荧光粉价格昂贵，一般情况下，同样规格的三基色荧光灯的价格约为卤粉荧光灯的 2～3 倍甚至更高。

（2）工作原理

热阴极荧光灯的工作电路由灯管、镇流器和起辉器组成，如图 6.2.5 所示。图 6.2.6 是起辉器的结构示意图。

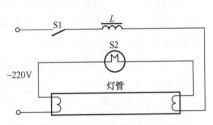

图 6.2.5　荧光灯的工作电路

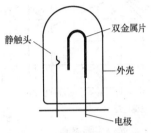

图 6.2.6　起辉器结构示意图

荧光灯的工作原理如下：当合上开关 S1 后，电源电压全部加在起辉器 S2 上，起辉器 S2 产生辉光放电而发热，其中的双金属片受热膨胀变形，使触点闭合，接通阴极电路预热灯丝。双金属片触点闭合后，辉光放电停止，经 1～2s 的时间后，双金属片冷却收缩将触点弹开分离，就在这一瞬间，串联在电路中的镇流器 L（为一电感线圈）产生较高的自感电动势，加在灯管两端，因阴极被预热后已发射了大量的电子，就使管内气体和汞蒸气电离而导电。汞蒸气放电时产生的紫外线激发灯管内壁的荧光物质发出可见光。灯管起燃后，电源电压就分布在镇流器和灯管上，灯管两端的电压降远远低于电源电压，致使起辉器上的电压达不到起辉电压而不再起辉。镇流器在灯管预热和起燃后，都起着限制和在一定程度上稳定预热及工作电流的作用。

2. 荧光灯的光通量与发光效率

荧光灯在使用过程中光通量会有明显的衰减现象，点燃 100h 后光通量输出比初始光通量输出下降 2%～4%，以后光通量下降就比较缓慢。因此荧光灯的额定光通量一般是指点燃了 100h 时的光通量输出值，对照明要求极高的场所有时甚至取点燃了 2000h 后的光通量输出作为计算依据。荧光灯光通量衰减的主要原因有：由于荧光粉的老化而影响光致发光的效率；由于管内残留不纯气体的作用使荧光粉黑化；由于电极电子物质的溅射使管端黑化；灯管老化使之透光比下降等。

荧光灯的发光效率很高，一般为 27～82lm/W。荧光灯的光效与使用的荧光粉的成分有很大关系，通常情况下，三基色荧光粉的转换效率最高，因此三基色荧光灯的光效最高，比使用卤磷酸钙荧光粉的普通荧光灯高出 20% 左右。

3. 荧光灯的寿命

荧光灯的寿命一般是指有效寿命，即荧光灯使用到光通量只有其额定光通量的 70% 时为止。国产普通荧光灯的寿命约为 3000～5000h。

影响荧光灯光通量输出的一系列因素都间接地影响着荧光灯的寿命，其中主要因素是阴极电子发射物质的飞溅程度。实验表明：荧光灯起动时阴极上的电子发射物质飞溅最为剧烈，因此频繁开关荧光灯会大大增加电子发射物质的消耗，从而降低其使用寿命。通常情况下，荧光灯在进行寿命试验时规定每 3h 开关一次，若将开关次数增加，则寿命明显下降。例如每半小时开关一次，则寿命将下降一半。因此，频繁开关照明灯的场所不适宜选用荧光灯。

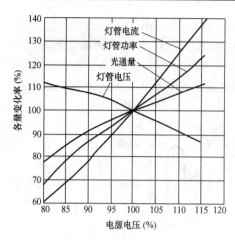

图 6.2.7　荧光灯主要参数
与电源电压的关系

4. 荧光灯的电压特性

一般来说,荧光灯的灯管电流、灯管电功率和光通量基本上与电源电压成正比,而灯管电压和光效却与电源电压近似成反比。所以,当电源电压变化时,都会不同程度地影响到灯管的性能(见图6.2.7),其中倍受关注的应当是对灯管寿命的影响,因为不论电压过高或过低,都会使荧光灯的寿命下降。若电源电压过高,灯管工作电流增大,电极温度升高,电子发射物质的消耗也增大,促使灯管两端早期发黑,寿命缩短;若电源电压降低,电极温度降低,灯管不易起动;即使起动了,也由于工作电流小,不足以维持正常的工作温度,导致电子发射物质溅射加剧,同样会降低寿命。所以,为了保证荧光灯具有正常的工作特性和使用寿命,要求电源电压的偏移范围必须在额定值的±10%以内。

5. 环境温湿度对性能的影响

环境温度和湿度对荧光灯的光效和起动性能影响较大。

荧光灯光效的高低主要取决于253.7nm谱线的辐射强度,要达到强的紫外线辐射,就必须保持灯管内有最佳的汞蒸气压力,而环境温度对汞蒸气压力有较大的影响。实验表明,若灯管工作时管壁最冷部分的温度约为40℃时,管内就能达到最佳汞蒸气压力,相应的环境温度约为20~35℃,此时灯管的发光效率最高。当环境温度过高时,管内汞蒸气压力会增高,253.7nm的紫外线辐射就会减弱,光效随之下降,故环境温度应低于35℃为宜;当环境温度过低时,汞蒸气压力会下降,紫外线辐射也会减弱而使光效下降。环境温度过低(一般低于10℃)时荧光灯起动困难,而当环境温度低于5℃时对荧光灯的工作极为不利。

环境湿度过高(75%~80%)将影响荧光灯的起动和正常工作。因为环境湿度增高时,悬浮在空气中的水分子就会在灯管表面形成一层潮湿的薄膜,该薄膜相当于一个电阻跨接在灯管的两个电极之间,降低了荧光灯起动时两极间的电压,使荧光灯起动困难。一般情况下,环境相对湿度低于60%时荧光灯可以正常工作,而达到70%~80%时对荧光灯的工作就极为不利了。

环境温湿度变化范围较大的场合,不宜使用荧光灯照明,这也是荧光灯目前主要大量用于环境条件较好的家庭、办公室、学校、医院等室内照明的原因。

6. 荧光灯的频闪效应

交流荧光灯照射快速运动的物体时,会产生频闪效应,容易造成事故。故荧光灯不适宜用于有车床等旋转机械的场所照明。

消除频闪效应的方法通常有以下几种:双管、三管荧光灯可采用分相供电;单管荧光灯可采用移相电路;亦可采用电子镇流器使荧光灯工作在高频状态,或采用直流供电的荧光灯管。

三、荧光高压汞灯

荧光高压汞灯即高压汞灯,是高强度气体放电灯(HID灯),HID灯发光管表面的负载超过3W/mm²。除高压汞灯外,HID灯还包括高压钠灯、金属卤化物灯等。

1. 荧光高压汞灯结构及工作原理

高压汞灯主要由灯头、放电管和玻璃外壳等组成，其核心部件是放电管。放电管由耐高温、高压的透明石英玻璃做成，管内抽去空气和杂质后，充有一定量的汞和少量的氩气，里面封装有钨丝制成的主电极和辅助电极，如图 6.2.8 所示，钨丝上涂有电子发射物质，使之具有较好的热电子发射能力。放电管工作时管内的气压可升高到 2~6 个大气压，管壁温度可达 400~600℃。为了减少热量的损失，使放电管稳定地工作，一般高压汞灯的放电管封装在硬质玻璃制成的外泡中。外泡内也要抽成真空，充入惰性气体，并在外泡的内壁涂有荧光粉，以提高高压汞灯的发光效率或改善光色，故高压汞灯又称为荧光高压汞灯。

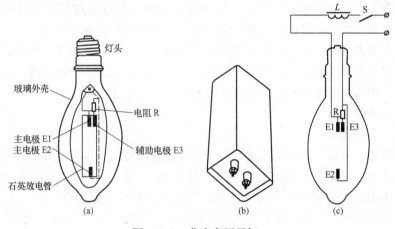

图 6.2.8　荧光高压汞灯
(a) 结构；(b) 镇流器；(c) 工作电路

常用的照明用高压汞灯有三种类型：普通型荧光高压汞灯、反射型荧光高压汞灯和自镇流荧光高压汞灯。

普通型和反射型荧光高压汞灯的工作电路如图 6.2.8 (c) 所示。当开关 S 合上后，首先在辅助电极 E3 和主电极 E1 之间发生辉光放电，产生大量的电子和离子，从而引发两个主电极 E1 和 E2 间的弧光放电，灯管起燃。辉光放电的电流由于受到起动电阻 R（40~60kΩ）的限制，使主、辅电极之间的电压远低于辉光放电所需要的电压，所以弧光放电后辉光放电立即停止。

2. 荧光高压汞灯的基本性能

高压汞灯的起动时间大约需要 4~8min，在低温环境中，高压汞灯的起动将较困难，甚至不能起动。高压汞灯在工作中熄灭以后不能立即再起动，其再起动时间大约需要 5~10min。因此在运行中，为了避免灯的熄灭，最大允许电源中断时间为 10~15ms。而在实际应用中，供电电源自动切换时间一般要长得多，所以在发生供电电源自动切换时高压汞灯将要熄灭。

高压汞灯的发光效率高，普通型和反射型一般可达 40~60lm/W，自镇流荧光高压汞灯的总发光效率较低，一般为 12~301m/W。

高压汞灯所发射的光谱包括线光谱和连续光谱，色温约为 5000~5400K，光色为淡蓝绿色，由于与日光差别较大，故其显色性较差，一般显色指数仅为 30~40 左右，一般室内照明应用较少。

近年来将三基色荧光粉应用于高压汞灯，进一步改善了高压汞灯的显色性，提高了灯的发光效率。还通过采用不同配比的混合荧光粉，制成橙红色、深红色、蓝绿色和黄绿色等不同光色的汞灯和高显色性汞灯，除用于一般照明外，还适用于庭院、商场、街道及娱乐场所的装饰照明。

高压汞灯的寿命很长，国产的普通型和反射型的有效寿命可达 5000h 以上，自镇流荧光高压汞灯一般为 3000h（钨丝寿命低，钨丝烧断则整个灯就报废），而国际先进水平已达 24000h。影响高压汞灯寿命的主要原因有：管壁的黑化引起的光衰；电极电子发射物质的消耗；起燃频繁等。

高压汞灯对电源电压的偏移非常敏感，电压变化会引起光通量、电流和电功率的较大幅度变化，灯在使用中允许电源电压有一定的变化范围，但电压过低时灯可能熄灭或不能起动，而电压过高时也会使灯因功率过高而熄灭，从而影响灯的使用寿命。

总之，高压汞灯的突出优点是光效高、亮度高、寿命长。但由于一般的高压汞灯其显色性较差，故很少用于一般室内的照明，而在广场、车站、街道、建筑工地及不需要仔细分辨颜色的高大厂房等需要大面积照明的场所得到了广泛的应用。

四、低压钠灯

1. 结构

低压钠灯是一种低气压钠蒸气放电灯。低压钠灯主要由放电管、外管和灯头组成。低压钠灯的放电管多由抗钠腐蚀的玻璃管制成，管径为 16mm 左右，为避免灯管太长，常常弯制成 U 形，封装在一个管状的外玻璃壳中；管内充入钠和氖氩混合气体，在 U 形管的外侧每隔一段长度吹制有一个存放钠球的凸出的小窝；放电管的每一端都封接有一个钨丝电极。套在放电管外的是外管，外管通常由普通玻璃制成，管内抽成真空，管内壁涂有氧化铟等透明物质，能将红外线反射回放电管，使放电管温度保持在 270℃ 左右。其构造简图如图 6.2.9 所示。

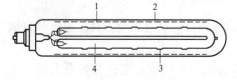

图 6.2.9　低压钠灯构造简图
1—氧化铟膜，2—真空的外玻壳；3—储钠小凸窝；4—放电管

2. 低压钠灯的特点

低压钠灯的光色呈黄色，显色性能差，但发光效率很高，在实验室条件下可达到 400lm/W，成品一般在 150lm/W 以上，是照明光源中发光效率最高的一种光源。

低压钠灯可以用开路电压较高的漏磁变压器直接起燃，冷态起燃时间约为 8～10min；正常工作的低压钠灯电源中断 6～15ms 不致熄灭；再起燃时间不足 1min。低压钠灯的寿命约为 2000～5000h，点燃次数对灯寿命影响很大，并要求水平点燃，否则也会影响寿命。

由于低压钠灯的显色性差，一般不宜作为室内照明光源；但它的透雾性好，能使人清晰地看到色差比较小的物体，它的光色柔和、眩光小，宜作为铁路、高架路、隧道等要求能见度高而对显色性要求不高的场所的照明光源。

为保证正常工作和避免减少使用寿命，点燃时不宜移动，尽量减少开闭次数。低压钠灯也是替代高压汞灯节约用电的一种高效灯种，应用场所也在不断扩大。

6.2.4　节能气体放电光源

节能气体放电光源是第三代电光源，包括细管径荧光灯（T8、T5、T4）、紧凑型荧光灯（电子节能灯）、高压钠灯（HPS）、金属卤化物灯（MH）等。细管径荧光灯和紧凑型荧光灯较普通荧光灯光效高（从 40～50lm/W 提高到 50～105lm/W）、显色性好、寿命长且结构紧凑、通用性好，已成为室内照明主体。

高压钠灯（HPS）、金属卤化物灯（MH）较高压汞灯光效高（1~1.5 倍），显色性好（显色指数＞60），寿命 6000h 以上，广泛用于道路、场馆、大型照明工程等。

一、细管径荧光灯（T8、T5、T4）

直管荧光灯是产量和使用量最大的一般照明光源，而且品种繁多。工程上常按其管径（灯管直径）的大小进行分类，目前使用的产品主要有 T12、T8、T5、T4 几种，其中 T 代表 1/8in，即 3.175mm，而 T12、T8、T5、T4 三种荧光灯管的直径约为 T 后面的数字乘以 3.175mm。

T12 即普通荧光灯，其管径约为 38mm，T8 荧光灯的管径约为 25mm，T8 荧光灯是 T12 的改良型。二者的共同特点主要有两个：一是灯的镇流器、灯座和灯头完全匹配，因而其主要规格大致相同（见表 6.2.4）；二是两者都采用卤磷酸钙荧光粉，只要改变荧光粉中的锑（Sb）和锰（Mn）的比例，都可以制成色温为 6500K 的日光色至 3000K 的暖白色之间多种光色的荧光灯。但是 T8 荧光灯与 T12 相比却具有以下显著优点：光效更高，一般情况下，光效在 60lm/W 以上；更省电，例如 T8 系列 36W 日光灯相当于 T12 系列 40W 荧光灯，省电 10%；灯管细，省材料，更符合环保要求；使用寿命长，寿命高达 8000h。

表 6.2.4　　　　　　　　　　　　　T12 直管荧光灯的主要规格

功率（W）	20	30	40	65	75/85	125
管长（mm）	600	900	1200	1500	1800	2400

T5 荧光灯的管径约为 16mm，T4 荧光灯的管径约为 12.5mm，采用三基色荧光粉。与 T8 荧光灯相比，T5、T4 荧光灯的特点主要有以下几个方面：显色性好，显色指数一般在 85 以上；光效高，一般可达 85~96lm/W；节约电能约为 20%；寿命长，达 7500h（国内产品）和 9000h（国外产品）。

T5、T4 荧光灯有各种不同色温以及日光色、暖色、冷白色和红、黄、绿、蓝等多种颜色彩色灯管。外形纤细美观，光色柔和，适用于室内外照明及各类型装饰性照明。T5 和 T4 荧光灯的镇流器、灯架和灯头完全匹配。图 6.2.10 是 T4 荧光灯及灯架的一部分。

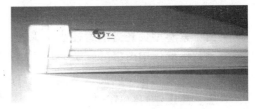

图 6.2.10　T4 荧光灯及灯架

目前 T8 荧光灯管已普遍推广应用，T5、T4 管也逐步扩大市场，并已有更为先进的 T3、T2 超细管径的新一代产品。

2004 年我国荧光灯总产量 23.7 亿只，比 2003 年的 18.5 亿只增长了 28.1%。其中直管荧光灯 9.4 亿只。T8 为 4.4 亿只，T5、T4 为 1.5 亿只，T5、T4 增幅明显。环型荧光灯 5000 万只，T5 环型增长明显。紧凑型荧光灯 13.8 亿只，增幅最大超过 30%。HID 灯总产量 9400 万只，比 2003 年的 8300 万只增长了 13%，其中，高压汞灯 5200 万只，高压钠灯 2300 万只，金属卤化物灯 1300 万只。HID 灯增幅较大的是高压汞灯、高压钠灯和金属卤化物灯，三种灯的增幅分别为：4%、25%、28%。

二、紧凑型荧光灯（电子节能灯）

紧凑型荧光灯又称为异形荧光灯。利用 9~16mm 细管灯管弯曲或拼结成一定的形状，缩短放电管的线形长度，结构紧凑，外型独特款式多样，配有小型电子镇流器和起辉器。

荷兰飞利浦公司早在 1974 年就率先开始研制紧凑型荧光灯，1979 年试制成功。紧凑型荧光灯是一种整体形的小功率荧光灯，它把白炽灯和荧光灯的优点集于一身，并将灯与镇流器、起辉器一体化，所以，其外形类似普通照明白炽灯泡，体积比普通照明白炽灯泡略大。该灯具有寿命长（国外产品的使用寿命已达 8000～10000h）、光效高、节能、光色温暖、显色性好、使用方便等特点，可直接装在普通螺口或插口灯座中替代白炽灯。紧凑型荧光灯主要形式如图 6.2.11 所示。

(a)　　　　　　　　　　(b)　　　　　　　　　　(c)

图 6.2.11　几种紧凑型荧光灯

(a) 一体化系列荧光灯；(b) 灯泡型、烛光型和球泡型荧光灯；

(c) 插拔系列荧光灯

图 6.2.11 (a) 为一体化系列荧光灯，将镇流器等全套控制电路封闭在灯的外壳内，主要有 2U、3U、2D、螺旋等外形。

图 6.2.11 (b) 为灯泡型、烛光型和球泡型荧光灯，是在原 2U、3U 外露型系列的基础上形成的，配以小型电子镇流器，表面采用乳白玻璃磨砂处理，使光线更加柔和舒适。

图 6.2.11 (c) 为插拔系列荧光灯，灯管与控制电路分离，需用特制灯头，主要形式有 U 形、2U 形、H 形、2H 形、2D 形等。

由于紧凑型荧光灯品种多样化、规格系列化，并且能与各种类型的灯具配套，可制成造型新颖别致的台灯、壁灯、吊灯、吸顶灯和装饰灯，日益广泛用于商场、写字楼、饭店及许多公共场所的照明，并开始进入家庭照明的领域。

由于紧凑型荧光灯的管径小（管径只有 9mm），单位荧光粉层面积受到的紫外辐射强度很大，若仍然使用卤磷酸钙荧光粉，则灯的光通量衰减很大，即灯的有效寿命短，所以必须采用三基色荧光粉。因而紧凑型荧光灯的成本高、价格较贵。

三、高压钠灯（HPS）

高压钠灯是利用高压钠蒸气放电发光的一种高强度气体放电光源。

1. 结构与原理

高压钠灯的结构与高压汞灯相似，但由于钠金属对石英玻璃有较强的腐蚀作用，因此放电管采用半透明的多晶氧化铝陶瓷制作，并且管径较小以提高光效。放电管两端各装有一个工作电极，管内抽真空后充入一定量的钠、汞和氙气，放电管外套装有一个透明的玻璃外管，以使放电管保持在最佳的温度（250～300℃）下，外泡壳抽成高度真空，以减少外界环境的影响；为防止雨滴飞溅到工作中的钠灯外管上而引起炸裂，外管用耐热冲击的硼酸盐玻璃制作。高压钠灯的结构示意图如图 6.2.12 所示。

高压钠灯为冷起动，没有起动辅助电极，起燃时两工作电极之间要有 1000～2500V 的高压脉冲，因此必须附设起燃触发装置。触发装置可以装在高压钠灯的放电管和外管之间（如图 6.2.12 中的双金属片、电阻和触头），也可以外接触发器。

当高压钠灯接通电源后，起动电流通过双金属片及其触点和加热电阻。电阻发热使双金属片触点断开，在断电的一瞬间，镇流器（外接的）产生很高的脉冲电压，使其放电管击穿放电，开始放电时是通过氩气和汞进行的，所以起燃初始，灯光为很暗的红白辉光。随着放电管内温度的上升，从氩气和汞放电向高压钠蒸气放电过渡，经过 5min 左右趋于稳定。起动后，靠灯泡放电的热量使双金属片触头保持断开状态。

高压钠灯的起燃时间一般为 4~8min，灯熄灭后不能立即再点燃，大约需要 10~20min 让双金属片冷却使其触点闭合后，才能再起动。

2. 基本性能

高压钠灯发出的是金黄色的光，是电光源中发光效率很高的一种电光源，光效高达 90~130lm/W，比高压汞灯要高出 1 倍左右。使用寿命也比高压汞灯要长些，长达 2500~7000h。此外高压钠灯还具有体积小、亮度高、紫外线辐射量少、透雾性好、寿命长等优点，很适合交通照明，如主要交通道路、航道、机场跑道等需要高亮度、高效率场所的照明。

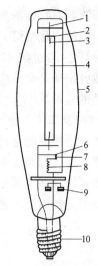

图 6.2.12　高压钠灯构造示意图
1—铌排气管；2—铌帽；3—钨丝电极；
4—放电管；5—外泡壳；6—双金属片；
7—触头；8—电阻；9—钡钛消气剂；
10—灯帽

它的主要缺点是显色性差，室内照明领域很少使用。但已有比普通型高压汞灯显色性好的改进型和高显色性钠灯问世。普通高压钠灯主要用于对光色要求较低的场所，已被广泛地应用在道路、隧道、港口、码头、车站、广场、大桥等地方，在某些工厂厂房、体育和康乐场馆等地方亦多被采用，不断扩大了高压钠灯的使用范围。在许多场合，高压钠灯可替代高压汞灯来节约照明用电。

3. 主要品种

（1）普通型—光效高、寿命长，但显色性较差，适合一般道路、场馆等照明。

（2）替代型—可直接替代高压汞灯，满足照度同时功率略有下降。

（3）舒适型—显色性好，可扩展室内外重要场合照明。

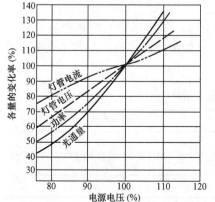

图 6.2.13　400W 高压钠灯参数随电源
电压变化的曲线

（4）高光效型—改进光电管结构并填充高压氙气，光效高达 140lm/W，是理想电光源。

（5）高显色性—白色高压钠灯，高显色指数（>80），适合高要求照明场合使用。

（6）农艺型—有特殊光色，适合农艺栽培照明。

4. 电源电压变化的影响

高压钠灯参数随电源电压变化的曲线如图 6.2.13 所示。

高压钠灯的灯管工作电压随电源电压的变化而发生较大变化；电源电压偏移对高压钠灯的光输出影响也较为显著，大约为电压变化率的两倍；若电压突然降落 5% 以上，灯管可能自熄。为保证高压钠灯能稳定工作，对它的镇流器有特殊的要求，从而使灯管电压保持在稳定的工作范围内。

四、金属卤化物灯

这种灯是 20 世纪 60 年代在高压汞灯基础上发展起来的一种新型光源，由于其放电管内填充的放电物质是金属卤化物，所以称其为金属卤化物灯，充入不同的金属卤化物，可制成不同特性的光源。

1. 结构及工作原理

用于普通照明的金属卤化物灯其外形和结构与高压汞灯相似（如图 6.2.14 所示），只是在放电管中除了像高压汞灯那样充入汞和氩气外，还填充了各种不同的金属卤化物。金属卤化物灯主要靠这些金属原子的辐射发光，再加上金属卤化物的循环作用，获得了比高压汞灯更高的光效，同时还改善了光源的光色和显色性能。

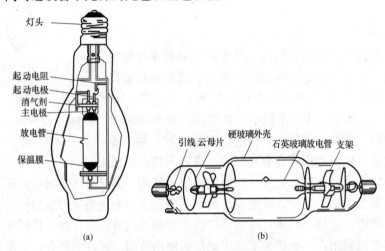

图 6.2.14　金属卤化物灯结构示意图

金属卤化物灯的发光原理与高压汞灯相似。灯起动点燃后，灯管放电开始在惰性气体中进行，灯只发出暗淡的光，随着放电继续进行，放电管产生的热量逐渐加热玻壳，使玻壳温度慢慢升高，汞和金属卤化物随玻壳温度的上升而迅速蒸发，并扩散到电弧中参与放电，当金属卤化物分子扩散到高温中心后分解成金属原子和卤素原子，金属原子在放电中受激发而发出该金属的特征光谱。

目前用于照明的金属卤化物灯主要有三类，充入钠、铊、铟碘化物的钠铊铟灯，充入镝、铊、铟碘化物的镝灯和充入钪、钠碘化物的钪钠灯。三类金属卤化物灯的发光效率和显色指数见表 6.2.5。

表 6.2.5　　　　　　　三类金属卤化物灯的发光效率和显色指数

	发光效率	显色指数
钠铊铟灯	80lm/W	60~70
镝灯	75lm/W	90
钪钠灯	80lm/W	60~70

金属卤化物灯的主要特点是发光效率高、光色好、显色指数高、体积小，适用于各种场所的一般照明、特种照明和装饰照明。但由于金属卤化物灯目前仍存在起动设备复杂、

寿命较短、不适宜频繁起动和价格昂贵等不足之处，现在金属卤化物灯主要应用于机场、体育场的探照灯，公园、庭院照明，电影、电视拍摄光源和歌舞厅装饰照明等。近年来金属卤化物灯开始向小体积和低功率光源发展，使之从大量用于室外照明逐步进入室内照明及家庭照明的领域。图6.2.15所示为新型小功率金属卤化物灯（30～150W）的外形结构。

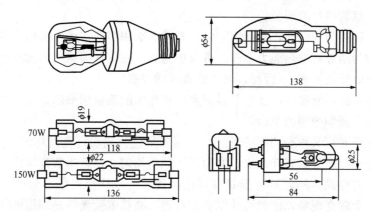

图 6.2.15　新型小功率金属卤化物灯（30～150W）的外形结构

2. 工作特性

（1）起燃与再起燃　与高压汞灯一样，金属卤化物灯也有一个较长的起动过程。由于金属卤化物比汞难蒸发，因此金属卤化物灯的起燃和再起燃时间要比高压汞灯略长一些，从起动到光电参数基本稳定一般需要 4min 左右，而达到完全的稳定则一般需要 15min 的时间；在关闭或熄灭后，需等待约 10min 左右才能再次起动。

（2）电源电压变化的影响　电源电压发生变化时，灯的参数会发生较大的变化。图 6.2.16 为钠铊铟灯参数随电源电压变化的曲线。

电源电压变化还将影响灯的光效和光色，例如钠铊铟灯在电源电压变化 10% 时，色温将降低 500K 或升高 1000K。电源电压突降还可能导致灯的自熄。所以要求电源电压变化不宜超过额定值的 ±5%。

目前，金属卤化物灯因其光效高，显色性好，寿命长等优点，已在众多的照明领域获得广泛应用。

各种节能气体放电光源的光效高，由式（6.1.3），输出相同的光通量时，光效高的电光源比光效低的电光源所需有功功率小；各种节能气体放电光源普遍采用电

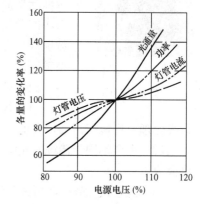

图 6.2.16　400W 钠铊铟灯参数随电源电压变化的曲线

子镇流器，电子镇流器与普通电感镇流器相比，有功消耗少、功率因数高，节电率高达 75% 左右。因此节能气体放电光源可以节能。

6.2.5　大面积照明的革命

目前国内大面积照明多采用高压汞灯、低压钠灯、高压钠灯、金属卤化物灯等。现用大面积光源存在下列缺点。

传统的高压钠灯为单一波长光谱显色性差，其显色指数不超过 30，使被照物颜色失真

较为厉害。高压钠灯燃时温度很高，其眩光效应也很明显。高显色性的钠灯虽然显色性有所改善，但其光效和寿命则大大降低。

金卤灯灯与灯之间颜色一致性较差，在寿命期内，同一支灯的颜色变化也很明显。其颜色会产生较大的偏差。加上其工作物质为金属蒸气，很容易产生灯光闪烁现象。此外，金卤灯采用石英玻璃做泡壳，其紫外线放电强烈。金卤灯受到碰撞时或寿命后期，会因其内部的高压有可能产生灯管爆炸的现象。

高压汞灯，则因为光效低，寿命短，将渐渐从大面积照明市场中退出，其中自镇流一体化的灯种，更因为镇流器散热能力不佳，寿命更短暂。在灯管损坏时镇流器也同时报废（通常镇流器寿命比灯管长得多），因此，可说是资源的浪费。

随着经济水平的不断提高，社会各界对大面积照明的质量越来越重视。高功率节能荧光灯的诞生将引发大面积照明的革命。

高功率节能荧光灯又称高功率荧光灯，使用多基色荧光粉，光谱均匀，最近似太阳光，较高压钠灯和金卤灯而言具有耗电少、寿命长、照度均匀、显色指数高等优点，且灯与灯之间点燃时颜色一致性高，同时其色温具有可选择性，可以从冷白色、到日光色选择。光效高、光线柔和、无眩光现象，使照明环境更加舒适。高功率荧光灯是利用低气压放电的原理工作的，因此使用安全，不会产生爆炸等危险，同时发光谱线中紫外线极微，从而对人体没有伤害，可以广泛的应用于工厂、学校、商场、饭店、道路等大面积照明场合。

图 6.2.17 微波硫灯
灯具外型图

6.2.6 微波硫灯

微波硫灯是 20 世纪末发展起来的新一代大功率光源，它利用 2450MHz 频率的微波来激发石英泡壳内的发光物质，使其形成分子能级跃迁从而产生连续可见光。是一种高效节能、长寿命、光色好、污染小的全新发光机理新光源。图 6.2.17 是微波硫灯灯具的外型图。微波硫灯核心部件包括磁控管（作高频能量源）、导光管（光导纤维）和谐振腔。

微波硫灯具有以下优点：

（1）极少的紫外与红外污染，不含有毒的卤素与汞，灯泡制作及报废处理对环境无污染，真正的绿色照明。

（2）完全不同于传统的光源，没有灯丝与电极，寿命长达 20000h，降低了用户的维修、更换成本。

（3）显色指数≥70，相关色温 7000K，起动时间：5~15s。

（4）光谱近似太阳光谱，是目前所有实际应用的照明光源中最接近太阳光谱的光源，是名副其实的小太阳。

（5）光效高达 110lm/W，是电光源中光效最高的光源之一，节能效果显著。

（6）几近点光源的小发光体，高的光通量，易于配光，尤其便于使用导光管，从而使光线分布更均匀，传输距离更远。

（7）光通量维持率高，微波硫无极灯在整个寿命期间光通量和光谱无明显变化。

微波硫灯适用场所：

建筑物泛光照明、投光照明；广场、运动场、体育馆、高尔夫球场；造船厂、码头、作业工地、油田；火车站、机场、地铁、隧道；博物馆、弹药库、导弹发射基地。

微波硫灯是继白炽灯、荧光灯之后照明光源发光机理上的第三个重大突破，是公认的 21 世纪新光源，应用前景广阔。1998 年，我国上海复旦大学与上海真空电子器件公司已研制生产，功率 1260～1400W，光效＞80lm/W，显色指数＞74，寿命 25000h。近年来，适合家庭及商业使用的 50～100W 小功率（射频驱动）硫灯也正在开发中。

6.2.7 照明电光源的选用

目前，在照明领域里还未能制造出一种在光效、光色、寿命、显色性和性能价格比等方面都十全十美的电光源，它们的特性各不相同且各有优缺点，所以在进行照明设计时应当细心对比分析，按照实际情况择优选用。

在节电和满足显色性要求的前提下，选择电光源一般应遵循以下原则：

（1）一般室内照明，宜用荧光灯代替白炽灯，最好选用三基色荧光灯。

（2）处理有色物品的场所，应满足显色性要求，宜采用显色性好的光源或三基色荧光灯。

（3）灯具悬挂较低的工作场所，宜采用荧光灯。

（4）安装高度在 10 米以上的室内光源，宜采用金属卤化物灯。为了产生必要的照度和具有较好的显色性，也可考虑高压钠灯、金属卤化物灯和荧光灯混合使用。

（5）一般厂房和露天工作场所的一般照明，宜采用高功率荧光灯取代高压钠灯或金属卤化物灯。除特殊情况外，不宜采用管形卤钨灯和大功率白炽灯。

（6）生产场所应尽量不用自镇流式高压汞灯和大功率白炽灯。只在开闭频繁、面积小、要求照度不高的地点，才考虑采用普通白炽灯。

（7）1～15℃的低温场所，宜采用与快速起动电子镇流器配套的荧光灯。

（8）企业厂区和居民小区的道路照明，宜采用高功率荧光灯取代高压钠灯或高压汞灯。

6.3 照 明 器

照明器是指电光源和灯具组成的设备。

灯具是所有用于固定和保护光源的全部零件，以及与电源连接所必需的线路附件。其主要作用有：①固定光源及其控制装置，保护它们免受机械损伤，并为其供电，让电流安全地流过灯泡（管）；②控制灯泡（管）发出光线的扩散程度，实现需要的配光，防止直接眩光；③保证照明安全，如防爆等；④装饰美化环境。

6.3.1 照明器的基本特性及参数

照明器的基本特性及参数有光分布、保护角和效率。

1. 光分布

光分布是指照明器周围空间的光强分布（一般称配光特性），或用与照明器垂直或平行的假想平面上的照度来说明。进行照明设计时，可根据光分布曲线选择和布置照明器，并进行照明计算。

2. 保护角

一般灯具的保护角 α 是指光源发光体最边缘的一点和灯具出光口的连线与水平线之间的夹角，如图 6.3.1 所示。

灯具的保护角愈大，光分布就愈窄，效率也愈低。由于灯具保护角的实际意义在于限制光源的直射光，从而防止或限制直接眩光，所以为了控制灯具在 45°~75° 垂直角范围内的亮度值，一般灯具应选取 15°~30° 的保护角。

3. 效率

照明器效率 η 等于照明器辐射的光通量 ϕ 与照明器内所有光源发出的光通量 ϕ_s 之比为

$$\eta = \frac{\phi}{\phi_s} \tag{6.3.1}$$

它表示灯具光源将电能转换成光能的利用程度。

灯具的效率是灯具的主要质量指标之一，它在很大程度上取决于灯具的形状、所用的材料和光源在灯具内的位置。实际应用中，在满足使用要求的前提下，应选择配光特性合理、效率高的灯具。

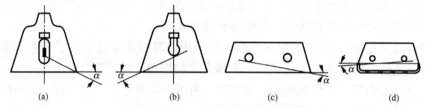

图 6.3.1　一般灯具的保护角

(a) 透明灯泡；(b) 乳白灯泡；(c) 下方敞口的双管荧光灯具；
(d) 下口带透明玻璃罩的双管荧光灯具

6.3.2　照明器的分类

照明器的分类方法大致有以下几种。

1. 按外壳防护等级分类

根据我国国家标准 GB7001—1986《灯具外壳防护等级分类》的规定，灯具的外壳防护等级由特征字母"IP"和两个特征数字组成，IP 后的第一个特征数字是指防止人体触及或接近外壳内部的带电部分，防止固体异物进入外壳内部的防护等级。IP 后的第二个特征数字是指防止水进入灯具外壳内部的防护等级。

实际应用中，灯具的防护等级低于 IP20 的灯具不需要标记，并且，如果只需要用一个特征数字表示防护等级，被省略的数字必须用字母 X 代替。例如，防喷水灯具可表示为 IPX5，无尘埃进入灯具可表示为 IP6X。

2. 按防触电保护分类

灯具的所有带电部件（包括导线、接头、灯座等）必须用绝缘物或外加遮蔽的方法将它们保护起来，以适应不同的使用方法和使用环境。我国国家标准将其分为 0 类、Ⅰ 类、Ⅱ 类和 Ⅲ 类。各等级的定义、说明见表 6.3.1。

表 6.3.1   灯具防触电保护分类

等　级	定　义	说　明
0 类	依靠基本绝缘防触电，一旦绝缘失效，只靠周围环境提供保护，否则，易触及部件和外壳会带电	金属外壳要与带电部件隔开，绝缘材料的外壳可成为基本绝缘，内部有部分地方可以采用双重或加强绝缘

续表

等 级	定 义	说 明
Ⅰ类	除靠基本绝缘防触电外，可能触及的导电部件要与保护导线（地线）连接，万一基本绝缘失效时，导电部件不会带电	金属外壳要与带电部件分开，绝缘材料的外壳内有接地线；若带软线，则软线中应包括保护导线，若不使用保护导线，安全程度同0类
Ⅱ类	采用双重绝缘或加强绝缘作为安全防护，无保护地线	一个完整的绝缘外罩可视作补充绝缘；金属外壳的内部一定要双重或加强绝缘；为启动而接地但不与所有可触及的金属件相连的仍为Ⅱ类，否则为Ⅰ类
Ⅲ类	采用特低安全电压（交流有效值不超过50V)，灯内不会产生高于此电压值	不必有保护性接地

3. 按灯具的结构特点分类

(1) 开启型：光源与外界空间直接接触（无罩）。

(2) 闭合型：透光罩将光源包合起来，但内外空气仍能自由流通。

(3) 封闭型：透光罩固定处加以一般封闭，与外界隔绝比较可靠，但内外空气仍可有限流通。

(4) 密闭型：透明罩固定处加以严格封闭，与外界隔绝相当可靠，内外空气不能流通。

(5) 防爆型：透明罩本身及其固定处和灯具外壳，均能承受要求的压力，符合《防爆电气设备制造检验规程》的规定，能安全使用在爆炸危险性介质的场所。防爆型又可分为隔爆型和安全型。隔爆型的代号为B，用于正常时就有可能发生爆炸危险的场所；安全型的代号为A，用于有可能发生爆炸危险的场所。

(6) 防腐型：外壳用耐腐蚀材料，密封良好。用于含有腐蚀性气体的场所。

4. 按使用的光源分类

(1) 白炽灯具：采用白炽灯或卤钨灯作为光源的灯具。

(2) 荧光灯具：采用荧光灯作为光源的灯具。直管荧光灯具的型式很多，主要有带式、筒式、格栅、组合式等，各种灯具可以不同程度地改善其光学特性和装饰性，是应用最多的灯具。环形和紧凑型，由于其结构和体积都近似于白炽灯，所以多数都可以直接采用白炽灯具。具有很强的装饰性，其应用也十分广泛。

(3) 高强度气体放电灯具：采用HID灯作为光源的灯具；多用于工厂照明和城市闹市区的装饰照明。另外HM灯还可制造成各种投光灯，用于城市的泛光装饰照明。

(4) 混光灯具：为了改善显色性和光色，保证灯具有较高的光效率，可以将两种不同的高强度气体放电光源混光使用。例如，把高压汞灯（显色指数30~40）和高压钠灯（显色指数20~30）安装在一起，按适当的比例产生的混合光，其显色指数可提高到40~50。因此近年来不少灯具厂生产了专门的混光灯具，有的采用两只反射罩，分别反射两种光源；有的采用一只椭圆型反射罩，把两种光源合装在一起。

5. 按安装方式分类

(1) 吸顶灯：直接安装在顶棚上的灯具。常用于大厅、门厅、走廊、厕所、楼梯及办公室、会议室等场所。

(2) 嵌入顶棚式（镶嵌灯）：灯具可嵌入顶棚内。近年来被广泛用于走廊、会议室、商店、计算机房、办公室、酒吧、舞厅、剧院、酒店客房、餐厅等有装饰吊顶的场所。

（3）壁灯：安装在墙壁上的灯具，主要作为室内装饰，兼作辅助性照明。广泛用于酒店、餐厅、歌舞厅、卡拉 OK 包房和居民住宅等场所。

（4）悬挂式灯具（吊灯）：用软线、链条或钢管等将灯具从顶棚吊下。一般吊灯用于装饰性要求不高的各种场所；而比较高档的装饰多采用花吊灯，这种灯具以装饰为主，花样品种十分繁多，广泛用于酒店、餐厅、会议厅和居民住宅等场所。

（5）嵌墙型灯具：将灯具嵌入墙体上。多用于应急疏散指示照明或酒店等场合作为脚灯。

（6）移动式灯具：如台灯、落地灯、床头灯、轨道灯等。它可以自由移动以获得局部高照度，同时作为装饰，可以改变室内气氛。广泛用于工厂车间、办公室、展览馆、商店橱窗、酒店和居民住宅等场所。

6. 道路照明灯具的分类

CIE 在 1965 年制定了道路照明灯具按光强分布的分类方法，现在许多国家仍在应用，该方法使用"截光"、"半截光"、"非截光"三种类型来描述道路照明灯具的性质。

（1）截光型灯具严格限制水平光线，给人的感觉是"光从天上来"，几乎感觉不到眩光，同时路面的亮度和亮度均匀度都较高。

（2）非截光型灯具不限制水平光线，眩光严重，但它能把接近水平的光线射到周围的建筑物上，看上去有一种明亮的感觉。

（3）半截光型灯具给人一种"光从建筑物来"的感觉，有眩光但不太严重。一般道路照明主要选用截光型和半截光型灯具。

6.3.3　工厂照明的配置

工厂照明必须满足生产和检验的需要，厂房的照明系统通常分为两类：高度在 15m 以上的高大厂房，一般采用气体放电灯作顶蓬光源，采用较窄光束的照明器吊装在屋架下弦。墙上和柱上可设投光荧光灯，两者结合以保证工作面上所需照度。一般性厂房，应该采用高功率荧光灯为主要光源，照明器布置可以与梁垂直也可与梁平行。

选择企业照明器应遵循以下原则：

（1）应考虑维修方便和使用安全。

（2）有爆炸性气体或粉尘的厂房内，应选用防尘、防水或防爆式照明器，控制开关不应装在同一场所，需要装在同一场所时应采用防爆式开关。

（3）潮湿的室内外场所，应选用具有结晶水出口的封闭式照明器或带有防水口的敞开式照明器。

（4）灼热、多尘场所应采用投光灯。

（5）有腐蚀性气体和特别潮湿的室内，应采用密封式照明器，照明器的各部件应做防腐处理，开关设备应加保护装置。

（6）有粉尘的室内，根据粉尘的排出量及其性质，应采用完全封闭式照明器。

（7）照明器可能受到机械损伤的厂房内，应采用有保护网的照明器；震动场所（如有锻锤、空压机、桥式起重机的地点），应采用带防震装置的照明器。

（8）在密封式照明器内和大于 150W 的灯泡，均不得采用胶木灯头，而应使用瓷灯头。

6.4 照 明 供 电

6.4.1 照明对供电质量的要求

照明装置的供电质量主要取决于供电电压的质量和供电的可靠性。

一、照明对电压质量的要求

影响电压质量有诸多因素，但设计照明网络时，应密切注意电压偏移和电压波动问题。

1. 电压偏移

电压偏移是指在某一时段内电压幅值缓慢变化而偏离标称值的程度，电压偏移百分比用 ΔU 来表示

$$\Delta U = \frac{U - U_n}{U_n} \times 100\% \tag{6.4.1}$$

式中 U——检测点上电压实测值，V；

       U_n——检测点上电网电压的标称值，V。

电压偏移对照明质量及照明设备影响很大，灯泡（管）端电压偏高，会缩短光源的寿命；电压偏低，会使光源的光通量输出降低，造成照度不足；当电压过低时，还会导致气体放电光源不能正常点燃。为此国家标准《供配电系统设计规范》（GB50052-1995）规定：对于一般工作场所的室内照明，允许的电压偏移为额定电压的±5%；对于视觉要求较高场所的室内照明，允许的电压偏移为额定电压的+5%、-2.5%；对于远离变电所的小面积一般工作场所，难以满足上述要求时，可为额定电压的+5%、-10%；应急照明、道路照明和警卫照明等为额定电压的+5%、-10%。

2. 电压波动

电压波动是指某一时段内电压急剧变化而偏离标称值的现象，是指电压变化过程中相继出现的最大有效值电压 U_{max} 与最小有效值电压 U_{min} 之差，常用与系统标称电压 U_n 之比的百分数表示，即

$$\Delta U_f = \frac{U_{max} - U_{min}}{U_n} \times 100\% \tag{6.4.2}$$

在照明供配电系统中，电压波动主要是由于负荷急剧的波动而造成系统电压的瞬时升降，如电动机满载起动、电焊机的工作等。电压波动会引起光源光通量的变化，从而使灯具发光闪烁，刺激眼睛，影响工作和学习，从而导致照明质量下降。目前，我国现行标准中虽然没有对电压波动作出规定，但却长期沿用了国外的标准值：电压波动值达到 4% 时，其波动次数不应超过 10 次/h；但对于短时出现的电压波动，其波动次数可放宽为 1 次/min。

3. 改善照明电压质量的措施

(1) 照明负荷宜与冲击性负荷（如大功率接触焊机、大型吊车的电动机等）采用独立的回路供电，即分别由专线单独供电或较大功率负荷由专用变压器供电，以限制冲击性负荷对照明负荷的影响。

(2) 照明负荷与冲击性负荷共用配电线路时，应合理减少系统阻抗，如尽量缩短线路长度，适当加大导线和电缆的截面等，以尽可能减少线路上的电压损失。

(3) 无窗厂房或工艺设备对电压质量要求较高的场所，宜采用有载自动调压变压器。

（4）合理采用无功功率补偿措施，通过减少无功功率，可有效地降低系统的电压降落，以补偿负荷变化所引起的电压偏移和电压波动。

（5）分配单相负荷时，应尽量做到三相平衡，以尽可能地减少因三相负荷分布不均所造成的相间的电压偏差。

二、照明负荷对供电可靠性的要求

供电可靠性是指供电的连续性。照明负荷的性质不同，其对供电可靠性的要求也不相同。在工程实践中，应根据对供电可靠性的要求以及终止供电在政治、经济等方面的影响和损失的程度，区分照明负荷等级，并针对不同等级确定其对供电电源的要求。

1. 照明负荷分级

照明负荷通常分为三级：

（1）一级负荷。符合下列条件之一者均属于一级照明负荷：

1）中断正常照明用电将造成人身伤亡者，如医院的急诊室、手术室等处的照明。

2）中断正常照明用电将造成重大的政治影响者，如国家、省、自治区、直辖市等各政府主要办公室、会议室、接待室的照明等。

3）中断正常照明用电将造成重大的经济损失者，如大型企业的指挥、控制中心的照明等。

4）中断正常照明用电将造成公共场所秩序严重混乱者，如大型体育场馆等大量人员集中的公共场所的照明，以及机场、大型火车站、海港客运站等交通设施的候机（车、船）室、售票处、检票口的照明等。

在一级负荷中，当中断供电将发生爆炸、火灾以及严重中毒事故等场所的照明负荷，特别重要的交通枢纽、重要的通信枢纽、国宾馆和国家级及承担重大国事活动的会堂、国家级大型体育中心、经常用于重要国际活动的大量人员集中的公共场所的照明负荷，以及中断供电将影响实时处理计算机及计算机网络正常工作的照明负荷，应视为特别重要负荷。

（2）二级负荷。下列场所的照明负荷均属于二级照明负荷：

1）中断正常照明供电将造成较大的政治影响者。

2）中断正常照明供电将造成较大的经济损失者。

3）中断正常照明供电将造成公共场所秩序混乱者。

如大、中型火车站、高层住宅的楼梯照明、疏散标志照明，省市图书馆和阅览室的照明，大型影剧院、大型商场等重要公共场所的照明等。

（3）三级负荷。不属于一、二级负荷者均属于三级负荷。

2. 照明负荷对电源的要求

（1）一级负荷对电源的要求

普通一级负荷应由两个电源供电，且当其中一个电源发生故障时，另一个电源不应同时受到损坏。根据我国目前的实际供电水平以及经济和技术条件，符合下列条件之一的，即可认为满足上述两个电源的供电要求：电源来自两个不同的发电厂，如图 6.4.1（a）所示；电源来自两个不同的区域变电所，且区域变电所的进线电压不低于 35kV，如图 6.4.1（b）所示；电源来自一个区域变电所、一个自备发电设备，如图 6.4.1（c）所示。

一级负荷中特别重要的负荷，除由满足上述条件的两个电源供电外，尚应增设应急电源专门对此类负荷供电。应急电源不能与电网电源并列运行，并严禁将其他负荷接入该应急供电系统。

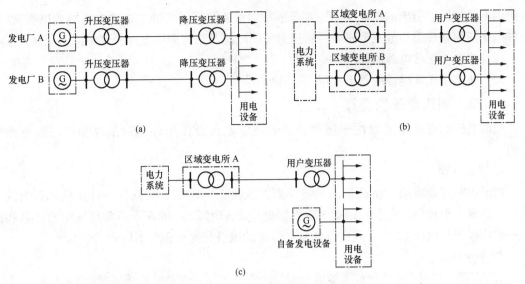

图 6.4.1　满足一级负荷要求的电源

(a) 电源来自两个不同的发电厂；(b) 电源来自两个不同的区域变电所；
(c) 电源来自一个区域变电所、一个自备发电设备

（2）二级负荷对电源的要求

二级负荷对电源的要求可比一级负荷放宽些，但应做到当发生电力变压器故障或线路常见故障时，不致中断供电或中断后能迅速恢复。一般由两回路供电，当电源来自同一区域变电所的不同变压器时，即可认为满足要求。

在负荷比较小或地区供电条件困难时，二级负荷也可由一路 6kV 以上专用架空线路或电缆线路供电。

（3）三级负荷对电源的要求

三级负荷对电源无特殊要求，一般由单电源供电即可。

6.4.2　照明供电方式

1. 正常照明的供电方式

正常照明的供电方式与工作场所的重要程度和照明负荷的等级有关，分述如下。

一般工作场所的照明负荷可由一个单变压器的变电所供电，即照明与电力共用变压器。对于某些辅助建筑或远离变电所的建筑物，可采用由外部线路供电的方式。

较重要的工作场所多采用两台变压器的供电方式，照明电源接自变压器低压总断路器后，当一台变压器停电时，通过联络断路器接到另一段干线上。

重要的工作场所多采用双变压器变电所的供电方式，两台变压器的电源是独立的。

特别重要的工作场所除采用两路独立电源外，最好另设第三独立电源，如设自起动发电机作为第三独立电源，也可设蓄电池组或 UPS 等作为第三独立电源，第三独立电源应能自动投入。

2. 应急照明的供电方式

应急照明是在正常照明电源故障时使用的照明设施，因此应由与正常照明电源分开的独立电源供电，可以选用以下几种方式的电源。

（1）供电网络中独立于正常电源的专用馈电线路，如接自有两回路独立高压线路供电变

电所的不同变压器引出的馈电线路。对于不特别重要的场所，独立的馈电线路难以实现时，允许根据使用条件适当放宽要求，可将应急照明电源与正常照明电源接自不同变压器。

（2）独立于正常电源的发电机组。

（3）独立于正常电源的蓄电池或 UPS 电源等。

6.4.3　照明电压的选择

照明电压的选择主要取决于照明设备的额定电压及使用环境对供电和用电安全性的影响。

1. 正常环境

由于照明灯具或插座所插接的设备（如电视机、电冰箱、电热器、计算机、音响设备等）大都属于单相用电设备，因此照明网络电压多采用 220/380V，正常环境中的灯具和插座一般均接于相电压 220V，高强气体放电灯中的镝灯和高压钠灯有时用 380V。

2. 危险环境

对于潮湿、高温、多尘等危险场所一般使用安全电压，安全电压按国家标准GB3805—1983《安全电压》规定为 42V、36V、24V、12V、6V 五级。

（1）特别危险场所。容易触及而又无防止触电措施的固定或移动式灯具，安装高度低于 2.2m 及以下，且具有下列情况之一的场所属于特别危险场所：

1）特别潮湿的场所：工作环境的相对湿度经常在 90％以上。

2）高温场所：即工作环境经常在 40℃以上。

3）具有导电灰尘的场所。

4）具有导电地面：金属或特别潮湿的土、砖、混凝土地面等。

对于上述特别危险场所，国际电工委员会（EEC）以及几个主要工业发达国家规定安全电压为 25V 及以下，我国规定安全电压不应超过 24V。

（2）对于不便于工作的狭窄地点，且工作者与良好接地的大块金属面（如在锅炉、金属容器内等）相接触时，使用手提行灯的电压不应超过 12V。

（3）其他有触电可能的一般性危险场所，安全电压可采用 42V。

6.5　绿　色　照　明

绿色照明是通过使用高效节能电光源、高效照明灯具和照明控制设备等照明节能新技术产品，达到高效、舒适、安全、经济、有益环境并体现现代文明的照明系统。绿色照明旨在节约能源、保护环境、提高人类的照明质量。

自 1992 年以来，美国、英国、法国、日本等主要发达国家和荷兰、丹麦等部分发展中国家先后制定了"绿色照明工程"计划，实施后取得了明显的效果。

中国于 1996 年 10 月全面启动绿色照明工程。

6.5.1　中国绿色照明工程的意义

1. 绿色照明　节约电能

目前，中国照明用电约占社会总用电量的 12％左右，采用高效照明产品替代传统的低效照明产品可节电 60％～80％，照明节电潜力巨大，是节电的"富矿"，应优先开发利用。

据中国绿色办公室测算，推广使用紧凑型荧光灯和 36W 荧光灯 3 亿只及其他高效照明器件，可实现终端照明节电 220 亿 kW·h，相当于少建一座装机容量为 978 万 kW 的发电厂，可节省电力建设资金 490~630 亿元；如果将全国的荧光灯都换成节能灯，全国一年的节电量是 2000 亿 kW·h，相当于 30 多个三峡电站的发电量。专家为此建议：节电，应从"绿色照明"开始。

中国绿色照明工程自 1996 年开始实施到 2005 年 5 月，累计节电 450 亿 kW·h，相当于减少二氧化碳排放 1300 万吨。

2. 绿色照明　削峰填谷

考虑到照明用电的短时性，每天照明时间平均按 5h 计算，全国照明高峰负荷将达到 6500 万 kW。由于照明用电多集中在晚间，因而造成电网晚高峰缺电。我国电网备用容量较小，峰谷差较大，电网削峰填谷的任务已不堪重负，急需利用终端节电技术改善电网负荷方式。照明用电约占社会总用电量的 12% 左右，是终端节电的主要对象之一。照明用电大都属于峰时用电，因此，照明节电具有节约电量与缓和高峰缺电的双重作用。实施中国绿色照明工程，增强了电网削峰填谷的能力。

3. 绿色照明　保护环境

根据对 2006 年 1 月份发电情况的统计，我国电能的 88.73% 是由火力发电厂提供的，现阶段和今后相当长的一段时间内，电力生产还将以燃煤火电厂为主。根据国家有关部门统计，我国 3000 个污染大户中，电力行业占 45%。

火力发电厂要燃用化石燃料——煤、石油和天然气等。燃用化石燃料（特别是煤）排放的二氧化碳（CO_2）、二氧化硫（SO_2）、氮氧化物（NO_x）和粉尘悬浮物是温室气体和大气污染物的主要来源。大气中的 SO_2、NO_x 遇水转化成硫酸和硝酸，它们随雨、雪、雾降到地面称为酸雨。SO_2、NO_x 和酸雨加快材料腐蚀，损坏植物、土壤和水生物。人体长期暴露在一定浓度的 SO_2、NO_x 的空气中，会产生呼吸道疾病。CO_2 在空气中的不断积累，吸收地面放出的红外辐射，形成大气的"温室效应"，会导致地球变暖。全球气候变暖，会使冰山融化和海水热膨胀，导致海平面上升，改变生态系统，影响农业生产，破坏生态平衡，对人类社会构成潜在的威胁。

照明节约用电，相对而言可使火电厂少发电，少燃煤，少排放 CO_2、SO_2、NO_x 等有害气体和粉尘，进而保护了人类懒以生存的地球环境。

6.5.2　照明节能的措施和方法

一、优先选用高效节能电光源

选用发光效率高、寿命长的电光源是照明节能的有效方法之一。

1. 大面积照明

大面积照明，优先选用高压钠灯和金属卤化物灯，并逐渐推广使用高功率节能荧光灯。

2. 室内照明

室内照明优先选用 36W 细管荧光灯。并在适当的场合选用 T5、T4 细管荧光灯。

3. 用紧凑型荧光灯代替白炽灯

紧凑型荧光灯又称单端荧光灯，简称节能灯。节能灯的结构型式较多，有 H、U、π、Ω、2H、2U、2π 和 3H、3U、3π 型等。节能灯光色好，显色性强；光效高是白炽灯的 5~7 倍；寿命长是白炽灯的 5 倍。节能灯的镇流方式为电子式并与灯管组成一体，螺旋式灯头与白炽灯一样，所以使用也非常方便，是每个家庭、商场商店、宾馆饭店等场所较为理想的光源。但是，由于种种原因节能灯的价格比白炽灯贵得多，所以还没有被广大消费者所接受。可以预料：节能灯一定能以最低的电能消耗、最少的电费支出受到用户的青睐；用不了多长时间，节能灯便会进入每个用户，取代白炽灯而占领市场。

4. 推广使用 PAR 卤钨灯

PAR 卤钨灯是国际上近年来推出的新品。由于它采用厚玻璃抛物面反射器和经过特殊设计的光学透镜，使发出的光通分布合理，光效有所提高，比同等功率的白炽灯节电 40%，寿命为白炽灯的 2.5 倍，显色指数高达 100。目前，我国已能生产电压为 220V、220/12V 的两种电压的卤钨灯。PAR 卤钨灯是高档商品（金银珠宝、钟表眼镜、工艺美术品）柜台、艺术品展览、文化娱乐等要求泛光或聚光场所的最理想（代替白炽灯）光源。

二、建议淘汰白炽灯

白炽灯是热辐射光源，不到 5% 的电能用来发光，即其余 95% 的电能都转化为热能浪费掉，因而光效很低（10~20lm/W）、寿命很短（1000h）。所以除特殊（防止电磁干扰、信号指示、经常开闭灯、光源频闪而影响视觉效果等）场所使用外，一般场所要限制使用。白炽灯作为第一代光源已为人类光明作出了不可磨灭的贡献，然而由于新光源的不断出现，它被高效节能新光源所替代并逐步淘汰是必要的发展趋势。

三、用电子镇流器代替电感镇流器

电感镇流器是一个高感抗和高电阻的器件，一直串联在电路中与灯一起工作，其耗电量是灯管额定功率的 20%，它不仅消耗有功功率，还要消耗无功功率，致使功率因数也很低。

电子镇流器与普通电感镇流器相比，具有有功消耗少、功率因数高、点燃速度快、无噪声干扰等优点，节电率高达 75% 左右，功率因数可由 0.5 左右提高到 0.9 以上。同时，由工频 50Hz 提高到 25~40kHz 高频供电，频闪效应微乎其微，有利于视力保护和生产安全，极大地减轻了视力疲劳和减少了人身伤害机会。在视力健康要求较高的场合或在旋转机械作业的场所，最好不用电感镇流器。

四、照明设计节能

设计选择了光源、灯具和附件，设计决定了照度、照明方式和开关设置。因此，照明设计的优劣对照明节能起着决定性的作用。

1. 选择效率高的灯具

（1）优先选用配光合理、效率高和保持率高的灯具；

（2）在保证照明质量的前提下，优先选用开启式灯具，少采用带有格栅、保护罩的灯具；

（3）所选灯具的效率不宜低于下列数值；

开启式灯具的效率不宜低于 70%；带有灯罩的灯具效率不宜低于 55%；带有格栅灯具的效率不宜低于 50%。

2. 开关的设置要便于节电

（1）开关的数量和位置要适当，以便根据需要开灯或关灯；

（2）近窗的照明器要单设开关，以便当自然光的照度足够时关灯；

（3）在条件允许时尽量选用电子控制门锁、红外开关、定时钟和光电开关等；

（4）道路照明要实现自动控制。

路灯常明时有发生，造成很大的电能浪费。城市和工厂的道路照明，要采用光电开关、定时钟或微机实现照明系统的自动控制，达到节省电能、节省人力的目的。

3. 合理确定不同工作地点的照度

根据工作场所的环境特点，确定合理的照度标准，不仅可保证生产、生活的正常运行，保护工作人员的视力，提高产品质量和劳动效率，而且可避免不必要的浪费，达到节约用电的目的。按国家颁发的《工业企业照明设计标准》GB50034—92来选定照度，并适当留有裕量，以补偿光源老化后光通降低或表面积尘后光通减弱等影响。

4. 合理确定照明方式、节约照明负荷

在进行企业室内照明设计时，要根据生产和工作性质及特点不同，按照各工作部位对照度的不同要求，合理地确定照明方式。企业照明方式可分为以下 3 种：

（1）一般照明，即在整个工作场所或场所的某部分、照度基本上均匀的照明方式；

（2）局部照明，即局限于某一工作部位固定的或移动的照明；

（3）混合照明，即一般照明与局部照明共同使用的照明。

五、对电路进行无功补偿

可采用单灯补偿和集中补偿两种方式。单灯补偿就是在每盏灯上并联一个电容量适当的电容器进行补偿，既减少照明电路的无功功率，也能降低低压照明线路上的电能损耗和电压损耗，同时，因为线路电流降低，可选用较小截面的导线。单灯补偿的经验值：250W、400W 高压钠灯补偿电容器电容值分别为 $30\mu F$、$50\mu F$。集中补偿是将电容器集中装在配电装置中，其优点是安装简单，运行可靠，利用率高，缺点是不能减少低压线路上的电压损耗和电能损耗，只能对电网起无功补偿作用，另外，必须加装放电设备。

六、加强照明供电电压的管理

照明供电电压波动，对电灯各种参数影响很大，电压过高会影响电灯的寿命，电压过低会引起光通量减少，照度降低，甚至有的日光灯起动不起来，亮着的也会自然熄灭。所以要加强对照明供电设备的运行管理，保证照明器的端电压的电压偏移在设计允许的范围内。

对所有变压器输出电压进行检测、调挡，使输出电压为额定值，若无法调低，可采用节电器进行降压节能。经测试，节电器的节电率在 $20\%\sim45\%$ 之间。

七、加强照明器具的维护管理

各类电光源及照明灯具，随着使用时间的延长，其效率要逐渐衰减，特别是照明灯具脏污将使反射的光通量大为降低。如某锻造厂 9 个月未对灯具进行清扫，经测试光通量下降了 50%。因此，如不定期进行清扫，要保证必需的照度，势必要加大照明灯的容量或增加安装数量。对陈旧或损坏了的灯泡，也应及时进行更换。

八、其他

保证变压器三相用电基本平衡。假如三相电流不平衡，将增大线路损耗。

减少供电线路上的损耗。按经济电流密度选择电缆截面，使电阻为合理值，从而减小线损。

选用高科技节能产品。如节电器、可调压的电子镇流器、微电脑路灯节电仪、单灯电源控制器等。

复 习 思 考 题

6.0.1　什么是电气照明?

6.0.2　目前中国照明用电占社会总用电量的比重是多少?

6.1.1　照明工程中常用的光度量有哪些?

6.1.2　试述下列常用光度量的定义及其单位:(1) 光通量;(2) 光强(发光强度);(3) 照度;(4) 亮度。

6.1.3　简述下列电光源的技术特性参数:(1) 发光效率;(2) 光源寿期;(3) 光源颜色。

6.1.4　什么是光源的起动性能? 比较热辐射电光源和气体放电电光源的起动性能。

6.1.5　什么是闪烁与频闪效应?

6.2.1　根据发光原理不同电光源可分成哪两大类?

6.2.2　电光源的发展经历了哪三代? 代表产品各自有哪些?

6.2.3　20 世纪 80~90 年代开发出的新型节能气体光源有哪些? 未来新型光源有哪些?

6.2.4　为什么可以采用调压方式对白炽灯进行调光控制?

6.2.5　电压变化对白炽灯的寿命影响如何?

6.2.6　为什么卤钨灯比普通白炽灯光效高?

6.2.7　与白炽灯相比荧光灯最突出的优点是什么?

6.2.8　为什么气体放电灯要稳定工作必须在工作线路中串入一个镇流器? 常用的镇流器有哪几种? 试说明它们的特点。

6.2.9　荧光灯的可见光是如何产生的?

6.2.10　荧光灯的色温和显色性取决于什么?

6.2.11　简述荧光灯的工作原理。

6.2.12　频繁开关照明灯的场所、有车床等旋转机械的场所选用荧光灯为照明电光源是否适宜? 为什么?

6.2.13　为什么荧光灯的电源电压偏移范围必须在额定值的 ±10% 以内?

6.2.14　高压汞灯广泛应用于哪种类型的场所? 为什么?

6.2.15　低压钠灯的光色和显色性如何? 发光效率是多少? 宜作为何种场所的照明光源?

6.2.16　T12 与 T8 荧光灯的镇流器、灯座和灯头是否通用? T5 与 T8 荧光灯的镇流器、灯座和灯头是否通用?

6.2.17　T8 荧光灯与 T12 相比有哪些显著优点? T5、T4 荧光灯与 T8 荧光灯相比有哪些显著优点?

6.2.18　本节介绍了哪几种形式的紧凑型荧光灯? 为什么紧凑型荧光灯的成本高价格昂贵?

6.2.19　高压钠灯的最大优点是什么? 常用在哪些场合?

6.2.20　目前用于照明的金属卤化物灯主要有哪三类? 金属卤化物灯的主要特点是什么? 适用于哪些场合?

6.2.21　微波硫灯的工作频率是多少? 为什么说微波硫灯是真正的绿色照明电光源? 为什么将微波硫灯称做小太阳?

6.2.22　在节电和满足显色性要求的前提下选择电光源一般应遵循哪些原则?

6.3.1　电光源与照明器是否相同? 灯具有哪些作用?

6.3.2　照明器的基本特性及参数有哪些? 什么是灯具的保护角? 什么是灯具的效率? 与光源的发光效率有何区别?

6.3.3　照明器主要有哪些分类方法? 照明器按灯具的结构特点分为哪几类? 按使用的光源不同分为哪几类?

6.3.4 工厂里高度在 15m 以上的高大厂房一般采用哪种电光源作顶蓬光源?

6.3.5 选择企业照明器应遵循哪些原则?

6.4.1 照明装置对供电质量的要求包括哪两个方面?

6.4.2 什么是电压偏移? 什么是电压波动? 它们分别对照明质量及照明设备产生什么影响? 有关标准允许的电压偏移是多少? 电压波动值是多少?

6.4.3 改善照明电压质量的措施有哪些?

6.4.4 照明负荷通常分为哪三级? 是如何划分的?

6.4.5 各级照明负荷对电源的要求分别是什么?

6.4.6 简述正常照明的供电方式和应急照明的供电方式。

6.4.7 照明电压如何选择?

6.5.1 什么是绿色照明? 绿色照明的综旨是什么? 我国于何年何月全面启动绿色照明工程?

6.5.2 中国绿色照明工程的意义是什么?

6.5.3 为什么实施绿色照明工程可以削峰填谷?

6.5.4 照明节能的措施和方法有哪些?

第7章　制 冷 与 空 调

制冷，是使某一物质或空间温度降到低于周围环境温度，并维持在规定低温条件下的过程。

空调即空气调节，是对室内空气进行适当的处理，使室内空气的温度、相对湿度、压力、洁净度和气流速度等保持在一定的范围内的技术措施。空调中的冷却和减湿操作由制冷完成。

实现制冷必须要有冷源。冷源有两类：天然冷源和人工冷源。天然冷源主要是指冬季贮藏的天然冰以及低温深井水等。天然冷源具有较高的省能性和经济性，但它受到季节、地区、贮存条件等限制，且只能制取 0℃以上的低温，远不能满足生产和科研的需要。人工冷源通过人工制冷获得。人工制冷的用电量极大，统计显示，空调用电量已占全国用电量的15％左右，在夏季用电负荷高峰时期，空调用电负荷甚至高达城镇总体用电负荷的 40％。节省制冷能耗已成为当今世界各国节能工作中的重大课题。

制冷技术的应用主要有以下几个方面：

（1）空气调节。制冷装置可以用来降低空气的温度和含湿量，使车间保持所要求的温度和湿度，以利于电子元件、精密仪表、光学仪器等各种产品的制造和质量提高。制冷装置还用来为人们的工作和生活创造舒适环境，如高温车间降温，医院、会议室、宾馆、住宅、火车、轮船、飞机内的空气调节等。

（2）食品冷藏。蔬菜、水果、鲜蛋等的低温保鲜贮存，肉、鱼、禽类等食品的冻结冷藏，以防食品变质和平衡食品的季节性生产与全年耗用之间的矛盾。

（3）生产工艺。某些产品，例如合成橡胶，合成纤维，气体液化，石油裂解和脱脂，以及许多重要化工原料的低温提取都需要有一定的冷源条件，以保证生产过程的顺利进行。

（4）产品性能试验。在低温条件下使用的金属材料、仪器、仪表、电子装置，以及在高寒地区使用的汽车、武器弹药等，均应在地面进行产品的低温性能试验，以检查它们在低温条件下能否正常工作，能否达到规定的性能指标。

（5）建筑工业。利用制冷可实现冻土法开采土方，以及拌和混凝土时带走水泥固化反应热，保证施工安全和避免因固化热而产生的内应力和裂缝等缺陷。

（6）医药生产及医疗卫生。医药工业中利用真空冷冻干燥法冻干生物制品及药品；低温下保存血浆、疫苗和进行手术治疗。

此外，农牧业、轻工业、文化体育事业、微电子技术、卫星通信、激光、红外技术等科学领域中，均需应用制冷技术。

人工制冷的方法主要有相变制冷、气体膨胀制冷、热电制冷等。

相变制冷是利用物质由液相变为气相时的吸热效应来获取冷量。例如，在标准大气压下，液氨气化时可吸收 1371kJ/kg 的热量，且气化温度低达 -33.40℃；如果将压力降为 0.87kPa，水在 5℃下即可沸腾，吸收 2489kJ/kg 的热量。只要选择合适的物质，创造合适的气化条件，就可获得不同的低温并吸收不同的热量。

　　气体膨胀制冷是将高压气体作绝热膨胀，使它的压力、温度下降，利用降温后的气体来吸取被冷却物体的热量，从而达到制冷的目的。

　　热电制冷又称温差电制冷或半导体制冷，它是建立在珀尔帖效应的原理上。如果把两种不同材料的一端彼此连接起来，另一端接上直流电源，则一端将会产生吸热（制冷）效应，另一端产生放热效应。

　　目前，在制冷与空气调节技术中，相变制冷方法占绝对优势。利用该方法制冷的装置有四种形式：蒸气压缩式（简称压缩式）、吸收式、蒸气喷射式、吸附式。其中又以蒸气压缩式应用最为普遍。因此，本章将重点介绍蒸气压缩式制冷的原理及其设备。

7.1　蒸气压缩式制冷循环

7.1.1　蒸气压缩式制冷的原理

1. 压力不同，液体气化的温度不同

　　由热力学实验知道，任何液体在气化过程中将要吸收热量，而且液体的气化温度随液体所处的压力而变化，压力越低，液体的气化温度也越低。

　　例如液态氟利昂 22（R22），在 0.584MPa 压力时的气化温度为 5℃，吸热量为 200.62kJ/kg；当压力为 0.296MPa 时，其气化温度降为 -15℃，吸热量变为 217.00kJ/kg。而且不同液体的气化温度与压力、吸热量等数值也各不相同，只要根据制冷所用液体（称制冷剂）的热力性质，并创造一定的压力条件，就可获得所要求的低温。

2. 制冷工质在低温低压下气化，在常温高压下液化

　　在利用液体气化制冷的方法中，为了使液体气化的过程连续进行，必须不断地从容器中抽走蒸气，再不断地将液体补充进去。通过一定的方法把蒸气抽走，并使它凝结成液体后再回到容器中，就能满足这一要求。从容器中抽出的蒸气，如果直接凝结成液体，所需冷却介质的温度比液体的蒸发温度还要低，而希望蒸气的冷凝过程在常温下实现，因此需要将蒸气的压力提高到常温下的饱和压力。这样，制冷工质将在低温、低压下蒸发，制取冷量后，再在常温、高压下，向环境或冷却介质放出热量液化，如图 7.1.1 所示。因此，利用液体气化方法的制冷循环由制冷工质气化（蒸发）、蒸气升压、高压蒸气的液化（冷凝）和高压液体降压（节流）四个基本过程组成。蒸气压缩式制冷、吸收式制冷、喷射式制冷和吸附式制冷都是根据上述原理工作的。唯一不同的是蒸气升压的方式不同。

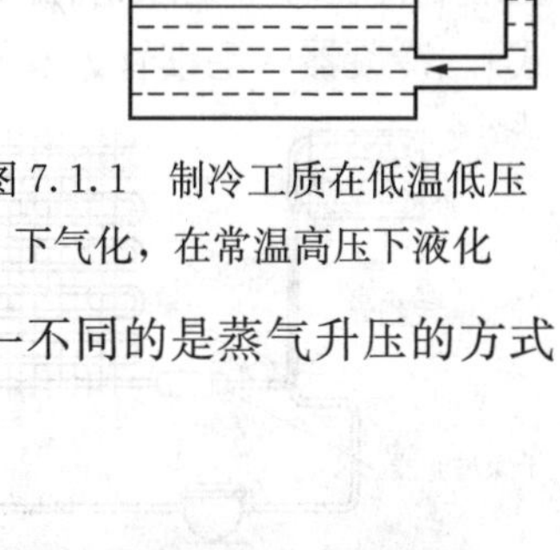

图 7.1.1　制冷工质在低温低压下气化，在常温高压下液化

7.1.2　单级蒸气压缩式制冷循环

　　一个单级蒸气压缩式制冷装置主要由四大基本部件组成：**压缩机、冷凝器、蒸发器、节流装置**（膨胀阀或毛细管），如图 7.1.2 所示。它们之间用管道连接，形成一个封闭系统。制冷剂在系统内不断地循环工作，不断地发生状态变化，并与外界进行能量交换，从而实现制冷目的。其工作过程是：

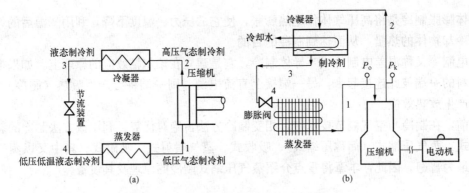

图 7.1.2　单级蒸气压缩式制冷装置

(a) 组成框图；(b) 系统框图

(1) **压缩机**在电动机驱动下，从蒸发器中吸入压力为 p_o 的低压气态制冷剂 1，经在气缸内压缩后成为压力为 p_k 的高压气态制冷剂 2（压力和温度均相应提高）；

(2) 制冷剂在**冷凝器**中就可用常温条件的水或空气冷凝，成为液态制冷剂 3；

(3) 液态制冷剂 3 流经**膨胀阀**时，由于该阀的孔径极小，使液态制冷剂在阀中由高压 p_k 节流至低压 p_o，制冷剂的温度也降低，成为低压低温液态制冷剂 4；

(4) 低温液态制冷剂在**蒸发器**中蒸发时就能从其周围的介质中吸收热量，并使用冷场合得到了相应的冷量和需要保持的低温。

蒸发器的制冷剂完成制冷过程后又成为气态，然后再由压缩机吸入、压出，在冷凝器中再次冷凝。由上述制冷剂的流动过程可知，只要制冷装置正常运行，则在蒸发器周围就能获得连续和稳定的冷量，而这些冷量的取得必须以消耗能量（例如电机耗电）作为补偿。

热力学第二定律指出，要使热量从低温物体传向高温物体，必须有条件，要消耗能量。蒸气压缩式制冷装置中，消耗的是电能，是通过制冷压缩机来消耗电能的。

在单级蒸气压缩式制冷机中，除了上述四大部件外，为了保证制冷装置的经济性和运行安全，还增加了其他许多辅助设备，如过滤器、油分离器、贮液器等。

电冰箱和冰柜是用来冷冻、冷藏食品和其他物品的制冷器具，目前一般都采用单级蒸气压缩制冷循环。电冰箱和冰柜的制冷系统如图 7.1.3 所示，其主要部件包括压缩机（全封闭式）、冷凝器、毛细管、蒸发器、干燥过滤器及连接这些部件的管路。

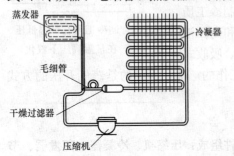

图 7.1.3　电冰箱和冰柜的制冷系统

在电冰箱和冰柜制冷系统中制冷剂的循环如下：气态制冷剂（常用 R12）由压缩机吸入，在气缸中经过压缩成为高温高压的过热蒸气从排气口排出，进入冷凝器，制冷剂将热量传给周围的空气，由高温高压的气体冷凝成常温高压的液体，然后经干燥过滤器（干燥过滤器的作用是吸附制冷剂中的水分和过滤制冷剂中所携带的机械杂质）进入毛细管，被节流降压后进入蒸发器中气化。在蒸发器中处于低温低压的制冷剂液体大量吸收特定区域的热量而气化为干饱和蒸气，又被压缩机吸入压缩。如此不断循环，实现吸收特定区域的热量而排放到环境中去，从而达到特定区域被冷却的目的。

7.1.3 两级蒸气压缩式制冷循环

上述的单级蒸气压缩式制冷循环中，来自蒸发器的蒸气经压缩机一次压缩后便送入冷凝器中冷凝。采用环境空气或水来冷却冷凝器中的制冷剂时，单级蒸气压缩式制冷循环能获得的最低温度约为 $-25℃\sim-30℃$。如果需要获得更低的温度，单级压缩制冷机就无法实现了。这是因为随着蒸发温度的降低，蒸发压力 p_0 也相应降低，这时压缩机的压缩比 p_k/p_0 增大，压缩比增大将对制冷装置的运行产生许多有害因素。压缩比一般为 $8\sim10$。当蒸发温度低于 $-25℃\sim-30℃$ 时，需要采用两级压缩制冷循环。

两级压缩制冷机是在单级压缩制冷机的基础上发展起来的，它把压缩过程分为两个阶段进行，即来自蒸发器的低压蒸气先在压缩机的低压级压缩到适当的中间压力，经中间冷却器冷却后再进入高压级，在此压缩到冷凝压力。两级压缩时每一级的压缩比限制在 10 以下，系统的总压缩比是两级压缩比的乘积。

两级压缩制冷循环，由于所用节流级数及中间冷却方式的不同，有不同的循环形式。有两级节流与一级节流、中间完全冷却和中间不完全冷却之分。实际生产中常用一级节流。采用哪一种冷却方式，与所用制冷剂有关，对于氨，一般采用中间完全冷却系统，而对氟利昂，则采用中间不完全冷却系统。

一、一级节流中间完全冷却的两级压缩制冷循环

这种循环形式被大多数的两级压缩氨制冷系统所采用。

图 7.1.4 为一级节流中间完全冷却两级压缩制冷循环系统的原理图。该制冷系统中有低压级和高压级两个压缩机。其循环为：

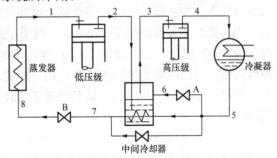

图 7.1.4 一级节流中间完全冷却的两级压缩制冷系统

1. 主循环

从压缩机高压级排出的高压高温过热蒸气 4，进入冷凝器后被冷却成饱和液体或过冷液体 5；饱和液体或过冷液体 5 的一路经中间冷却器过冷后变成过冷液 7，经膨胀阀 B 节流后变成低压液体 8，进入蒸发器蒸发制冷，然后变成饱和蒸气 1，经低压压缩机压缩后变成过热蒸气 2，在中间冷却器中冷却并与在中间冷却器气化的蒸气混合，变成饱和蒸气 3，作为高压压缩机的吸气，经高压压缩机压缩后变成高压级排气 4，形成实现低温制冷的主循环。如果高压液体不要过冷时，可经过旁通阀直接进入膨胀阀 B。

低温制冷的主循环中，制冷剂蒸气经过了高低压级两次压缩、一次节流、中间完全冷却。

2. 高压级循环

饱和液体或过冷液体 5 另一路经膨胀阀 A 进行节流，节流后降温为 6，然后进入中间冷却器吸热，使中间冷却器中来自低压压缩机排出的过热蒸气 2 充分冷却，6 与 2 混合后气体 3 为中间压力 p_m、饱和温度为 t_m 的饱和蒸气，3 作为高压压缩机的吸入蒸气经高压级压缩后变成过热蒸气 4，至此构成一个高压级的循环回路。

高压级循环在中间冷却器里产生冷量，用于另一个循环中饱和液体的过冷（过程 5—7）

和低压级压缩机排出的过热蒸气的完全冷却（过程 2—3）之用。

整个制冷系统有三个压力：4—5—7 为冷凝压力 p_k 段，也称高压段；8—1 为蒸发压力 p_o 段，也称低压段；2—6—3 为中间压力 p_m 段，既是低压级的排气压力，又是高压级的吸气压力。

二、一级节流中间不完全冷却的两级压缩制冷循环

这种循环形式被大多数的两级压缩氟制冷系统所采用。

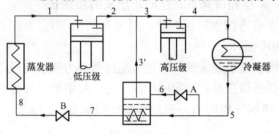

图 7.1.5 一级节流中间不完全冷却的
两级压缩制冷系统

图 7.1.5 是两级压缩一级节流中间不完全冷却制冷循环的系统原理图。该系统与图 7.1.4 所示系统基本相同，也包括主循环和高压级循环两个循环。其区别在于：

低压级排出的过热蒸气 2，未经中间冷却器冷却，便与中间冷却器（维持在中间温度 t_m）气化出来的干饱和蒸气 3′ 混合，作为高压级压缩机的吸气 3。

7.1.4 复叠式蒸气压缩制冷循环（串级制冷循环）

两级制冷循环虽然可以解决压缩机运行时因压力比过大而产生的许多问题，但是，由于受制冷剂物性和各设备结构条件限制，目前多级制冷循环通常用来制取−30℃～−50℃之间的低温。而科研和生产对低温制冷的要求越来越高，如需要−70℃～−120℃之间的低温箱、低温冷库等。如此低的温度，多级制冷循环又将产生许多难以克服的困难。

当需要的蒸发温度低于−70℃时，就要采用低温制冷剂（在标准大气压力条件下的蒸发温度为−60℃以下，如 R13 和 R14 在常压下的蒸发温度分别为−85℃～−90℃和−128℃）。但低温制冷剂的冷凝温度要求较低，用一般的水冷和空气冷已无法凝结成液体，必须用一种人工冷源来冷凝低温制冷剂，从而出现了同时采用两种制冷剂的制冷系统，称为复叠式制冷循环。

复叠式制冷循环通常由两个或三个独立的制冷循环组成，分别称为高温部分和低温部分，其中每一个循环都是完整的单级或两级压缩制冷系统。图 7.1.6 是由两个单级压缩制冷循环组成的复叠式制冷循环系统图。高温部分使用中温制冷剂（在标准大气压力条件下的蒸发温度为−60℃～0℃，如 R22，R12），低温部分使用低温制冷剂，两部分由一只蒸发冷凝器

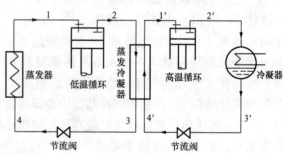

图 7.1.6 复叠式制冷循环系统

联系起来，高温部分制冷剂的蒸发用来使低温部分制冷剂冷凝，两部分之间靠蒸发冷凝器来实现传热。高温部分的制冷剂再通过自己系统的冷凝器释放给环境介质水或空气，而低温部分通过自己系统的蒸发器来吸收被冷却对象低温环境下的热量。

当制取的温度低于−90℃时，可采用三级复叠式制冷循环，各级选用的制冷剂为 R22（或 R12），R13，R14，能达到的最低温度约为−120℃。如果要求获得低于−120℃的低温，通常将采用其他制冷方法，这已不属于蒸气压缩式制冷的范畴。

7.2 制冷剂载冷剂及氟利昂的替代

一、制冷剂

制冷剂又称制冷工质，它是制冷系统中完成制冷循环的工作介质。在蒸气压缩式制冷循环中，制冷剂在低温低压下气化，从被冷却物体中吸收热量，从而实现制冷，然后又在常温高压下把热量传给周围环境，把制冷剂冷凝释放的热量释放到环境介质（如空气、冷却水等）中去，如此不断循环进行制冷。所以制冷剂必须能在工作温度范围内气化和冷凝。制冷系统中如果没有制冷剂，制冷装置就无法实现制冷。制冷系统中选用不同的制冷剂，制冷装置的运行性能也不同。

制冷剂的种类有几十种，但工业上常用的不过 10 余种。目前常用的制冷剂按其化学组成主要有无机化合物（水、氨）、氟利昂和碳氢化合物（丙烷、丙烯等有机化合物）等。

氟里昂是饱和烃类（碳氢化合物）的卤族衍生物的总称，具有优良的物理和化学及热力性能，无色，气味很弱，毒性小，不燃烧，不爆炸，被广泛用作制冷剂。氟里昂制冷剂大致分为 3 类。

一是氯氟烃类，简称 CFC。主要包括 R11、R12、R113、R114、R115 等。

二是氢氯氟烃类，简称 HCFC。主要包括 R22、R123、R141b、R142b 等。

三是氢氟烃类：简称 HFC。主要包括 R134A、R125、R32、R407C、R410A、R152 等。

二、载冷剂

载冷剂是指在间接制冷系统中用来传递冷量的中间介质。在间接制冷系统中制冷剂可以在较小的制冷系统内循环，冷量通过载冷剂传递给被冷却对象。

常用的载冷剂有水、无机盐水溶液和乙二醇水溶液等。

三、氟利昂的替代

20 世纪 70 年代人们发现，氯氟烃类产品（CFC）在强烈紫外线照射后，其中的氯原子会分离出来，然后氯原子又会与臭氧分子作用，使其变为普通氧分子，从而破坏了地球外层的臭氧层。这一现象已被英国南极考察和卫星观测所证实。臭氧层是阻碍紫外线辐射到地球表面的主要屏障，臭氧层的破坏必将导致紫外线辐射量增加，而紫外线辐射的增加将会给地球与人类带来以下危害：

（1）危及人类健康，可使皮肤癌、白内障的发病率增加，破坏人体免疫系统。

（2）危及植物及海洋生物，农作物减产，不利于海洋生物的生长与繁殖。

（3）产生附加温室效应，从而加剧全球气候转暖过程。

（4）加速聚合物（如塑料等）的老化。

因此保护臭氧层已成为当前一项全球性的紧迫任务。

1987 年 9 月在加拿大的蒙特利尔，23 个国家外长签署了《关于消耗臭氧层物质的蒙特利尔议定书》，规定了消耗臭氧层的化学物质生产数和消耗量的限制过程。氯氟烃类，对臭氧层的破坏作用最大，被《蒙特利尔议定书》列为一类受控物质；氢氯氟烃类，臭氧层破坏系数仅仅是 R11 的百分之几，因此，目前 HCFC 类物质被视为 CFC 类物质的最重要的过渡性替代物质，在《蒙特利尔议定书》中 R22 被限定 2020 年淘汰，R123 被限定 2030 年；氢氟烃类，臭氧层破坏系数为 0，但是气候变暖潜能值很高。在《蒙特利尔议定书》没有规定其使用期限，在《联合国气候变化框架公约》京都议定书中定性为温室气体。氢氟烃类，如目前使用较多的新型环保冷媒介物质 R410A，能效比高于现在常用的 R22 制冷剂，但价格却高出四五倍。

随着保护臭氧层日益紧迫的要求，蒙特利尔议定书的缔约国于 1990 年 6 月在英国伦敦举行会议，通过了《蒙特利尔议定书》的《伦敦修正案》。随后又有 1992 年的《哥本哈根修正案》、1997 年的《蒙特利尔修正案》、1999 年的《北京修正案》。

各修正案对所控物质的种类、消费量基准和禁用时间又作了进一步的规定。发达国家已从 1996 年 1 月 1 日起百分之百禁止生产和使用 CFC。按照"发展中国家缔约国受控物质控制进程"要求，发展中国家应从 1999 年 7 月 1 日起，将 CFC-11、CFC-12、CFC-113、CFC-114 和 CFC-115 的消费量冻结在 1995～1997 年的年平均数或按年人均 0.3kg 的水平（取其数值较低者作为控制基准），并于 2005 年 1 月 1 日起年生产量和消费量不超过控制基准的 50%，2007 年 1 月 1 日起年生产量和消费量不超过控制基准的 15%，2010 年停止生产和消费。

目前所使用的所有制冷剂全部都是氟里昂制品，破坏臭氧层的只是含氯的氟利昂。也就是说，破坏臭氧层的实际上是氯原子，而不是氟原子。政府明令禁止的是第一类氯氟烃类产品 CFC，对于氢氯氟烃类产品和氢氟烃类制冷剂，还要有相当长的一段使用时间。

我国政府 1991 年 6 月在《蒙特利尔议定书》上签字后，有关部门制定了氟利昂制冷剂加速淘汰计划，明确提出我国要在 2007 年 7 月 1 日前停止主要消耗臭氧层物质的生产。

《蒙特利尔议定书》签约后，一些发达国家技术人员经过开发与比较，在一类氟利昂替代品上，逐渐形成氢氟烃类制冷剂与碳氢化合物制冷剂两大类产品。其中前者在美国、日本等国应用广泛，后者为欧洲各国所推崇使用。两者的臭氧层破坏系数均为零，所以对臭氧层不会造成破坏。在形成全球气候变暖的温室效应系数上，碳氢化合物明显低于氢氟烃类产品。在溶水性、冷凝压力、蒸发压力、排气温度和真空度要求等指标方面及制造成本上，碳氢化合物也比氢氟烃类产品有较大优势。但是氢氟烃类产品在产品防燃防爆的安全性和适应已经在用的设备等方面有自己的优势。去年国家环保总局发布的我国消耗臭氧物质替代品推荐目录中，这两类产品均榜上有名，取得了市场的"通行证"。

据悉，在国际环保基金的资助下，目前我国这两类替代品已经形成了一定的开发与生产能力，并且部分氟利昂替代产品的性能已经达到了国际同类产品标准。

7.3 蒸气压缩式制冷装置四大基本部件

蒸气压缩式制冷装置的四大基本部件是：压缩机、冷凝器、蒸发器、节流装置（膨胀阀或毛细管）。本节只介绍四大基本部件的用途、主要类型及特性，有关各种类型的具体结构请参见制冷与空调技术方面的书籍。

7.3.1 制冷压缩机

在蒸气压缩式制冷装置中，为把制冷剂蒸气从低压提升为高压，并使它在制冷系统中不断循环流动，采用了各种类型的制冷压缩机。压缩机性能的好坏，直接影响到循环的经济性。

制冷压缩机根据其工作原理可分容积型和速度型两大类。在容积型压缩机中，气体压力的提高是靠吸入气体的体积被强行缩小，使单位容积内气体分子数增加来达到的。容积型压缩机有两种结构形式：往复活塞式（简称活塞式）和回转式。在速度型压缩机中，气体压力提高是靠气体的速度转化而来，即先使气体获得一定高速度，然后再由速度能变成气体位能。制冷装置中应用的速度型压缩机主要是离心式制冷压缩机。

图 7.3.1（a）、（b）分别是回转式压缩机和往复式压缩机。

回转式压缩机的旋转活塞具有对气缸偏心的轴，装在旋转活塞上的叶片一边与气缸相接触，一边旋转。对处于月勾形工作室中的蒸气进行压缩，当蒸气压力大到压缩机的规定值时，高压蒸气即可从排出口中排出。往复式压缩机的工作原理与往复式水泵相像，气缸中的活塞下行时，进气阀打开，低压蒸气进入气缸中的工作室。活塞上行时，空气被压缩（与水泵不同的是水不能被压缩，所以活塞上行时，排水阀立即打开让水排出）。活塞上行，但在刚上行时，蒸气所具有的压力与进入时的压力相差不多，排气阀不会打开，直到活塞上行到一定高度，使蒸气压力升高到规定值时，排气阀才被打开，让压力升高后的蒸气——高压制冷剂蒸气排出。往复式压缩机的活塞是通过曲柄连杆机构将电动机轴的旋转运行转变成往复运动来驱动的。

制冷压缩机由电动机进行拖动，除特殊情况需要应用直流电动机外，异步交流电动机使用得最为广泛。

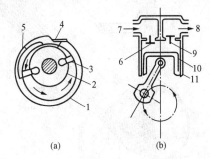

图 7.3.1　制冷压缩机结构示意图
(a) 回转式；(b) 往复式
1—气缸；2—旋转活塞；3—叶片；4—排出口；
5—吸入口；6—吸气阀；7—吸入口；8—排出口；
9—排气阀；10—气缸；11—活塞

7.3.2　冷凝器和蒸发器

为了完成蒸气压缩式制冷循环，冷凝器和蒸发器是必不可少的换热器，是制冷机的重要组成部分。其运行特性将直接影响制冷装置的性能及运行的经济性。除了冷凝器和蒸发器以外常用的换热器还有回热器、过冷器、中间冷却器和冷却塔。

1. 冷凝器

冷凝器是制冷设备向制冷系统外放出热量的换热装置。从制冷压缩机出来的高压过热蒸气进入冷凝器后，将热量传递给周围的空气，或将热量先传递给水，再由水把热量传递到周围的空气中去。制冷剂在冷凝器中放出热量的同时自身因受冷却而凝结为液体。制冷剂在冷凝器中放出的热量包括两部分：一是在蒸发器中吸收的被冷却物体的热量；二是制冷剂蒸气在制冷压缩机中被压缩时，由压缩机消耗的机械功转化的热量。

冷凝器按冷却介质和冷却方式，可以分为三种类型：

（1）水冷冷凝器　用水作为冷却介质，使高温高压的制冷剂蒸气冷凝的换热器，称为水冷式冷凝器。

（2）空冷冷凝器　用空气作为冷却介质，使高温高压的制冷剂蒸气冷凝的换热器，称为空冷式冷凝器。

（3）蒸发式冷凝器　利用水蒸发吸收大量的潜热而使高温高压的制冷剂蒸气冷凝的换热器，称为蒸发式冷凝器。

　　水冷式冷凝器是利用水来吸收制冷剂放出的热量。其特点是传热效率高，因此结构紧凑，多应用于中大型制冷设备。这类制冷设备都需要有一套冷却水系统，冷却水可以使用江、河、湖、海水或地下水，也可以循环使用。循环使用的冷却水系统一般配有水冷却塔，冷却水在冷却塔中将从冷凝器吸收的热量释放给周围的空气。

　　水冷式冷凝器的结构有管壳式、套管式、板式、螺旋板式冷凝器等几种形式。

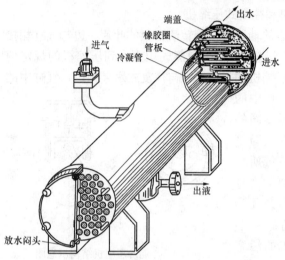

图 7.3.2　卧式管壳式冷凝器的结构图

　　图 7.3.2 为卧式管壳式冷凝器的结构图，卧式管壳式冷凝器最为广泛的应用在大、中、小型氨和氟利昂制冷装置中。卧式管壳式冷凝器是水平放置的，所以称为卧式冷凝器。

　　卧式管壳式冷凝器主要由钢板卷制的筒体、换热管、两个焊接在筒体两端用于固定换热管的管板以及两个端盖组成，换热管的两端采用胀接或焊接固定在管板的管孔内。氟利昂管壳式冷凝器的换热管，选用导热系数高的铜管，以提高冷凝器的传热效率，减小设备的体积。

　　在卧式管壳式冷凝器中，制冷剂蒸气从冷凝器的壳体的上部进入冷凝器，制冷剂蒸气在换热管外表面上冷凝，凝结成液体后从壳体的底部流出进入储液器。有些小型制冷装置为了简化设备，冷凝器的下部少装几排换热管，作为储液器。对于氨冷凝器，在冷凝器的下部通常还设置一个集污包，用于收集润滑油和机械杂质。冷凝器的冷却水从冷凝器一端的端盖下部进入冷凝器的换热管内，两个端盖的内部有隔板，以便使冷却水在换热管内可以多次往返流动，冷却水从一个端头向另一端头流一次，称为一个流程。通常冷凝器的流程数为双数，这样冷却水的进出口可以设在同一个端盖上，并且冷却水从下面流进冷凝器，从上面流出，这样可以保证冷却水充满整个冷凝器的换热管。端盖的顶部设有排气旋塞，下部设有放水旋塞，上部的排气旋塞是在充水时用来排除换热管内的空气；下部的放水旋塞是在冷凝器停止使用时用来排放残留在冷凝器换热管内的残留水，以防止换热管被冻裂和腐蚀。

　　图 7.3.3 为空气冷却式冷凝器，又称为空冷冷凝器。在这种冷凝器中，制冷剂蒸气和冷凝所放出的热量是由空气来冷却的。空气式冷凝器按空气冷却方式又分为自然对流空气冷却式冷凝器和强迫对流空气冷却式冷凝器。前者多用于家用冰箱，后者多用于小型氟利昂制冷设备，如冷柜、家用空调、车载空调、冷藏车和一些移动式制冷设备。在缺水地区，为了减少冷却水的耗量，制冷设备多采用空气冷却式冷凝器。目前，在有些中型空调和制冷设备中也采用空气冷却式冷凝器。

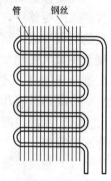

图 7.3.3　空气冷却式冷凝器

　　空气冷却式冷凝器的换热管一般按蛇管排列，制冷剂蒸气在换热管内冷凝，空气在换热管外流过。

　　自然对流空气冷却式冷凝器，是依靠空气在冷凝器被加热后自动上升的过程将冷凝器释放的热量带走。这种冷凝器不需要风机，节省了风机的电耗，减少了噪声。但这种冷凝器的传热系数较低。

2. 蒸发器

蒸发器是制冷剂从系统外吸热即制冷的换热器。制冷剂液体在蒸发器的换热管内流动，并在低温下蒸发，变为蒸气，制冷剂在蒸发的过程中吸收被冷却物体或介质的热量。所以蒸发器是制冷装置产生和输出冷量的重要部件。蒸发器位于制冷系统的节流阀和压缩机的吸气管之间。

制冷装置的蒸发器的结构按被冷却介质，可以分为冷却液体载冷剂的蒸发器和冷却空气的蒸发器两大类。冷却液体载冷剂的蒸发器有管壳式蒸发器、直立管式蒸发器、螺旋管式蒸发器和蛇形管式蒸发器。冷却空气的蒸发器有直接蒸发式空气冷却器和排管式蒸发器。

图 7.3.4 所示为卧式管壳式蒸发器，卧式管壳式蒸发器是用来冷却如水和盐水等液体载冷剂的蒸发器。

图 7.3.5 和图 7.3.6 是排管式蒸发器。排管式蒸发器主要用于冷库的冷藏库房、低温试验箱和各种冰箱。制冷剂在换热管内蒸发，空气在换热管外自然对流。对于氨制冷装置换热管选用钢管，而对于氟利昂制冷装置换热管应选用铜管。

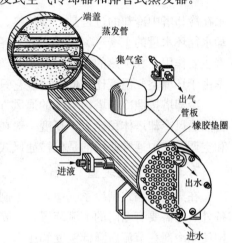

图 7.3.4　卧式管壳式蒸发器

排管式蒸发器按安装位置的不同可以分为墙排管、顶排管和搁架式排管。按结构有立管式和蛇管式两种。立管式蒸发器只用于氨制冷装置，蛇管式蒸发器可以用于氨和氟利昂两种制冷装置。

图 7.3.5 是立管式冷却排管蒸发器，用于冷库中的墙排管。图 7.3.6 是蛇管式排管蒸发器。

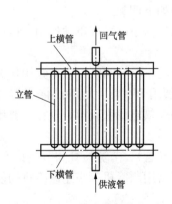

图 7.3.5　立管式排管蒸发器

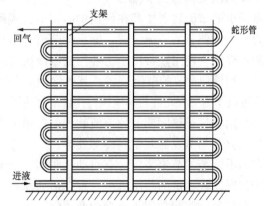

图 7.3.6　蛇管式排管蒸发器

3. 水冷却塔

在制冷和空调系统中，冷凝器采用水进行冷却的方式是目前使用比较多的方法，这些冷却水使用后，一般温度升高仅为 2~4℃，这些冷却水使用后全部排放掉浪费比较大，所以水冷却的制冷装置和空调系统，冷却水是循环使用的，其循环流程图如图 7.3.7 所示。

循环使用冷却水的装置广泛采用冷却塔。冷却水在冷凝器中吸收热量，温度升高，然后

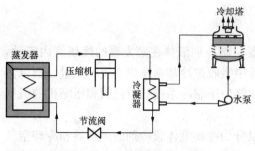

图 7.3.7 制冷系统和冷却塔

被送到冷却塔喷淋，形成细小水滴，往下流经冷却塔的填料与往上流的空气接触，冷却水被冷却后流至冷却塔塔底，由水泵输送到冷凝器循环使用。冷却水在冷却塔的填料中被冷却的过程有两个方面：一是冷却水与空气接触时，冷却水与空气由于温差的作用而进行的传热使冷却水冷却；另一个是冷却水与空气接触时，一小部分冷却水要蒸发到空气中去，水蒸发时吸收的潜热使未蒸发的冷却水冷却。所以冷却水在冷却塔中冷却的过程是一个传热、传质的过程。由于冷却水蒸发而损失的水一般只占冷却水循环水量的 1%～5%。冷却塔在春、夏、秋三个季节水蒸发而使冷却水冷却的过程起着主要作用，在炎热的夏季时由于水蒸发冷却的热负荷约占总热负荷的 90%左右，而在冬季由于环境空气温度比较低，所以它只占总热负荷的 30%～50%。

冷却塔按照冷却塔内空气的通风方式可以分为自然通风冷却塔和机械通风冷却塔两种。自然通风冷却塔体积庞大，高度一般在 15～20m，这种冷却塔主要用于发电厂。在制冷装置和空调系统中通常使用的是机械通风式冷却塔。

7.3.3 节流装置

在蒸气压缩式制冷系统中，除了制冷压缩机、冷凝器、蒸发器及其他换热装置等主要设备外，还需要有专门的节流装置——膨胀机构（实现制冷剂液体的膨胀过程），这些膨胀机构使制冷剂在节流后降低温度和压力。低温、低压的制冷剂工质在蒸发器中气化，吸收气化潜热，达到制冷的目的。

工程热力学指出，工质在管路中遇到缩口和节流机构的孔口，由于局部阻力，使其压力显著下降的现象称为"节流"。

制冷机的节流装置按其在使用中的调节方式可以分为如下四类。

（1）手动调节的节流装置，即手动节流阀。它的结构较简单，可以单独使用，也可同其他控制器件配合使用。常用于工业用的制冷机系统。

（2）用液位调节的节流装置，其中常用的是浮球调节阀。浮球阀既可以单独用作节流机构，也可以作为感应元件与其他执行元件配合使用。现在主要用于中型及大型氨制冷装置之中。

（3）用蒸气过热度调节的节流装置，包括热力膨胀阀及热电膨胀阀等，现在主要用于管内蒸发的氟利昂蒸发器及中间冷却器等。

（4）不调节的节流装置，有自动膨胀阀、节流管（毛细管）、节流短管和节流孔等多种，宜用于工况比较稳定的制冷机组。现在诸如冰箱用及空调器用制冷机等小型制冷机构使用毛细管，而自动膨胀阀常用于小型商业用制冷机。

热力膨胀阀是应用最广的一类节流机构，氟利昂制冷装置一般都用热力膨胀阀来调节制冷剂流量。它既是控制蒸发器供液量的调节阀，同时也是制冷装置的节流阀，所以热力膨胀阀也称为热力调节阀或感温调节阀。热力膨胀阀虽然主要用于氟利昂制冷机中，但对于氨制冷机也可使用，只是其结构材料中不能使用有色金属。

图 7.3.8 是热力膨胀阀的示意图。热力膨胀阀是由阀芯、阀座、膜合、导压管、感温包、调节螺钉、弹簧、进出口接管和过滤器组成。感温包设于蒸发器出气口附近，导压管是

连接阀门顶端气室与感温包的连接管。

毛细管是最简单的节流装置。通常用一根内径5mm以下（一般0.5～2.5mm），长度为几百毫米至几米不等的紫铜管就能使制冷剂节流、降温。目前，在家用电冰箱、窗式空调器，中、小型空气调节机和除湿机的制冷机中已经广泛使用。

用等截面的毛细管代替膨胀阀，具有结构紧凑、简单、制造方便、价格便宜及不易发生故障等优点。毛细管根据流体流经毛细

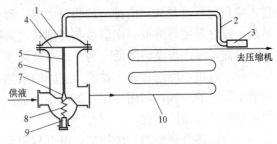

图7.3.8 热力膨胀阀的示意图

1—阀盖；2—导压毛细管；3—感温包；4—膜片；5—推杆；6—阀体；7—阀芯；8—弹簧；9—调整杆；10—蒸发器

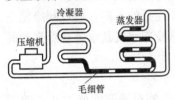

图7.3.9 毛细管

管时要克服管子的阻力而产生压力降，管径越小，压力降越大，管线越长，压力降也越大的原理，用于制冷系统进行节流作用。选择适当直径和长度的管子代替膨胀阀即可控制液体制冷剂的流量和一定的压力降。

在实际应用中，通常是将毛细管敷贴在制冷压缩机吸气管（即蒸发器出气管）表面上（图7.3.9）或插入其中，这样可以对制冷机液体起冷却作用，有利于提高毛细管的流通能力，这时称为有回热型节流管。

在制冷系统中节流装置具有节流、调节制冷剂液体或蒸气的作用，此外还有一些阀门，诸如电磁换向阀，在制冷系统中实现对制冷剂液体或蒸气的控制作用。

电磁换向阀又称为电磁四通阀，主要用于热泵型家用空调器制冷系统（见7.6节），其电磁线圈通电后改变制冷工质的流向，使空调器由制冷工况转变为热泵工况，图7.3.10所示为热泵式窗式空调器电磁换向阀的外形，主阀体的旁侧有一电磁线圈和电磁阀体，主阀体上有四根5～6mm的主连接管，电磁阀体上有三根3mm的细铜管与主阀体连接。

电磁换向阀实现制冷、制热转换的原理是通过电磁线圈通电与断电，使电磁换向阀的阀芯左移或右移，以形成管路方向改变，导致室内、外换热器对换的结果。

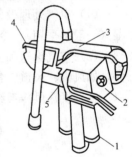

图7.3.10 电磁换向阀
（电磁四通阀）

1—导管；2—电磁线圈；3—主阀体；4—主连接管；5—电磁阀芯

7.4 空气调节系统

7.4.1 空气调节

一、空气调节的基本概念

为了满足人们生活和生产科研活动对室内气候条件的要求，需要对空气进行适当的处理，使室内空气的温度、相对湿度、压力、洁净度和气流速度等保持在一定的范围内。这种制造人工室内气候环境的技术措施，称为空气调节，简称空调。

被调空间所需保持的参数中，大多数主要是控制室内空气的温度和相对湿度，要保持室内的温度和相对湿度稳定不变，则必须使进入室内和从室内排出的热量和湿量都保持平衡。

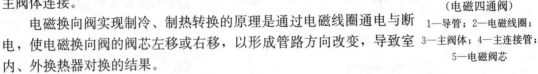

进入室内的热量与从室内排出的热量之差，称为余热量。余热量为正值时，室内空气温度将升高，反之温度将降低；产湿量与排湿量之差称为余湿量。余湿量为正值时，则室内空气湿度将升高，反之湿度将降低。为进行空气调节，即保持被调节空间内规定的温度、湿度及卫生条件，就得不断地将进入被调节空间的余热、余湿及有害物质清除出去。这就要对进入被调节空间内的空气，利用冷却、加热、加湿、去湿、干燥、过滤等装置进行适当的处理，以便消除热湿方面的干扰。

消除余热及余湿的方法很多，可以利用天然冰、地表水、地下水（深井水及冬灌冷水）等天然冷源，但主要还是利用人工制冷的制冷机。因此，空调的降温、除湿与人工制冷是密切相关的。人们在长期的实践中，根据空调建筑的用途及其对空调的具体要求、空调负荷的特点、使用情况等因素的不同，创造了许多不同的制冷方式。冷源是空气调节中重要的组成部分，空调中被冷却的最终对象是空气，根据其冷却方式及冷却途径的不同，通过制冷使空气降温，可以分成用来直接冷却空气的直接蒸发式和为空调提供冷冻水或盐水等载冷剂的间接冷却式两种基本方式，即制冷在空调中的实际应用。

二、空气调节设备

如前所述，为了获得符合房间要求的冷风或热风，消除室内外对被调空间的热、湿干扰，必须对空气进行调节。用来向被调节空间中供给处理空气的设备称为空气调节设备。空气调节所用的设备包括：

（1）空气处理设备　预先对空气（室外空气及一部分由室内抽回的空气）进行加热、加湿（一般冬季用）、冷却、干燥（一般夏季用）和净化等处理的设备，称为空气处理设备。

（2）空气输送和分配设备　处理后的空气送入房间，需要输送和分配空气的设备与部件，如风机、风道、各类风口（送、回、排风口）等。

（3）供热供冷系统　包括冷、热源和冷热水管道系统。

三、空气调节系统及其分类

空气调节系统一般均由被调节对象、空气处理设备、空气输送和分配设备所组成。空气调节系统按其组成和特性，可分为集中式，半集中式（混合式）和分散式；按冷媒介质种类，可以分为全空气系统，空气-水系统、全水系统、直接冷剂系统等，如图7.4.1所示。

集中式系统是将所有空气处理设备（包括风机）都集中设置在一个空调机房内。半集中式系统，除了设在集中空调机房内的空气处理设备外，还有分散设在空调房间内的空气处理末端装置，例如，精加热器、风机盘管机组等，这些末端装置可对送入空调房间的空气作进一步的

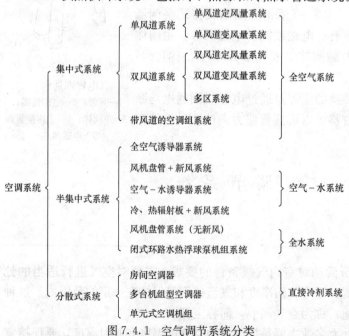

图 7.4.1　空气调节系统分类

补充处理。分散式系统又称局部空调系统，是由空气调节器来承担房间空调任务的。是将冷、热源和空气处理、输送设备集中设置在一个箱体内，例如，窗式空调器、分体式空调器、立柜式空调器等。

全空气式系统是利用空气作为负担室内负荷的介质，将经过处理的空气送入空调房间内，同时消除室内的余热和余湿，或者在消除余湿的同时向室内补充热量。由于空气的比热容较小，为消除余热、余湿所需送风量大，风道尺寸也大，因此需占用较多的建筑空间。

空气-水式系统是同时使用空气和水作为负担室内负荷的介质，例如风机盘管加新风系统就属于这一类。由于室内负荷大部分靠设在空调房间内的风机盘管机组来负担，向室内送入新风是为了满足房间卫生要求，因此风量不大，风道尺寸较小，新风仅负担小部分负荷。风机盘管所需冷媒水或热媒水是集中供应的。

全水式系统是指不设新风的风机盘管机组，室内负荷全部由送入机组的水（冷媒水或热媒水）来负担。这种系统空调房间内卫生条件较差，目前采用较少。

直接冷剂系统是指自带冷源的空气调节器，例如窗式空调器、分体式空调器、立柜式空调器等。

上述各种空气调节系统中，分散式系统即直接冷剂系统属于直接冷却空气的直接蒸发式空调系统，其他的都属于为空调提供冷冻水或盐水等载冷剂的间接冷却式空调系统。

四、制冷与空调的关系

制冷与空调是相互联系的两个领域，但它们各有其范围。这种相互联系又相互独立的关系，可用图 7.4.2 表示。

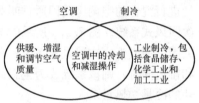

图 7.4.2 制冷与空调的关系

7.4.2 集中式空调系统

集中式空调系统是典型的全空气式系统，是工程中最常用、最基本的系统。它广泛地应用于舒适性或工艺性的各类空调工程中，例如会堂、影剧院和体育馆等大型公共建筑，学校、医院、商场、计算机室和飞机、轮船等交通工具，高层宾馆的餐厅或多功能厅，以及凡是对室内空气环境提出特殊要求（例如，恒温、恒湿、洁净）的空间和各类工业厂房，一般都采用全空气式的集中空调系统。

图 7.4.3 是集中式空调系统的示意图。集中式空调系统一般由以下三部分组成：

（1）空气处理设备（即空调机组） 它是对空气进行过滤和各种

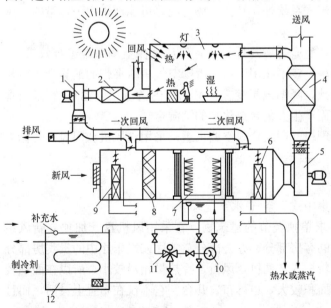

图 7.4.3 集中式空调系统示意图

1—回风机；2、4—消声器；3—空调空间；5—送风机；6—再热器；

7—喷水室；8—空气过滤器；9—预热器；10—喷水泵；

11—电动三通阀；12—蒸发水箱

热湿处理（例如，加热、加湿、冷却和减湿）的主要设备，使室内空气达到预定的温、湿度和洁净度。

（2）空气输送设备　包括送风机、回风机，风道系统，以及装在风道上的风量调节阀、防火阀（或排烟阀）等配件、消声器、风机减振器等。它是将经过处理的空气，按照预定的要求输送到各个空调房间，并从房间内抽回或排除一定量的室内空气。

（3）空气分布装置　它是指设在空调房间内的各种类型的送风口（例如，百叶风口、散流器）和回风口。它们的作用是合理地组织室内气流，以保证工作区（通常是指离地面 2m 以下的空间）内具有均匀的温度、湿度、气流速度和洁净度。

除了上述三个主要部分外，还有为空气处理服务的热源（例如，锅炉房或热交换站）和热媒管道系统、冷源（空调用制冷装置）和冷媒管道系统，以及自动控制和自动检测系统等。

工程上常见的采用一定量回风的空调系统有两种形式：一种是在喷水室或表面冷却器前（即冷却或减湿等处理之前）同新风进行混合的空调房间回风，叫第一次回风，具有第一次回风的空调系统简称为一次回风式系统；另一种是与经过喷水室或表面冷却器处理之后的空气进行混合的空调房间回风，叫第二次回风，具有第一次、第二次回风的空调系统简称为二次回风式系统。图 7.4.3 所示的为二次回风式空调系统示意图。若将图中第二次回风的风阀关闭，便成为一次回风式系统；若将第一次回风风阀、第二次回风风阀关闭，仅开启新风阀和排风阀时，则该系统成为全新风系统，或称为直流式系统。这种系统卫生条件最好，但消耗的冷量、热量最大。

送入空调房间的空气是由新风和回风两部分组成的。一般除了由于生产工艺过程产生有毒气体（或有害物质，如放射性物质）和有爆炸危险的气体的房间，以及卫生标准不允许采用回风的场合，必须采用全新风的直流式系统外，其他的场合应尽可能地采用一定量的回风与新风相混合，以节省能量。

工程实践表明，有些场合虽然不产生有毒、易爆气体，但从确保空调系统运行效果看，宜采用直流式系统。例如，宾馆的厨房一定不能用回风，否则空气中所夹带的油雾会污染和堵塞空气处理设备，导致系统风量骤减，降温效果变差。又如室内游泳馆（池），宜采用直流式系统，以便及时排除因消毒池水而产生大量含氯化物的潮湿空气。

在集中式全空气系统中，空气处理机（即组合式空调机组）采用送风机和回风机的称为双风机系统；仅有送风机的称为单风机系统。

7.4.3　风机盘管空调系统

风机盘管加新风系统是典型的半集中式、空气-水系统。

空气调节房间较多，且各房间要求单独调节的建筑物，宜采用风机盘管加独立新风系统。宾馆式建筑和高层多功能综合楼的客房部分、办公部分、餐厅或娱乐厅中的贵宾房部分多采用这一系统。风机盘管空调器比较柜式空调机，风量、冷热量相对较小，所以在面积较小的空调房间通常布置一台，如房间面积较大，也可布置几台。它不仅在布置上灵活，而且每台可单独控制。

风机盘管空调系统将主要由风机和盘管（换热器）组成的机组，直接设在空调房间内，开动风机后，可将室内空气吸入机组，经空气过滤器过滤、再经盘管冷却或加热处理后，就地送入房间，以达到空调的目的。

风机盘管机组所用的冷媒水或热媒水,是由制冷机房或热交换站集中供应的。室内所需的新鲜空气,是由新风处理机组将室外空气作集中处理后,经风道送入各个房间的。室内的冷、热负荷,分别由空气和水来负担。通常所说的风机盘管空调系统,多半指的是风机盘管机组加独立新风的系统。不设新风的风机盘管系统,由于卫生条件差用得较少。

这种空调系统可用于宾馆、公寓、医院、办公楼等高层多房间的建筑物中,同时也可用于小型多室住宅建筑的大面积空调。对于需增设空调的小面积、多房间的旧建筑来说,采用这种空调方式也是比较合适的,因为它占地面积小,占用空间也小,无需大拆大改,易于施工安装,所以得到广泛的应用。

一、风机盘管机组的构造、类型和特点

风机盘管机组主要由风机、电动机、盘管、空气过滤器、凝水盘和箱体所组成,还配有室温自动调节装置。机组一般分为立式、卧式、立柱式和顶棚式四种,根据室内装修的需要,又可做成明装或暗装。近年来又开发出一种壁挂式风机盘管机组。

图 7.4.4 为风机盘管机组构造示意图。

立柱式机组(图 7.4.5)高度为 1800~2000mm,也有明装和暗装两种型式。明装送风口在机组上部的前方,暗装设在顶部。

顶棚式机组(图 7.4.6),又称镶嵌式或卡式,它镶嵌在顶棚上。按照机组送风、回风方式不同,可分为一侧送风另一侧回风、两个方向送风中部回风和四个方向送风中部回风等型式。

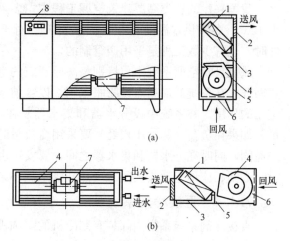

图 7.4.4 风机盘管机组构造示意图
(a) 立式明装;(b) 卧式暗装
1—盘管;2—出风格栅;3—凝水盘;4—风机;
5—箱体;6—空气过滤器;7—电动机;8—控制器

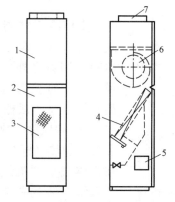

图 7.4.5 立柱式风机盘管机组
1—上面板;2—下面板;3—进风口;4—盘管;
5—新风口;6—风机;7—出风口

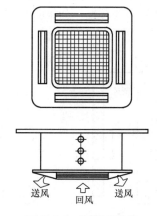

图 7.4.6 顶棚式风机
盘管机组

风机盘管机组的优点是:布置灵活,各房间可独立调节室温,房间不住人时可以关掉风机,以节省运转费用;只关风机、不关冷水或热水,对其他房间的正常使用不受影响,而且各个房间之间的空气互不串通；风机可多挡变速，便于调节冷量（或热量）。它的缺点是：对机组制作质量有较高要求，否则给维修工作带来诸多不便；由于受噪声的限制，风机转速不能过高，机组的剩余压头很小（高静压风机盘管除外），影响室内气流均匀分布。

二、风机盘管系统供水形式

风机盘管机组的供水系统有下列三种形式：

（1）双管制：一根供水管，冬季供热水，夏季供冷水；另一根为公共回水管。

（2）三管制：一根供冷水管，另一根供热水管，第三根为公共回水管。

（3）四管制：冷水供、回水各一根，热水供、回水各一根。

我国兴建的各类高层建筑空调工程中，多采用双管制供水系统。夏季供水温度 7℃，回水 12℃，冬季供水温度 60℃，回水 50℃。对于舒适要求很高的建筑物，在有可靠的自控元件时，也有少数工程是采用四管制的。

风机盘管空调系统中，特别是高层建筑的空调冷（热）媒水系统比较复杂。通常采用闭式循环，在系统的最高点设膨胀水箱，以容纳水体积的收缩与膨胀，同时起到对系统补水和定压的作用。在系统中设分水器和集水器。在水系统运行调节时，冷源一侧必须保持定流量，如果在负荷一侧（用户处）要采用变流量时，需要在每台风机盘管的回水管上装设电动二通阀，同时在分水器和集水器之间，要安装由压差控制器控制的旁通管路。按变流量运行时，必须相应地起动或关闭冷（热）媒水循环泵，以达到节能的目的。

7.4.4 直接冷剂系统

直接冷剂系统系指内部装有制冷机的空调机组的空调方式，是由在工厂装配的基本构件所组成。这些构件可以组装在一个箱体内，成为整体式空调器，也可根据用户需要，安装在由现场设计的空气调节系统中。目前，作为局部场合的空调机组，直接冷剂系统已广泛地应用于工业和民用建筑空气调节中，其产品和类型众多，柜式空调器、分体式空调器、窗式空调器及其他小型空调机组均属这一类。它和其他系统的主要区别是直接采用制冷剂将空气冷却。它的容量范围小的不到 3kW，大的可达 300kW。这种空调方式非常适用于中小建筑中区域分散、用途各异、使用时间不同的场合。

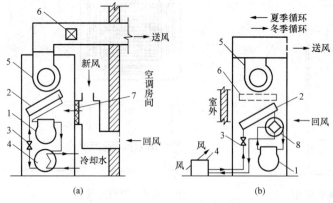

图 7.4.7 单元式空调机组

（a）整体式空调机组；（b）分体式空调机组

1—压缩机；2—蒸发器（a 图）；室内换热器（b 图）；3—节流阀；

4—冷凝器（a 图）；室外换热器（b 图）；5—送风机；6—电热器；

7—过滤器；8—四通阀

直接冷剂空调方式除了整体式和分离式、单元式空调机组和房间空调器之外，还可分为加接风管型和直接送风型；落地安装型和墙、窗、顶棚安装型；水冷（热）型和风冷（热）型；热泵型和其他加热（电热、蒸气等）型。在整体式空调机组中，制冷剂循环系统安装成一个整体机组，机组带有回风管和送风管接口，如图 7.4.7（a）所示。在分体式空调机组中，制冷剂循环中的两个换热器分设在两个机组内，现场安装时，用制冷剂管道将两个机组连接成循环回路如图 7.4.7（b）。

7.4.5 全水系统

全水系统空调房间的热湿负荷全靠水作为冷热介质来承担。由于水的比热容比空气大得多，所以在相同条件下，只需较小的水量，从而使管道所占的空间大大减少。但是这种系统方式仅靠水来消除余热余湿，并不能解决房间的通风换气问题，因而通常不单独采用这种方法。

7.5 变 频 空 调

变频空调，是指通过对驱动压缩机的异步电动机进行变频变压调速控制，以实现制冷量随室外温度的上升而上升，下降而下降，从而实现制冷量与房间热负荷的自动匹配，改善舒适性并节省电力的空调。

变频空调中的变频电源采用间接变频，220V/50Hz 的市电经整流滤波后得到 310V 左右的直流电，此直流电经过逆变后，就可以得到用以控制压缩机运转的变频电源。逆变电路中采用 SPWM（正弦波脉宽调制）技术，使电流中的高次谐波成分大为减小，从而提高了电机的效率。

与常规空调相比较，变频空调有如下的特点。

1. 制冷量与热负荷自动匹配

如图 7.5.1 所示，常规空调的制冷能力随着室外温度的上升而下降，而房间热负荷随室外温度上升而上升，这样，在室外温度较高，本需要空调向房间输出更大冷量时，常规空调往往制冷量不足，影响舒适性；而在室外温度较低时，本需要空调向房间输出较小冷量，常规空调往往制冷量过盛，白白浪费电力。而变频空调通过压缩机转速的变化，可以实现制冷量随室外温度的上升而上升，下降而下降，这样就实现了制冷量与房间热负荷的自动匹配，改善了舒适性，也节省了电力。

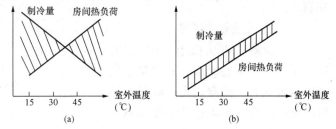

图 7.5.1 制冷量与房间热负荷随室外温度变化
(a) 常规空调；(b) 变频空调

变频空调制冷量与房间热负荷自动匹配的原理如下：

定工况下，制冷量与制冷剂质量流量成正比，即

$$Q = q \cdot m \tag{7.5.1}$$

式中 Q——制冷量；

q——制冷剂单位质量制冷量；

m——制冷剂质量流量。

一定工况下，制冷剂质量流量与压缩机转速 n 成正比例函数关系，即

$$m = f(n) \tag{7.5.2}$$

综合式（7.5.1）和式（7.5.2），就可以通过调节压缩机转速实现空调制冷量的调节，这正是变频空调变频能量调节的原理。

2. 温度调节时波动小

以制冷状态为例，图 7.5.2 表示空调的温度调节方法，其中 T 为室内温度，T_S 为设定

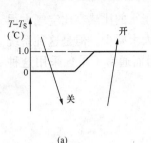 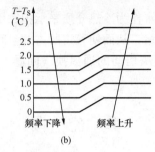

图 7.5.2　制冷时温度调节
(a) 常规空调；(b) 变频空调

温度。常规空调在达到设定温度时压缩机停，室内温度高于设定温度 1℃，压缩机重新开启。变频空调，室温每降低 0.5℃，运转频率就降低一挡，相反，室温每升高 0.5℃，运转频率就升高一挡，即室温越高，运转频率越大，以便空调快速制冷。室温越接近设定温度，运转频率就越小，提供的制冷量也越小，以维持室温在设定温度附近，温度波动小。

3. 起动、运转性能好

图 7.5.3 为空调起动过程的转速曲线。常规空调以定频起动、定速运转。变频空调低频起动、变频运转。

4. 节能

常规空调开/关方法控制，压缩机开关频繁，耗电多。变频空调自动以低频维持室温基本恒定，避免压缩机频繁开启，比常规空调省电 30% 左右。

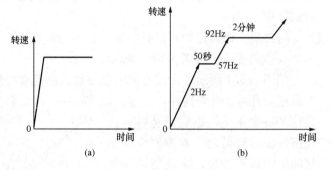

图 7.5.3　空调起动过程
(a) 常规空调；(b) 变频空调

5. 低电压运转性能好

常规空调在电压低于 180V 左右时，压缩机就不能起动，而变频空调在电压很低时，降频起动，降低起动时的负荷，最低起动电压可达 150V。

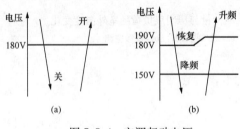

图 7.5.4　空调起动电压
(a) 常规空调；(b) 变频空调

6. 热冷比高

常规空调制冷、制热压缩机转速一样，只能通过系统匹配提高热冷比，局限性很大。

变频空调制热时压缩机转速比制冷时高许多，所以热冷比可高达 140% 以上。（制热时最高运转频率往往要比制冷最高运转频率高 20Hz 左右）

7. 低温制热效果好

常规空调压缩机转速恒定，0℃以下压缩机功率很低，实际上没有什么制热效果。

变频空调低温下以高频运转，制热量是常规空调的 3~4 倍。

8. 满负荷运转

常规空调压缩机只有一种转速，不可能实现满负荷时的强劲运转。

变频空调在人多时、刚开机时或室内外温差较大时，可实现高频强劲运转。

9. 保护功能全面

常规空调每次发生电流等保护均需停压缩机。

变频空调每当发生保护时均以适当的降频运转予以缓冲，可实现不停机保护，不影响用户的使用。

上述特点见表7.5.1。

表7.5.1 　　　　　　　　　　　　**变频空调与常规空调的比较**

序号	项　　目	常　规　空　调	变　频　空　调
1	适应负荷的能力	不能自动适应负荷变化	自动适应负荷的变化
2	温控精度	开/关控制，温度波动范围达2℃	降频控制，温度波动范围1℃
3	启动性能	起动电流大于额定电流	软起动，起动电流很小
4	节能性	开/关控制，不省电	自动以低频维持，省电30%
5	低电压运转性能	180V以下很难运转	低至150V也可正常运转
6	制冷、制热速度	慢	快
7	热冷比	小于120%	大于140%
8	低温制热效果	0℃以下效果差	-10℃时效果仍好
9	化霜性能	差	准确快速，只需常规空调1/2的时间
10	除湿性能	定时开/关控制，除湿时有冷感	低频运转，只除湿不降温，健康除湿
11	满负荷运转	无此功能	自动以高频强劲运转
12	保护功能	简单	全面
13	自动控制性能	简单	真正模糊化、神经网络化

7.6　空调的节电技术与管理

7.6.1　空调工程中的热泵技术

国家经贸委、国家计委联合制定的《节约用电管理办法》中，第十七条是鼓励的11种节约用电措施，其中的第（九）种为：推广热泵技术。

一、热泵的工作原理

热泵是将低位热能转化为高位热能的设备。根据热力学第二定律，要完成低位热能向高位热能的转化，必须有外界能量的输入。图7.6.1为热泵系统的能量转换关系图，在外界输入能量 E 的作用下，热泵从低温热源吸入低位热能 Q_L，并向高温热源输送高位热能 Q_H，由此可见热泵的工作原理与制冷机相同。

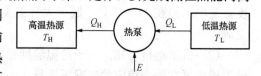

图7.6.1　热泵系统的能量转换关系图

二、各种热泵

根据热泵吸取热量的低位热源种类的不同，热泵可分为：空气源热泵、水源热泵、土壤源热泵、太阳能热泵。

1. 空气源热泵

空气源热泵的低位热源为空气，热泵从空气中吸取热量 Q_L。空气源热泵有气-气式热泵、气-水式热泵两种形式。气-气式热泵的供热介质为空气，如热泵式房间空调器。气-水式热泵的供热介质为水，如风冷热泵冷热水机组。

空气源热泵有下述优点：

（1）从大气中获取热量比较方便，换热设备也比较简单。

（2）空气源热泵设备夏季制冷，冬季制热，一机两用，设备的利用率高。

（3）夏季制冷时，不需要冷却水系统，省去了冷却塔，机组安装简单，可置于屋顶或建筑物周边空地。

近十年来，空气源热泵在房间空调器、小型户用空调及中大型建筑物上都得到较快的推广应用。但空气源热泵存在以下缺陷：

（1）空气热容量小，为了从空气中获取所需的热量，换热器的体积大，风机的风量也大。

（2）空气温度变化大，当空气温度较低，热泵的供热性能下降时，建筑物的供热需要反而较大。

（3）当空气侧换热器表面温度低于空气露点温度且低于 0℃时，换热器表面会结霜。结霜将严重影响换热器的正常工作，而除霜过程对机组的正常供热产生负面影响，并对压缩机及四通阀的稳定运行也有不良影响。

2. 水源热泵

水源热泵的低位热源为水，热泵从水中吸取热量 Q_L。根据水源的不同，分为地表水、地下水、生活与工业废水等。供热的介质为空气或水。

空气源热泵的性能受到大气条件的影响，在气温低、湿度大的环境下，空气源热泵的性能有较大的衰减，而从水中吸取低位热能，可以回避从空气中吸取低位热能的一些不利因素。向水源热泵提供低位热能的水源有地表水、地下水及建筑物和工业废水等。利用地表水与地下水热量的水源热泵，可分为开式系统和闭式系统。在水质清洁的场合可使用开式系统，将水直接进入热泵机组的蒸发器；当水源水质较差时，可使用换热器，将水源的水与蒸发器循环水分开，或将蒸发器水环路的另一个制成盘管式换热器，置于水中。水源热泵的载热介质可以用水，也可以用空气。利用建筑物内部水源的热泵机组又称为水环热泵。水源热泵空调的特点如下：

（1）机组效率高。由于水源温度稳定，一般来讲，冬季水温在 10～22℃，高于大气温度；夏季水温在 18～35℃，低于大气温度。因此，机组运行工况好，效率高于空气源热泵空调。

（2）机组运行可靠。由于冷源温度稳定，也不存在空气源热泵制热运行的除霜问题，因此，机组可在一个稳定的工况下运行。

（3）水源热泵空调冬季制热、夏季制冷，也可供生活用水，一机多用，设备利用率高。

（4）水源热泵空调系统设计简单，自控精度高，运行寿命在 15 年以上。

由于水源热泵的独特优势，水源热泵近二十年来在北美、中欧、北欧得到了较快的应用和发展。我国自 20 世纪末开始，重视水源热泵的发展。目前，在工程应用及水源热泵机组的生产制造都得到了快速发展。随着节能与环保意识的不断增强，以及水源热泵工程应用和设备制造经验的不断积累，水源热泵在我国的应用将进一步得到推广。

3. 土壤源热泵

土壤源热泵的低位热源为土壤，热泵通过地埋管从土壤中吸取热量 Q_L，供热介质为空气或水。

土壤是一个大蓄热体，在地下的一定深度下，土壤的温度变化很小，夏季低于大气温度，冬季高于大气温度。土壤源热泵一般不将制冷系统的冷凝器（蒸发器）直接埋入地下，而是通过地下换热器与大地进行热交换，通过水循环实现地下能量与制冷剂系统的能量交换。土壤源热泵机组有水-水式热泵机组、水-气式热泵机组，前者一般为较大的空调系统。

4. 太阳能热泵

太阳能热泵以低温的太阳能作为低位热源，热泵从中吸取热量 Q_L，以空气或水作为供热介质。

另外，根据热泵中外界输入能量 E 的形式不同，热泵可分为：

（1）电驱动热泵。电驱动热泵是以电能驱动压缩机工作的蒸气压缩或气体压缩式热泵。气体压缩式热泵的工作介质在循环过程中无相变。

（2）燃料发动机驱动热泵。燃料发动机驱动热泵是以燃料发动机，如柴（汽）油机、燃气发动机及蒸气透平驱动压缩机工作的机械压缩式热泵。

（3）热能驱动热泵。热能驱动热泵有第一类和第二类吸收式热泵，以及蒸气喷射式热泵。

根据热泵的供热温度，热泵可分为：

（1）低温热泵　供热温度低于 100℃；

（2）中温热泵　供热温度高于 100℃，低于 150℃；

（3）高温热泵　供热温度高于 150℃。

根据热泵的供热对象与用途，热泵可分为：

（1）作为建筑物空调系统的供热热源及建筑物的热水供应；

（2）工业用热泵，如用于干燥、工艺过程浓缩、蒸馏等方面。

20 世纪 90 年代以来，我国热泵型房间空调器的产品逐年增长，目前达到年产量近 2000 万台/年。中大型风冷热泵冷热水机组作为中央空调的冷热源，被广泛应用于长江流域。近几年被迅速推广的户用空调的主机，也大多采用气-气式或气-水式热泵。

7.6.2　蓄冷空调

国家经贸委、国家计委联合制定的《节约用电管理办法》中，第十七条是鼓励的 11 种节约用电措施，其中的第（十一）种为：推广应用蓄冷、蓄热技术（调峰，不节电）。

随着我国经济的高速发展和城市商业水平的不断提高，城市建筑中央空调系统及家用空调的应用越来越普及，人们已逐渐认识到蓄冷空调技术具有很大的移峰填谷潜力。在建筑物空调系统中，应用蓄冷技术已成为我国今后进行电力负荷需求侧管理、改善电力供需矛盾最主要的技术措施之一。

一、蓄冷空调概述

1. 蓄冷技术

蓄冷技术是一门关于低于环境温度热量的储存和应用技术，是制冷技术的补充和调节。低于环境温度的热量通常称作冷量。

蓄冷技术的内容包括，根据用户对冷量的具体需求选择或配制合适的蓄冷材料，合理设计蓄冷装置，有效地实行冷量的储存和释放。一般层次的蓄冷技术是指它的应用技术，它是在已选定蓄冷材料的基础上，根据应用场合的不同，进行蓄冷量的匹配设计和蓄冷、释冷速率的计算。较深层次的蓄冷技术包括蓄冷材料的探索、设计，蓄冷材料热物性测试，蓄冷、释冷过程传热特性的计算与实验。

蓄冷方法有显热蓄冷和相变潜热蓄冷两大类，在蓄冷空调中的水蓄冷空调是显热蓄冷，冰蓄冷空调和优态盐水合物（PCM）蓄冷空调是相变潜热蓄冷。

2. 蓄冷空调应用背景

近几年，我国电力发展很快，普遍缺电状况已得到根本改善，但随着电力消费量的增加，电网负荷在白天与深夜有很大峰谷差的矛盾愈加突出。平衡电网负荷，可以采取调节电厂发电能力或调节用户负荷的两种方法解决。调节电厂发电能力的方法，除水电外，对火力发电机组的发电功率的调节是困难和不经济的，核电要求供电平稳；若采用建抽水蓄能电站方法，其一次性投资很大，由于水泵、电机的效率影响，储能的回收率也只 60% 多，蓄能成本很高。例如，十三陵抽水蓄能电站，安装 4 台 20 万千瓦机组，投资达 27 亿元，据测算，用它填补高峰负荷时其发电成本每 kW·h 高达 1.3 元，为常规高峰电价的 2.5 倍；另外最大的问题是电网容量有限，即使电厂可以增加峰电供应，也因供电网能力的限制，对用户而言，仍然会产生高峰缺电状况。因此，调节用户负荷是一种更有效的方法。空调占民用电中很大的份额，用电负荷十分集中，采用蓄冷空调技术，在夜间用多余的电制冷蓄冷，在白天用储存的冷量补充空调用冷需求是平衡电网峰谷负荷的有效方法，它有广阔的市场前景和显著的经济效益。

蓄冷空调技术的社会效益和经济效益，不仅表现在电网的峰谷平衡上，还可节省制冷主机容量、节省电力增容设备费，在夜间享受优惠电价，为用户带来效益。所以各工业发达国家均在大力开发和推广这项技术，至 1998 年日本已有蓄冷空调系统 5566 个，其中水蓄冷系统 2249 个，冰蓄冷系统 3317 个。近年来，我国也十分重视蓄冷空调技术的应用和推广，国家计委、经委和电力部门联合提出，我国要转移部分高峰负荷到低谷使用，其中 30% 左右要依靠蓄冷空调解决。

3. 蓄冷空调系统的特点

蓄冷空调系统的特点如下：

（1）蓄冷系统可以转移用电负荷。制冷机在夜间用电低谷时间运行，蓄存冷量；白天用电高峰时间，用蓄存的冷量来供应全部或部分空调负荷，少开或不开制冷机。这样就转移了制冷机用电时间，起到了转移电力高峰的作用。

（2）蓄冷系统的使用可以降低配电容量和制冷设备的容量。由于采用了蓄冷设备，制冷设备的容量小于常规空调系统，相关设备如冷却塔、水泵等容量将减少，相应的输配电设备如变压器、总开关、输电线等配置也会减少。

（3）蓄冷空调系统的初投资和常规空调系统相差不多。蓄冷空调系统装配蓄冷设备，会增加一部分投资，但由于电力和制冷设备装置容量比常规系统小，另外蓄冷系统可以采用低温送风，也降低了空调系统的造价。综合来看，蓄冷空调系统较之常规空调系统初投资相当或增加不多。

（4）蓄冷技术的使用降低了空调系统的运行费用。对于采用峰谷电差价的地区，空调用电主要在低谷，因此使用低谷电越多，运行费用越节省。

（5）延长了空调系统的使用寿命。采用蓄冷技术后，制冷设备大多满负荷运行，制冷机的开启次数减少，运行状态稳定，减少了故障机会，延长了使用寿命。蓄冷设备本身无运动部件，寿命比其他空调部件长。因而整个空调系统的寿命延长了。

（6）提高了空调系统的可靠性。蓄冷设备可以作为紧急冷源供应，提高了空调系统供冷的可靠性。蓄冷系统由于有一定的冷量储备，若遇突然停电或高峰期间拉闸限电的情况，可用自备的小型发电机起动水泵、风机，供手术室、实验室等场所应急之用，也可部分或全部满足建筑物的负荷要求，降低了空调系统对外接电源的依赖性，增加了空调系统的可靠性。

（7）有些蓄冷设备在冬天可以蓄热。如水蓄冷系统，其蓄存容量较大，热水蓄存温差要大于冷水蓄存温差，其蓄热量大于蓄冷量。

（8）相对消耗能源多。蓄冷系统通过"移峰填谷"从总体上提高了发电能源的利用率及发电、输电设备的使用效率。但就每一个蓄冷系统来讲，它比常规空调系统要多消耗能源，因为蓄冷时，制冷机的蒸发温度较低，制冷机的性能系数值较小，蓄存相同的冷量必然要多消耗能源；另外蓄冷系统也存在蓄冷设备的散热损失及二次换热损失。因此蓄冷空调系统与常规空调系统相比不是节能，而是消耗更多的能源。

（9）增加了复杂性和难度。由于蓄冷系统增加了蓄冷设备及相应的管路系统，增加了系统的复杂性，给设计、施工及运行管理带来一定难度。

蓄冷技术是一种有效的电力调峰手段，已经引起了人们的高度重视，许多国家和研究机构都在积极进行研究开发。

4. 蓄冷技术的应用前景

蓄冷空调技术应用领域十分广泛，应用前景也十分光明，其主要应用领域与应用前景表现如下：

（1）商业建筑、宾馆、饭店、银行、办公大楼的中央集中式空调系统。在这些建筑物中，夏季空调负荷相当大，冷负荷持续在工作时间内，且随着白天气温的变化而变化。冷负荷高峰期基本上是在午后，这和供电高峰相同。

（2）家用空调。家用空调用电特点是用电集中、数量大、持续时间长，常常是持续至深夜。家用空调蓄冷可以利用白天上班时间不需要开家用空调的时候进行，也可以在后半夜低谷时进行蓄冷，视具体情况而定。若能在家用空调上普及推广蓄冷技术，将大大削减供电高峰负荷。日本现在已开发出带蓄冷的小型空调机组，用在一些民用和商用建筑上。

（3）体育馆、影剧院。这些场所冷负荷量大，持续时间短，且无规律性，适宜于采用蓄冷空调系统。

二、蓄冷空调的基本原理

蓄冷空调的原理就是根据水、冰及其他物质的蓄热特性，尽量地利用非峰值电力，使制冷机在满负荷条件下运行，将空调所需的制冷量，以显热或潜热的形式部分或全部地蓄存于水、冰或其他物质中，一旦出现空调负荷，使用这些蓄冷物质蓄存的冷量满足空调系统的需要。

常规空调系统的原理图和负荷图如图 7.6.2 所示。

如图 7.6.2（a）所示的常规空调系统，是由制冷循环和供冷循环两个子系统组成，制冷循环子系统包括压缩机、冷凝器、节流阀和蒸发器等，制冷循环回路内流动的是制冷工

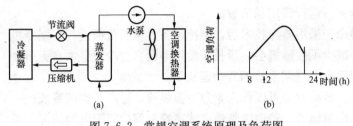

图 7.6.2　常规空调系统原理及负荷图
(a) 原理图；(b) 负荷图

质；供冷循环系统包括蒸发器、循环水泵和空调换热器，即通常所称的空调盘管风机等，供冷管网内载冷剂是被冷却过的水。空调标准规定流出蒸发器的供空调用的冷水温度为 5～7℃，流回蒸发器的空调回水温度为 12～13℃。图 7.6.2（b）所示的是一日内空调负荷变动示意图，由于建筑围护结构的传热情况、环境气温、内部人员和发热器件的不同，使得不同场合、不同季节、不同时间的空调负荷是不同的。如果不用蓄冷空调，为保证用户需求，较安全的设计是，制冷用主机的选择一般要能满足最大空调负荷需求，并还要留有一定备用量，以备用户发展的需求以及制冷机组制冷能力下降时能保证正常的供冷。因此，在大多数情况下，制冷机不在满负荷下工作，工作效率不高，或有设备闲置。另外，在空调负荷高峰期正是用电高峰期，电价也贵。鉴于常规空调对变动空调负荷的不协调、不经济，科研工作者和空调工程师提出和设计了种种蓄冷空调方案，有效地弥补了常规空调系统的不足。

　　图 7.6.3 所示是蓄冷空调系统基本原理示意图，它在常规空调系统的供冷循环系统中增添了一个既是与蒸发器并联也是与空调换热器并联的蓄冷槽，并增添一个水泵 2 和两个阀门。这样，原供冷循环回路就可以出现以下几种新的循环方式。

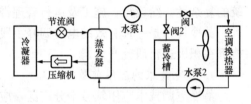

图 7.6.3　蓄冷空调系统基本原理示意图

　　（1）常规空调供冷循环，此时蓄冷槽不工作，阀 1 开、阀 2 关，水泵 1、2 开；制冷机直接供冷。

　　（2）蓄冷循环，此时空调换热器不工作，阀 1 关、阀 2 开，水泵 1 开，水泵 2 关；制冷机向蓄冷槽充冷。

　　（3）联合供冷循环，此时蒸发器和蓄冷槽联合向空调换热器供冷，阀 1、阀 2 开，水泵 1、水泵 2 开；此循环也称部分蓄冷空调循环，因为执行此循环时，蓄冷只是补充制冷机供冷不足部分的空调负荷。这种供冷方式是蓄冷空调遇到的大部分情况。

　　（4）单蓄冷供冷循环，此时制冷机停止运行，水泵 1 停，阀 1、阀 2 开，水泵 2 开，空调负荷全部由蓄冷槽的冷量来提供。此循环也称全量蓄冷空调循环。

　　全量蓄冷空调与部分蓄冷空调在系统的设计和设备选型上是有区别的。因此，蓄冷空调的设计首先面临的是要确定采用全量蓄冷空调或是部分蓄冷空调。

　　三、蓄冷系统的分类

　　蓄冷系统的种类较多，蓄冷方法各异，蓄冷介质和蓄冷设备也不相同。按蓄冷介质的不同，大致可分为冰蓄冷系统、水蓄冷系统及共晶盐蓄冷系统。顾名思义，冰蓄冷系统的蓄冷介质以冰为主，水蓄冷系统以水作为蓄冷介质，而共晶盐蓄冷系统，主要利用共晶盐的相变潜热进行蓄冷。就冰蓄冷系统而言，它又有不同的制冰方式。不同的制冰方式构成不同的冰蓄冷系统。

　　在空调工程中，主要有七种实用的蓄冷系统：①冷媒盘管式蓄冷系统；②完全冻结式蓄冷系统；③冰球式蓄冷系统；④制冰滑落式蓄冷系统；⑤冰晶式蓄冷系统；⑥水蓄冷系统；⑦共晶盐蓄冷系统。

四、与冰蓄冷相结合的低温送风空调系统

建立与冰蓄冷相结合的低温送风空调系统，是蓄冷技术在建筑空调中应用的一种趋势。

从集中空气处理机组送出温度较低的一次风，经末端送风装置送入空调房间，即构成了低温送风系统。低温送风系统一次风的送风温度一般在 3~11℃ 之间。

与常规空调系统相比，低温送风系统降低了送风温度，减少了一次风风量，因此也减少了一次风处理设备、送风机及相应的送风管道，使得送风系统的初投资降低。

与冰蓄冷相结合的低温送风空调系统，能够充分利用冰蓄冷系统所产生的低温冷冻水，一定程度上弥补了因设置蓄冷系统而增加的初投资，进而提高了蓄冷空调系统的整体竞争力。

电力上的"移峰填谷"是采用蓄冷系统的主要目的。采用低温送风系统，可以进一步减少蓄冷空调系统的峰值电力需求。空调系统的风机大多在电力峰值时间运行，低温送风系统减少了送风量，因此也相应地减少了峰值功率需求。

7.6.3　空调设备的节电

随着我国经济的快速发展和人民生活水平的提高，办公工作环境和居家环境的改善，城市建筑采暖和制冷用能迅速上升。统计显示，空调能耗已占全国耗电量的 15% 左右，2003 年夏季电力空调用电负荷占最高用电负荷的比例超过 45%，冬季电力空调用电负荷占最高用电负荷的比例超过 40%，引起电力负荷与季节性峰谷差不断增大，严重影响了电力供给的安全和电力工业的健康发展。我国是一个能源供应较为紧张的国家，建设节约型社会是我们的基本国策，空调设备应加强节约用电。

空调设备的节电措施，一是减轻房间的空调负荷，二是根据负荷选用省电的空调器和空调系统，或者对已有设备进行改造，三是加强管理。

一、减轻房间的空调负荷

房间的空调负荷，是指为保持所要求的室内温度，必须由空调系统从房间带走（夏季）或向房间提供（冬季）的热量。

空调负荷与下列因素有关：

（1）由墙壁热传导的负荷（与内外温差成正比）；

（2）由窗玻璃对流、热传导的负荷（与内外温差成正比）；

（3）缝隙风负荷（与内外温差成正比）；

（4）新风负荷（与内外温差成正比）；

（5）人体发热量；

（6）窗户的遮阳系数；

（7）室内器具的发热；

室内器具的发热包括照明器、电动机、发热量大的主回路设备（变压器、电容器、断路器、电抗器、电磁接触器、电阻器等）。

（8）其他。在饮食店、餐厅等处，由厨房炊具发出的热量非常多，所用的蒸气器具、煤气器具和电气器具均有热量发出。但在一般工厂，这种热量比较少。

减轻空调负荷就意味着要减小室内外温差。减轻房间空调负荷有下述措施：

（1）保持合适的室内温度。除生产和科研活动对室内气候条件有特殊要求外，《空调通风系统运行管理规范》对空调、采暖房间的运行温度提出了详细的建议，夏天，一般房间不得低于 25℃，大堂、过厅与室外的温差应控制在 10℃ 以内。冬天，一般房间不得高于 20℃，而大堂、过厅不得高于 18℃。

（2）在窗户上挂遮帘。

（3）减小照明功率。具体措施有增大灯具的间隔、随手关灯等。另外，从建筑物结构方面考虑，使照明器的发热量从天花板散出，也是很有效的办法。

（4）减少由电动机产生的热负荷，把电动机及机械设备、发热量大的主回路设备（变压器、电容器、断路器、电抗器、电磁接触器、电阻器等）搬到空调室外。

二、根据负荷选用省电的空调器和空调系统

不同型号和不同厂家的空调设备，尽管都能满足同一机能，但效率略有不同。对于电耗大的送风机、泵、冷冻机等，必须从转换效率方面进行选用。

三、加强管理

1. 精心维护管理，使其经常处于最佳状态

设备都有一定的使用寿命，因而设备性能必然要逐年下降。但是，下降的程度随维护管理水平不同而不同；通风道堵塞、混入异物和漏风，管道的水垢、淤泥和漏水，阀开得过小等，都会造成输送同样风量、水量的电动机负荷增加。过滤器孔的堵塞也会导致制冷量的减少。这就是说，需要对液体和气体的通道、机械活动部分等进行定期检修和清洁，并补充油和润滑脂等。

2. 控制

（1）装置的运转与停止。要对过冷过热情况下的继续运转和预热预冷运转等情况加以分析，尽可能增加停止运转的时间。

（2）风量的控制。在送风机运转时，用手动来控制调节风门，这种风量控制方法是极差的。因为送风机的轴功率与风量的大小成正比，所以根据热负荷来控制风量的话，就能大大地节约电能。

（3）流量的控制。冷却水、热水、冷水的需要量随热负荷和给水、排水的温差不同而不同。因此，应根据上述条件来控制流量。泵的动力与流量的大小成正比，所以控制流量能大幅度地节约电能。

（4）温、湿度的控制。应根据室内的温度决定空调器是运转、停止还是进行风量调节。恒温控制可以防止因过冷、过热而引起的浪费。湿度与温度有函数关系，相对湿度下降5％，相当于温度下降1℃。

3. 整体

作为其他节能措施还有：

（1）重新评价空调范围。根据各室过冷、过热不平衡情况的分析来制定空调范围，降低走廊等处的空调水平。

（2）防止空转。

（3）采用室外空气。在室外温度比室内低时，全部采用室外空气来运转可以减轻空调负荷。

（4）不要同时进行加热和冷却。

（5）控制热源装置的运转台数。

（6）在更新或新装空调设备时，要对初期投资和运行费用进行比较，采用有利于节能和降低总费用的方案。

为了节能和降低空调用电峰值，蓄冷技术受到普遍的关注，且已有良好的发展趋势；空调工程中愈来愈多地采用非电制冷方法，其中主要是吸收式制冷，目前在空调冷源中它已处于与压缩式制冷并列的地位。

复 习 思 考 题

7.0.1　什么是制冷？

7.0.2　制冷技术主要应用在哪些方面？

7.0.3　人工制冷的方法主要有哪些？其中哪一种的应用最为普遍？

7.0.4　相变制冷装置有哪四种形式？其中哪种形式应用最为普遍？

7.1.1　在蒸气压缩式制冷中是依靠什么方法将物质或空间的温度降低的？

7.1.2　为什么制冷工质能在低温下气化，在常温下液化？

7.1.3　单级蒸气压缩式制冷装置主要由哪四大基本部件组成？

7.1.4　简述单级蒸气压缩式制冷装置的工作过程。

7.1.5　单级蒸气压缩式制冷循环能获得的最低温度约为多少？为什么需要获得更低的温度时要采用两级压缩制冷循环？

7.1.6　两级压缩制冷循环有哪几种不同的循环形式？

7.1.7　一级节流中间完全冷却的两级压缩制冷循环被哪种制冷系统所采用？

7.1.8　一级节流中间不完全冷却的两级压缩制冷循环被哪种制冷系统所采用？

7.1.9　两级压缩制冷系统中使用几种制冷剂？复叠式蒸气压缩制冷循环（串级制冷循环）使用几种制冷剂？

7.1.10　目前多级制冷循环通常用来制取什么温度范围的低温？如需要$-70℃\sim-120℃$之间的低温应采用何种制冷系统？

7.1.11　两级复叠式制冷循环可以制取的低温范围是多少？三级复叠式制冷循环可以制取的低温范围是多少？使用的制冷剂有哪些？

7.2.1　什么是制冷剂（制冷工质）？目前常用的制冷剂按其化学组成主要有哪几种？

7.2.2　氟里昂制冷剂大致分为哪 3 类？每一类对臭氧层的破坏作用如何？

7.2.3　《蒙特利尔议定书》的《北京修正案》对 CFC 的生产和消费是如何规定的？

7.2.4　氟里昂制品中破坏臭氧层的是氯原子还是氟原子？

7.2.5　目前在一类氟利昂 CFC 替代品上逐渐形成哪两大类产品？

7.2.6　什么是载冷剂？常用的载冷剂有哪些？

7.3.1　制冷压缩机根据其工作原理可分为哪两大类？

7.3.2　拖动制冷压缩机的电动机中哪一类电动机使用得最为广泛？

7.3.3　冷凝器按冷却介质和冷却方式不同可以分为哪三种类型？

7.3.4　家用冰箱、冷柜、家用空调、车载空调、冷藏车和一些移动式制冷设备分别使用哪种冷凝器？

7.3.5　蒸发器的结构按被冷却介质不同可以分为哪两大类？卧式管壳式蒸发器用来冷却何种介质？冰箱使用何种蒸发器？

7.3.6　冷却塔是如何工作的？

7.3.7　冷却塔按照冷却塔内空气的通风方式可以分为哪两种？发电厂、制冷装置、空调系统中分别使用哪种冷却塔？

7.3.8　节流装置的作用是什么？

7.3.9　制冷机的节流装置按其在使用中的调节方式不同可以分为哪四类？每一类分别用于什么制冷装置中？冰箱、空调器等小型制冷机构使用哪种节流装置？氟利昂制冷装置一般使用哪种节流装置？

7.4.1　空调系统根据其冷却的方式及冷却的途径不同有哪两种冷却空气的基本方式？

7.4.2　空气调节所用的设备包括哪些？

7.4.3　空气调节系统一般由哪几部分组成？

7.4.4　空气调节系统按其组成和特性及冷媒介质种类不同分为哪几类？窗式空调器、分体式空调器、立柜式空调器等属于其中的哪一类？

7.4.5　集中式空调系统、半集中式空调系统、分散式空调系统之间的区别是什么？

7.4.6　全空气式空调系统、空气-水式空调系统、全水式空调系统之间的区别是什么？

7.4.7　集中式空调系统利用什么物质作为负担室内负荷的介质？集中式空调系统都用于什么场合？

7.4.8　集中式空调系统一般由哪三部分组成？

7.4.9　风机盘管加新风空调系统利用什么物质作为负担室内负荷的介质？

7.4.10　什么是直接冷剂系统？直接冷剂系统有哪些类型的产品？它和其他系统的主要区别是什么？

7.5.1　与常规空调相比较，变频空调有哪些特点？

7.5.2　为什么变频空调的制冷量能与热负荷自动匹配？

7.5.3　为什么变频空调通过调节压缩机转速即可实现空调制冷量的调节？

7.5.4　为什么变频空调温度调节时的波动小？

7.5.5　为什么变频空调节能？

7.5.6　常规空调的最低起动电压是多少？变频空调的最低起动电压是多少？

7.6.1　简述热泵的工作原理。

7.6.2　根据热泵吸取热量的低位热源种类的不同热泵可分为哪几种？根据热泵中外界输入能量 E 的形式不同热泵可分为哪几种？根据热泵的供热温度热泵可分为哪几种？根据热泵的供热对象与用途热泵可分为哪几种？

7.6.3　空气源热泵的特点是什么？

7.6.4　水源热泵空调的特点是什么？

7.6.5　土壤低位热源有何特点？

7.6.6　蓄冷方法有哪两大类？在蓄冷空调中的水蓄冷空调使用哪一类蓄冷方法？冰蓄冷空调和优态盐水合物蓄冷空调使用哪一类蓄冷方法？

7.6.7　蓄冷空调的应用背景是什么？

7.6.8　蓄冷空调技术的社会效益和经济效益表现在哪里？

7.6.9　蓄冷空调系统的特点有哪些？

7.6.10　蓄冷技术的应用前景如何？

7.6.11　简述蓄冷空调的基本原理。

7.6.12　蓄冷空调系统冷循环回路有哪几种新的循环方式？

7.6.13　按蓄冷介质的不同蓄冷系统分为哪几种？各种蓄冷系统分别以什么物质作为蓄冷介质？

7.6.14　空调设备的节电措施有哪些？

附　　录

节约用电管理办法

国家经济贸易委员会
国家发展计划委员会

第一章　总　　则

第一条　为了加强节能管理，提高能效，促进电能的合理利用，改善能源结构，保障经济持续发展，根据《中华人民共和国节约能源法》、《中华人民共和国电力法》，制定本办法。

第二条　本办法所称电力，是指国家和地方电网以及企业自备电厂等所提供的各类电能。

第三条　本办法所称节约用电，是指加强用电管理，采取技术上可行、经济上合理的节电措施，减少电能的直接和间接损耗，提高能源效率和保护环境。

第四条　国家经济贸易委员会、国家发展计划委员会按照职责分工主管全国的节约用电工作，负责制定节约用电政策、规划，发布节约用电信息，定期公布淘汰低效高耗电的生产工艺、技术和设备目录，监督、指导全国的节约用电工作。

地方各级人民政府节约用电主管部门和行业节约用电管理部门负责制定本地区和本行业的节约用电规划，实行高耗电产品电耗限额管理和电力需求侧管理，监督、指导各自职责范围内的节约用电工作。

第五条　国家经济贸易委员会、国家发展计划委员会和地方各级人民政府节约用电主管部门鼓励、支持节约用电科学技术的研究和推广，加强节约用电宣传和教育，普及节约用电科学知识，提高全民的节约用电意识。

第六条　任何单位和个人都应当履行节约用电义务。国家经济贸易委员会、地方各级人民政府节约用电主管部门和行业节约用电管理部门依法建立节约用电奖惩制度。

第二章　节　约　用　电　管　理

第七条　根据《中华人民共和国节约能源法》第十五条、第十六条之规定，国家经济贸易委员会、国家发展计划委员会和地方各级人民政府节约用电主管部门，应当会同有关部门，加强对高耗电行业的监督和指导，督促其采取有效的节约用电措施，推进节约用电技术进步，降低单位产品的电力消耗。

第八条　国家经济贸易委员会对高耗电的主要产品实行单位产品电耗最高限额管理，定期公布主要高耗电产品的国内先进电耗指标。

地方各级人民政府节约用电主管部门和行业节约用电管理部门可根据本地区和本行业实际情况制定不高于国家公布的单位产品电耗最高限额指标。

第九条　用电负荷在 500 千瓦及以上或年用电量在 300 万千瓦时及以上的用户应当按照

《企业设备电能平衡通则》（GB/T3484）规定，委托具有检验测试技术条件的单位每二至四年进行一次电平衡测试，并据此制定切实可行的节约用电措施。

第十条 用电负荷在 1000 千瓦及以上的用户，应当遵守《评价企业合理用电技术导则》（GB/T3485）和《产品电耗定额和管理导则》（GB/T5623）的规定。不符合节约用电标准、规程的，应当及时改正。

第十一条 电力用户应当根据本办法的有关条款，积极采取经济合理、技术可行、环境允许的节约用电措施，制定节约用电规划和降耗目标，做好节约用电工作。

第十二条 固定资产投资项目的可行性研究报告中应当包括用电设施的节约用电评价等合理用能的专题论证。其中，高耗电的工程项目，应当经有资格的咨询机构评估。

高耗电的指标由省级及省级以上人民政府节约用电主管部门制定。

第十三条 禁止生产、销售国家明令淘汰的低效高耗电的设备、产品。国家明令淘汰的低效高耗电的工艺、技术和设备，禁止在新建或改建工程项目中采用；正在使用的应限期停止使用，不得转移他人使用。

第十四条 用电产品说明书和产品标识上应当注明耗电指标。鼓励推广经过国家节能认证的节约用电产品，鼓励建立能源服务公司，促进高耗电工艺、技术和设备的淘汰和改造，传播节约用电信息。

第三章 电力需求侧管理

第十五条 电力需求侧管理，是指通过提高终端用电效率和优化用电方式，在完成同样用电功能的同时减少电量消耗和电力需求，达到节约能源和保护环境，实现低成本电力服务所进行的用电管理活动。

第十六条 各级经济贸易委员会要积极推动需求侧管理。对终端用户进行负荷管理，推行可中断负荷方式和直接负荷控制，以充分利用电力系统的低谷电能。

第十七条 鼓励下列节约用电措施：

（一）推广绿色照明技术、产品和节能型家用电器；

（二）降低发电厂用电和线损率，杜绝不明损耗；

（三）鼓励余热、余压和新能源发电，支持清洁、高效的热电联产、热电冷联产和综合利用电厂；

（四）推广用电设备经济运行方式；

（五）加快低效风机、水泵、电动机、变压器的更新改造，提高系统运行效率；

（六）推广高频可控硅调压装置、节能型变压器；

（七）推广交流电动机调速节电技术；

（八）推行热处理、电镀、铸锻、制氧等工艺的专业化生产；

（九）推广热泵、燃气—蒸气联合循环发电技术；

（十）推广远红外、微波加热技术；

（十一）推广应用蓄冷、蓄热技术。

第十八条 电力规划或综合资源规划中应当包括电力需求侧管理的内容。

第十九条 扩大两部制电价的使用范围，逐步提高基本电价，降低电度电价；加速推广峰谷分时电价和丰枯电价，逐步拉大峰谷、丰枯电价差距；研究制定并推行可停电负荷电价。

第二十条　对应用国家重点推广或经过国家节能认证的节约用电产品的电力用户，可向省级价格主管部门和电力行政管理部门申请减免新增电力容量供电工程贴费，价格主管部门在征求电力企业意见的基础上予以协调处理；对列入《国家高新技术产品目录》的节约用电技术和产品，享受国家规定的税收优惠政策。

第二十一条　电力企业应当加强电力需求侧管理的宣传和推动工作，其所发生的有关费用可在管理费用中据实列支。

第四章　节约用电技术进步

第二十二条　国家鼓励、支持先进节约用电技术的创新，公布先进节约用电技术的开发重点和方向，建立和完善节约用电技术服务体系，培育和规范节约用电技术市场。

第二十三条　国家组织实施重大节约用电科研项目、节约用电示范工程，组织提出节约用电产品的节能认证和推广目录。

国家制定优惠政策，支持节约用电示范工程和节约用电推广目录中的技术、产品，并鼓励引进国外先进的节约用电技术和产品。

第二十四条　地方财政安排的科学研究经费应当支持先进节约用电技术的研究和应用。

第五章　奖　　惩

第二十五条　国家经济贸易委员会、国家发展计划委员会和地方各级人民政府节约用电主管部门和行业节约用电管理部门对在节电降耗中成绩显著的集体和个人应当给予表彰和奖励。

第二十六条　企业应当制定奖惩办法，对在单位产品电力消率管理中取得成绩的集体和个人给予奖励，对单位产品电力消耗超过最高限额的集体和个人给予惩罚。

第二十七条　违反本办法第八条规定，单位产品电力消耗超过最高限额指标的，限期治理；末达到要求的或逾期不治理的，由县级以上人民政府节约用电主管部门提出处理建议，报请同级人民政府按照国务院规定的权限责令停业整顿或者关闭。

新建或改建超过单位产品电耗最高限额的产品生产能力的工程项目，由县级以上人民政府节约用电主管部门会同项目审批单位责令停止建设。

第二十八条　违反本办法第十三条规定，新建或改建工程项目采用国家明令淘汰的低效高耗电的工艺、技术和设备的，由县级以上人民政府节约用电主管部门会同项目审批单位责令停止建设，并依法追究项目责任人和设计负责人的责任。

违反本办法第十三条规定，生产、销售国家明令淘汰的低效高耗电的设备、产品的；或使用国家明令淘汰的低效高耗电的工艺、技术和设备的；或将国家明令淘汰的低效高耗电的设备、产品转让他人使用的，按照《中华人民共和国节约能源法》的有关规定予以处罚。

第六章　附　　则

第二十九条　本办法自发布之日起施行。

附件：九种高耗电产品最高限额和国内比较先进指标

（千瓦时/吨产品）

	2001 年	2005 年	
1. 电解铝交流单耗	限额	比较先进	限额
预焙槽	16000	15000	15500
自焙槽	16500	15500	16000
2. 硅铁工艺单耗（含硅 75%）	9000	8800	8800
3. 电石工艺单耗	3700	3400	3600
4. 烧碱交流单耗			
隔离法	2600	2500	2500
离子膜法	2400	2350	2350
5. 黄磷	17000	14000	16000
6. 合成氨工艺单耗			
中型厂			
煤为原料	1600	1400	1500
油为原料	1500	1100	1400
气为原料	1300	850	1200
小型厂	1600	1300	1500
7. 乙烯	2800	2600	2700
8. 水泥			
回转窑	125	110	120
机立窑	100	90	95
9. 电炉钢工艺单耗			
普通钢	650	500	600
特殊钢	700	600	650
铸造用电炉钢	750	500	700

主题词：经济管理　电力　节约　办法　通知

抄送：国务院办公厅

委内抄送：电力司、法规司

国家经贸委办公厅

二〇〇一年一月八日印发

参 考 文 献

1. 王兆安. 电力电子技术（第4版）. 北京：机械工业出版社，2005

2. 大功率变频器的拓扑结构及其谐波抑制技术.
   http：//www. bpqw. cn/news/hyyy/200512171134464168682. htm

3. 马志源. 电力拖动控制系统. 北京：科学出版社，2004

4. 许晓峰. 电机及拖动. 北京：高等教育出版社，2000

5. 许建国. 拖动与调速系统. 武汉：武汉测绘科技大学出版社，1998

6. 吴民强. 泵与风机节能技术. 北京：水利电力出版社，1994

7. 吴达人. 泵与风机. 西安：西安交通大学出版社，1989

8. 郭立君，何川. 泵与风机. 北京：中国电力出版社，2004

9. 周希章等. 节电技术与方法. 北京：机械工业出版社，2004

10. 孙成宝，金哲. 现代节电技术与节电工程. 北京：中国水利水电出版社，2004

11. 郭茂先. 工业电炉. 北京：冶金工业出版社，2002

12. 集成模块型高频感应加热设备. http：//www. cn-vsr. com/gp/cpjs. htm

13. 高频感应加热设备.
    http：//www. mainone. com/ProductFlat/searchDetailProduct. aspx？ productID＝600328673

14. 吴林. 焊接手册（第2版）第1卷 焊接方法及设备. 北京：机械工业出版社，2001

15. 现代焊接技术——吴林 2003年1月21日
    http：//weld. hit. edu. cn/news/2003/2003032203. htm

16. 《我国制造业焊接生产现状与发展战略研究》总结报告
    http：//www. china-weldnet. com/chinese/kuixun/kuaixun96. htm

17. 化学工业部人事教育司及教育培训中心. 电解及其设备. 北京：化学工业出版社，1997

18. 程秀云张振华. 电镀技术. 北京：化学工业出版社，2003

19. 铅酸蓄电池的常识. http：//www. e-bike. com. cn/wz/list. asp？ id＝54

20. 电解电化学用大功率整流器设备. http：//www. xtzlq. com/web/2. htm

21. 铅酸蓄电池的常识. http：//www. e-bike. com. cn/wz/list. asp？ id＝54

22. 周志敏. 阀控式密封铅酸蓄电池实用技术. 北京：中国电力出版社，2004

23. 俞丽华. 电气照明. 上海：同济大学出版社，2001

24. 谢秀颖. 电气照明技术. 北京：中国电力出版社，2005

25. 金苏敏. 制冷技术及其应用. 北京：机械工业出版社，2000

26. 俞炳丰. 制冷与空调应用新技术. 北京：化学工业出版社，2002

27. 刘卫华. 制冷空调新技术及进展. 北京：机械工业出版社，2005

28. 陈沛霖岳孝方. 空调与制冷技术手册. 上海：同济大学出版社，1999

29. 韩宝琦李树林. 制冷空调原理及应用. 北京：机械工业出版社，2002

30. 如何估算空调器的用电量？电热型为何费电？
    http：//www. i-power. com. cn/ipower/knowledge/air/091209. htm

31. 影响2005年中国空调业的十个关键词
    http：//www. 51manage. com/Article/200509/73936. html

32. 《蒙特利尔议定书》北京修正案 http：//www. edu. cn/20030911/3090782. shtml

33. 不用氟利昂制冷剂制冷用什么？ http：//www. chinahvacr. com/news/read. asp？ id＝13432